造物史话

明代手作农器设计研究

张明山 著

天津古籍出版社
天津出版传媒集团

图书在版编目（CIP）数据

造物史话：明代手作农器设计研究 / 张明山著. —
天津：天津古籍出版社, 2023.12
ISBN 978-7-5528-1387-6

Ⅰ.①造… Ⅱ.①张… Ⅲ.①古代农具—设计—研究—中国—明代 Ⅳ.①S22-092

中国国家版本馆CIP数据核字（2023）第157609号

造物史话：明代手作农器设计研究

ZAOWU SHIHUA：MINGDAI SHOUZUO NONGQI SHEJI YANJIU

张明山 / 著

出　　版　天津古籍出版社
出 版 人　张　玮
地　　址　天津市和平区西康路35号康岳大厦
邮政编码　300051
邮购电话　（022）23517902

印　　刷　北京地大彩印有限公司
经　　销　全国新华书店发行
开　　本　710毫米×1000毫米　1/16
印　　张　23.5
字　　数　320千字
版次印次　2023年12月第1版　2023年12月第1次印刷
定　　价　128.00元

以絮代序

我是十几年前认识张明山的——当时他来报考我的博士研究生。说心里话，当张明山被他的硕士生导师杨明朗教授领到我跟前时，我的第一印象并不太好：浑身打扮得干净利索，留着精干利落的板寸头……。碍于老大哥杨明朗的情面，我没有当场回绝，而是刁难了一把。我告诉他："我从来不收从校门到校门的'生瓜蛋子'，没经过几年社会的捶打，很难通过博士生这么严苛的学术训练。你必须脱离你的家庭环境，直接到基层去锻炼，是当总经理、销售员，还是清洁工，我不在乎，关键是你必须获得一定的社会经验来应对复杂而艰辛的生存之道，这点历练累积非常重要。"我跟他约定：如若能坚持下去，三年后，我一定首先考虑你。之后我就把这事忘了。

没想到三年后的某天，张明山竟如期登门造访。首先是外形就让我满意：穿着一身臃肿肥大的粗布棉衣裤，上面沾满机油。跟我握手时，我发现双手长满老茧——据说是常做车模弄的。他在浙江一家车企锻炼了三年，从流水线操作工到总经理助理。谈吐语调、举手投足间显示出一种练达和从容，虽夹杂着几分沧桑感，但自信满满。在我与他谈话的半个小时中，还不断被他单位的各种公私电话打断。张明山这段经历，后来被我"添油加醋"地写进了《新中国设计纪事》一书中应约而写的短篇小说中。遗憾的是，若不是三年疫情，就差点制成影视剧了。

入学后，张明山是几届学生中极少数的从来没有被我大声呵斥过的博士生，因为他处处做得很棒。恰巧他在学的四年是我最繁忙的时期：我受命主编《中国传统器具设计研究》《中国设计全集》《中国当代设计全集》和《中国少数民族设计全集》，历时20年。自入学后，张明山就一直是这些重大项目的中流砥柱和核心成员之一。再说一句心里话：虽然我"贵"为总主编，在学界小有薄名，但没有一本书是我亲自写的，全是张明山和他的学门师兄弟们及其他各院校千余名师生们勠力齐心、共克时艰完成的。自上了我这条“贼船”，张明山努力用功，一丝不苟，广受赞誉。特别难得的是，他几个项目都出任“编务统筹”，既负责联系出版部门，也联系每一个作者团队，事无巨细，繁杂纷乱，长达十几年，但从来没有一位编辑或作者说过张明山的不是，非常难能可贵。张明山所付出的代价之一是，十几年仿佛弹指一挥间，他就从朝气蓬勃的小青年，变成了沧桑大叔，实在是令人唏嘘。我真的欠张明山和他的师兄弟们一句道歉和感谢。

本来给张明山的新书写个序，总该夸赞几句，但我总是忌讳被人说是师生之间“互相吹捧”，故而“以絮（絮絮叨叨的意思）代序”一番。至于这本书具体内容由看官们好恶自辨。但我忍不住在小文的最后要认真地说一句：在国内外研究同类选题且同等层次的众多学者中，张明山毫不逊色，且观点鲜明、层次丰富、学理透析、逻辑严谨，基本能经历住未来岁月的考验。

王琥

二〇二三年十一月

王琥：南京艺术学院设计学院二级教授、博士生导师。

目　录

绪 论

一、对明代农器设计研究的意义

中国自古以来就是一个农业大国，农业在国民经济发展中占有重要的基础地位，只有在满足人们的吃、穿、住、行、用等基本需求的基础上，才可能有政治、法律、艺术、宗教等上层建筑。古代中国绝大多数人口生活在农村，依靠农业生产维系整个家庭的生活。即使随着工商业的发展，到20世纪30年代，中国几乎完全按照传统生产方式生产的农业经济，在整个国内生产总值中所占的比例仍然达到65%，就业人数在全部劳动力中所占比例达到79%。[①]

农业生产力的三要素是劳动者、劳动资料、劳动对象。劳动者是从事农业生产的主体，在古代主要包括自耕农、佃农、雇农等。劳动对象包括土地、矿产等自然资源及棉花、钢铁等经加工后的物质资源。劳动资料也称为生产手段，是劳动者对劳动对象进行生产、加工所用的资源或工具，通常包括厂房、工具、原料等。而农业生产工具是农业劳动中最主要的劳动资料，农业生产工具的先进与否，直接影响农业生产力的高低、农业生产的规模和产量及农业生产的效率。明代是我国经济史上一个非常重要的时期，农业生产力已经达到或接近传统技术条件下所能达到的最高限度[②]，农业生产工具的设计在这一时期也达到了传统农器的巅峰，对于后世农器的设计和发展具有重要的启迪意义。

本书从设计学的角度对中国明代农器进行分析研究，将明代农器作为本书的研究对象，主要围绕着明代农器形成的农业经济背景、农业制度与生产方式以及科技和文化对农器的影响而展开。本书从两个大的主题出发进行研究。第一个主题，是明代农事应用与农器设计。对明代农耕农事各个生产环节进行分析，研究农业生产状态与农器设计制造之间的关系，农业生产状态

① 管汉晖，李稻葵.明代GDP及结构试探[J].经济学，2010，9(3)：817.

② 高寿仙.明代农业经济与农村社会[M].合肥：黄山书社，2006：1.

促进农器的改进和创造，农器的改进和创造又改良农业生产状态，如此周而复始，循环往复，螺旋式向上发展。同时，农作物的品种、植被地质、气候常温、风俗民情等差异性又影响着各地农器设计的差异性特点。第二个主题是明代农器设计与手工业。明代大农业及农器设计深刻影响了明代手工百业。明代发达的大农业和先进的农器，提供、衍生、延展了同时期所有手工产业的材料、工艺、形态等设计条件和设计手段。

本书是从设计学的本体出发，着重从物与物的关系、人与物的关系及物与环境的关系三个层面展开，目的在于揭示明代农器设计的演变规律、文化价值、社会价值及中国设计传统的最突出特点。对其进行研究有以下几方面的意义：

首先，对明代农器设计的分析研究，有助于理解明代农器设计传承性特征。明代文化中的器具设计并不只是一种历史性的延续，而更是一种历史性的创新，即对明代科技文化元素理解后的重新表达，体现了中国传统设计的一般规律。明代创新农器的出现，是明代大农业发展的重要动力之一。任何一个器具的出现和发展都不是一蹴而就的，都是经历了漫长的前期准备和磨合，在长期“量”的反复循环积累后，再发生“质”的改变。同理，明代创新农器是对古代农器体系改良革新后的产物，延续了古代农器体系优良的一面，对少数有待改进的农器进行了创新性改良。

其次，对明代农器设计的分析研究，有助于理解明代器具设计及中国设计传统中的“人为用物”与“物用为人”之间的关系。一件器具存在的价值在于解决某个或多个问题，解决的途径是通过材料、结构、技术等手段的创造与组合，设计制造出具有一定肌理、形态、工艺的具体器物，达到某个或多个功能。农器的核心价值在于能够解决农业生产中某个或多个环节遇到的问题。农器设计中为解决某个问题，通过某些手段创造出一定的“物”的形态，达到某项功能的过程，称为“人为用物”。而农器设计中，仅仅只考虑如何解决农业生产中的某个问题，而不考虑“人”的因素，就只能称为结构设计、机械设计，而不能称为器具设计、设计艺术。这里讲到的“人”，包括设计者、制造者、使用者、占有者。所有器具设计必须充分考虑“人”的因素，这就是“物用为人”。明代农器是传统农器的巅峰之作，充分考虑了农业生产中的“物”和“人”的双重因素，体现了中国设计传统中的“人为用物”和“物用为人”的和谐共生。对明代农器设计进行研究，有利于挖掘中国设计传统中“人为用物”思想指导下的“适用性”设计特点和“物用为人”思想指导下的“适人性”设计特点。

最后，对明代农器设计的分析研究，有利于把明代农器放在不同的时间维度和空间维度中对比分析，研究不同时期、不同地域农器之间的差异与基因联系，从而更好地继承和发扬我国传统农器设计思想的精髓。每一件器具的设计和发明，都深深地带有时空的烙印。不同的历史时期，科技文化发展水平不一，能够给农器设计提供的物质手段和条件各不相同，农器制造的工艺、形成的肌理和形态也不尽相同。不同地域的土壤特性、农作物品种、气候温度也有所差异，对于农器的功能、形态要求也有所不同。不同时空环境下的农业制度、人文思想也有很大的差异，所形成的农器设计思想各有千秋。但是，优秀的农器设计是可以跨越时空的束缚，达到流传时间长久、传播区域广阔、使用人群众多的效果。对于明代农器设计的分析，提炼其具备的普惠性特点，可对现代设计有所启迪。

二、对农器及其相关研究的界定

（一）关于农器的界定

关于“农器”的概念，著名农器史学专家刘仙洲教授认为应该称之为“农业机械”，如在他的《中国古代农业机械发明史》一书中有论述：“在我国历代文献上，对于这一类工具有时叫作农具，有时叫作农器。若就机械的定义说：任何一种工具，无论简单到什么程度，当使用它工作的时候，都是一种机械。所以在这一本书里边，一般都叫它们作农业机械。”但农器史学界，也有另一种看法，认为可以统称为“农具”，如著名农器史专家周昕先生在其《中国农具史纲及图谱》中提道：“不论什么样的农业机械，它又必然都是用于加工农业的工具，而且自古以来将用于农业的工具称之为‘农具’已成为绝大多数中国人的习惯。”[①]但是，农器的范畴比农具更大，还包括了与农具相关的传统手工业工具，为了论述的准确与客观，本书以“农器”命名。

本书对于“农器”的界定，与周昕先生的观点比较相似，即将古代用于农业生产的工具统称为“农器”，包括简单的收割镰刀、大型的灌溉水车等。只是，这里的农业范畴是指“大农业”。按照古代农学研究习惯，传统农业的范围较广，不只是水稻、小麦等粮食作物的种植，还包括麻、桑、漆等经济

① 周昕.中国农具史纲及图谱[M].北京:中国建材工业出版社,1998:507.

作物的栽培，及农林渔牧等相关的后期加工和生产的手工百业。虽然随着科技的发展，农业加工制造分工越来越细，原隶属于农业范畴的织造业、烧造业、木作业等手工业，在现代产业分工中逐渐从农业中分离出来，成为独立的产业门类。但是，本书研究对象所限定的时间范畴是中国的明代，按照惯例这里的“农业”理应是明代农业所涵盖的范畴。故本书对于明代农器的研究，分成了两大部分：一部分是明代农事活动中的农器设计与应用，主要是研究明代粮食作物经营中从耕垦到加工各个环节中所涉及的农器；另一部分是明代手工业生产中的农器设计与应用，这里主要研究明代织造业、烧造业、髹造业、木作业、畜牧业与皮作业、纸作业各行业中所涉及的农器。

（二）关于时期和地域的界定

明朝从1368年到1644年，长达277年，从明太祖朱元璋到明思宗朱由检共经历17位皇帝。明朝是中国封建社会一个重要的历史时期。在明朝200多年的历史中，社会各个方面都取得了杰出的进步。农业和手工业得到空前发展，生产力总体水平远超宋元时期。农器的发展，在这一时期达到了传统农器的设计巅峰，不仅继承了古代农器体系中优良的部分，也对古代农器体系有待改进的部分进行了革新和改良。

民族之间的交流和沟通，在明朝得到进一步发展，有力地推动了边疆地区的发展。明朝经济文化思想由中原向边疆传播的同时，农学思想和农器设计也随之传入少数民族地区，对其农业生产效率的提高和生活水平的改善具有十分重要的影响。

（三）关于案例采选范畴的界定

本书案例采选的范畴是明代中国生产和制造的各类农器，包括明代沿袭使用之前各朝各代发明创造的农器、在明代改进或创新的农器、在明代引进或改造的外来农器。案例采选途径：（1）古代文献：对古代文献所载明代农器图谱直接引用，如对《农政全书》《天工开物》《王祯农书》等文献记载的农器图谱直接引用；（2）现代著作：对现代著作所载农器图谱直接引用或重新编绘，采选的部分农器是明代以后甚至近代所生产制造，但这些农器的基本形制与明代农器基本相同；（3）实物拍摄：拍摄博物馆、民俗馆等场所甚至民间所藏的农器实物，这里采选的部分农器并非明代所生产制造，但其基本形制自明代甚至以前已基本定型，明之后未有太大变化；（4）制图复原：对古文献资料所载明代农器进行计算机制图、手绘复原。需要说明的是，正文对这些农器图片的引用只标明农器名称，其具体文献来源，在附录“明代农器设计分析图谱”中大部分有详细记录。

三、研究框架与方法

（一）研究框架

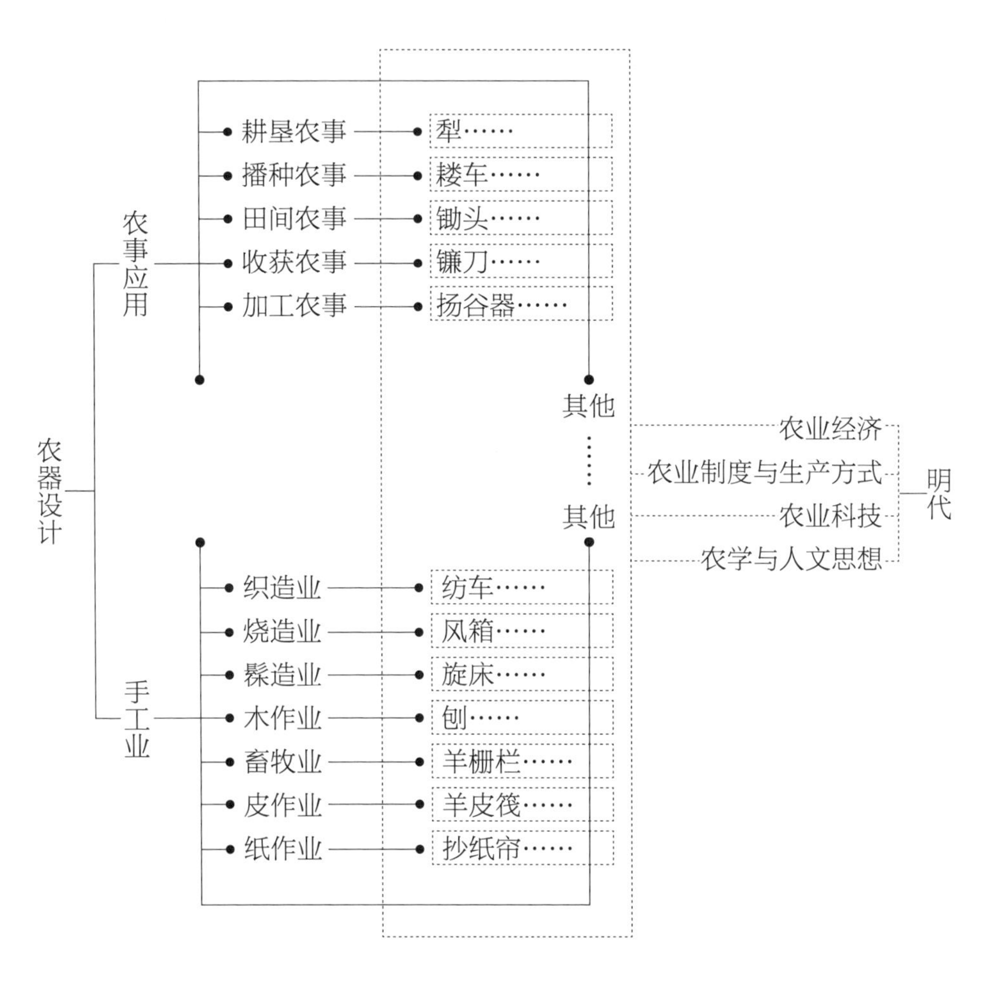

图0-1　研究框架

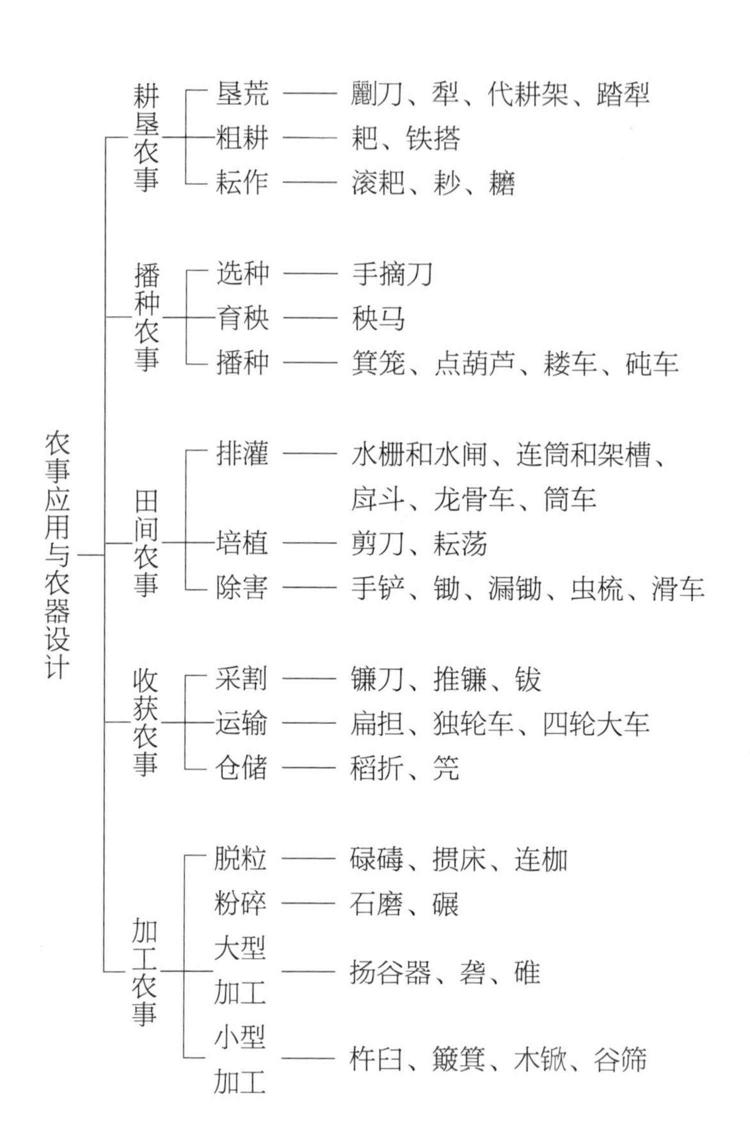

图0–2　农事应用相关农器

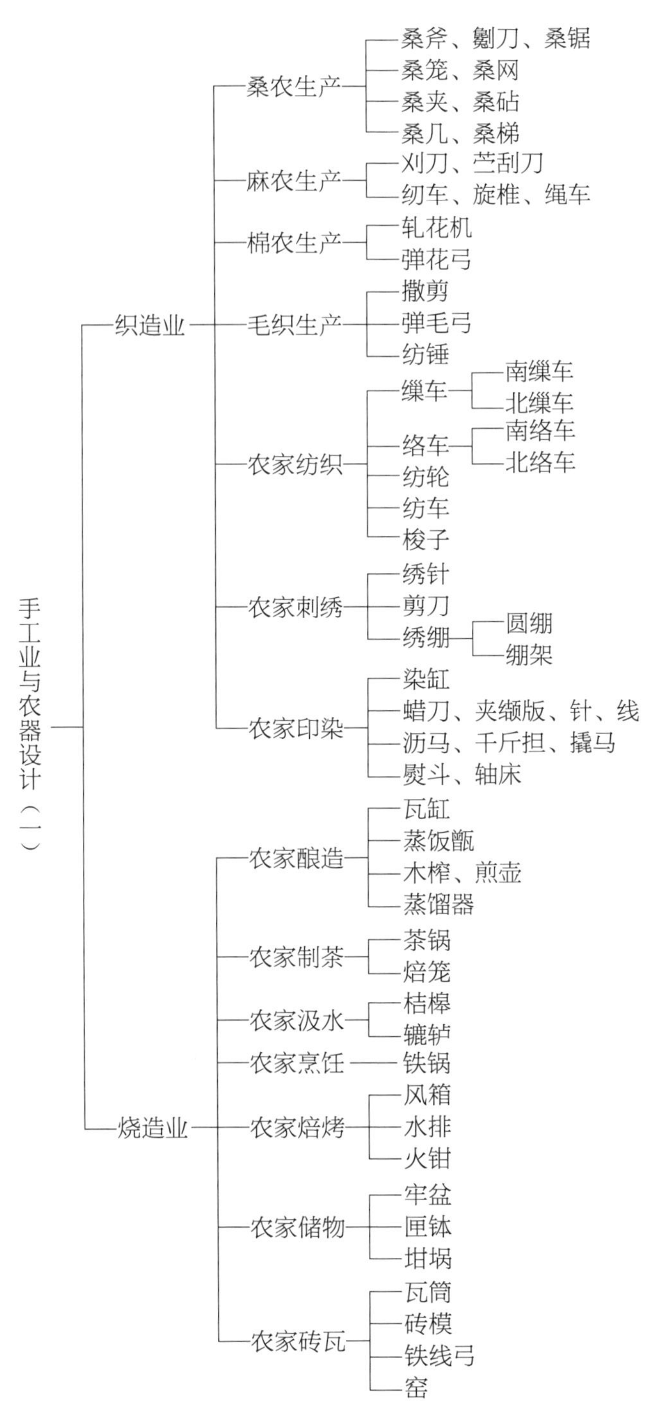

图0-3　手工业相关农器（一）

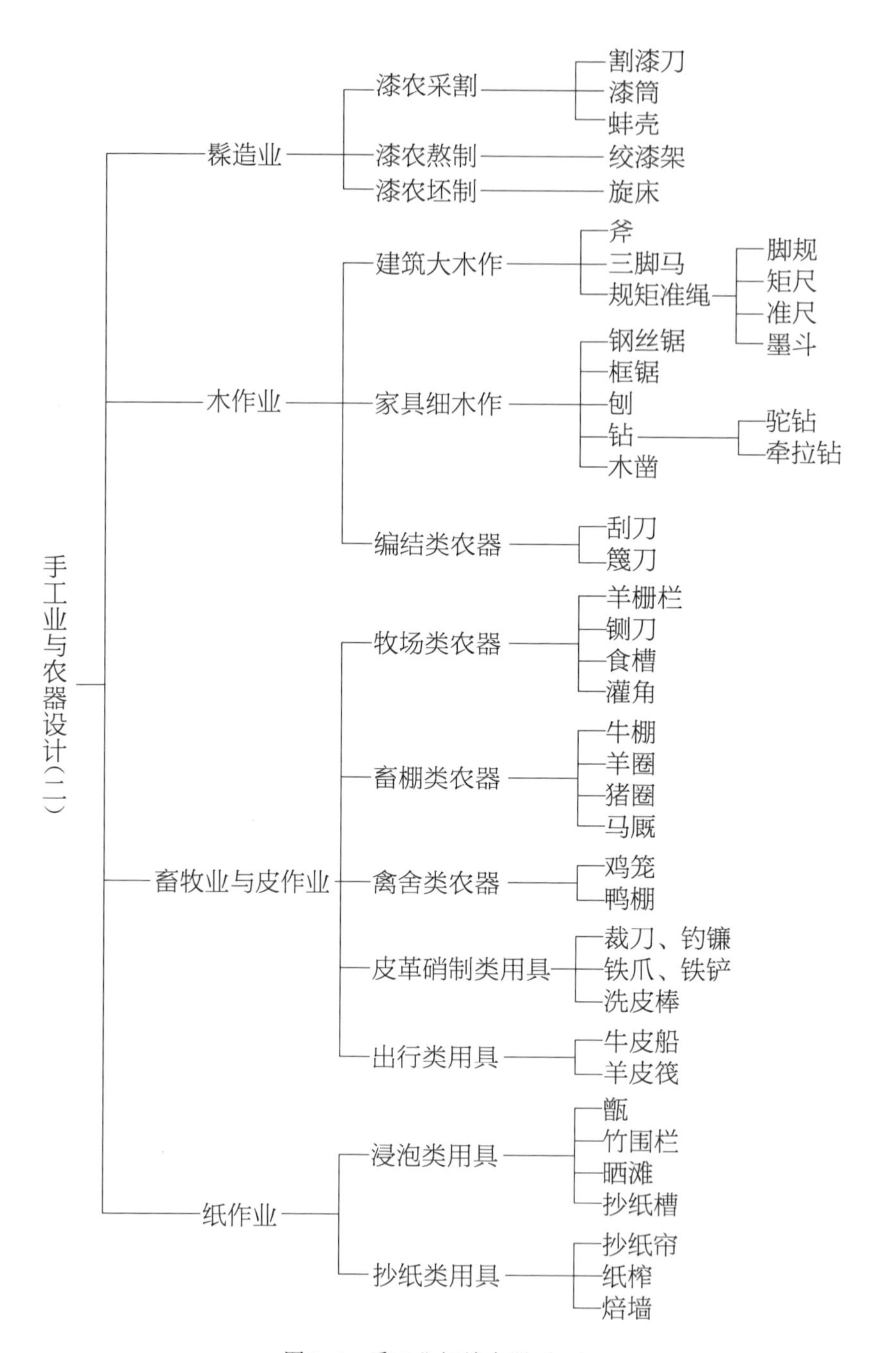

图0-4　手工业相关农器（二）

明代农器，分为农事应用农器和手工业农器两大类。农事应用农器，指稻、谷等粮食作物生产各环节中所用的农器，如耕垦农事、播种农事、田间农事、收获农事、加工农事各环节农器。耕垦农事，又分为垦荒、粗耕、耘作三个环节；播种农事，又分为选种、育秧、播种三个环节；田间农事，即中耕农事，又分为排灌、培植、除害三个环节；收获农事，又分为采割、运输、仓储三个环节；加工农事，又分为脱粒、粉碎、大型加工农器、小型加工农器四个环节论述。

手工业农器，指织造业、烧造业、髹造业、木作业、畜牧业与皮作业、纸作业等行业所用农器。织造业，又分桑农生产、麻农生产、棉农生产、毛织生产、农家纺织、农家刺绣、农家印染；烧造业，又分为农家酿造、农家制茶、农家汲水、农家烹饪、农家焙烤、农家储物、农家砖瓦；髹造业，又分为漆农采割、漆农熬制、漆农坯制；木作业，又分为建筑大木作、家具细木作、编结类农器；畜牧业与皮作业，又分为牧场类农器、畜棚类农器、禽舍类农器、皮革硝制类用具、出行类用具；纸作业，又分为浸泡类用具、抄纸类用具。

（二）研究方法

本书涉及考古学、民族学、社会学、设计学以及经济史、科技史、美术史等多学科内容，采用的研究方法有以下几种：

1. 文献检索

明代农业经济的发展状况和生产方式、政府的农业制度、科技文化水平、人文思想等与农器的设计存在着重要的联系，是农器创新设计的基础。许多重要的文献资料对于农器研究具有重要的指导意义，为笔者的研究提供了可靠的信息和线索，也为农器的断代研究提供了依据。所以，通过对文献资料的收集、整理，可以有效分析农器发展的普遍规律。

2. 田野调查

田野调查的基础方法是考古学的方法，包括类型学、考古鉴定等方法。本书研究主要运用类型学对农器进行归纳和整理，按照农业生产的不同环节将农器进行分类，挑选出各个环节较为典型的农器个案进行研究。同时，到农村走访、调查，到博物馆、民俗馆等进行实物测量、拍照。

将收集到的大量农器资料和素材进行断代，用设计学和类型学的方法进行分类，研究明代农业及明代政治、经济、文化、科技背景对农器设计的影响，从设计学角度对明代农器形制、功能、使用方式等因素分别进行分析，研究农器配套体系中各农器之间的异同，分析土壤地质、气候、农作物品种、加工工艺等对农器的影响，以总结农器设计的特点和规律。

第一章

明代农业状况与农器设计

第一节　明代农业经济状况

一、明代农业经济的规模

明代大多数时间政治稳定，是中国古代经济高速发展的时期，社会经济已达到并在很多方面超过前代最高水平。在这一时期，大农业得到快速发展，达到了前所未有的高度。元朝统治时期，我国农业生产受到较大破坏，尤其是在元末，连年战乱，破坏甚大。而明朝初期，为了巩固新建立的政权，统治者进行了一系列的恢复和发展措施，如鼓励垦荒、屯田、兴修水利，减轻赋税、抑制豪强等，提高了农民的生产积极性，促使农业发展有所恢复，使得明代大农业的发展达到了前所未有的高度。

明代农业生产力已经达到或接近传统技术条件下所能达到的最高限度，耕地面积也有较大的增长。与耕地面积增加的趋势相对应，明代人口也增加很快。洪武二十四年（1391年），全国人口总数近7000万，到万历二十八年（1600年）增加到1.91亿，明代近90%的人口仍然居住在农村。明代江南地区一直比较富庶，到明后期，江南亩产量比宋代大约增加了50%以上。①

粮食亩产量，明代前期大约在220～240斤，明代中后期有所提高，大约在250～260斤。而根据著名经济史学家郭松义统计推算，明万历年间我国粮食总产量约为171,601,741市斤（约85,800吨）。②除了粮食种植之外，还有其他经济作物，主要包括棉花、烟草、麻、桑、油菜、花生、甜菜、甘蔗、茶树等，经济作物的种植面积约占总耕种面积的7.65%，经济作物的单位面积亩产收入是粮食作物平均收入的两倍左右③。其中茶叶，在明代农业中占据重要地位。明政府严格控制茶叶经济，这关系到与西部少数民族的茶马贸易，具有安定西部边境、保持与少数民族友好关系的战略意义。另外，农业中的畜

① 高寿仙.明代农业经济与农村社会[M].合肥:黄山书社,2006:7—8.

② 郭松义.明清时期的粮食生产与农民生活水平[M]//中国社会科学院历史研究所学刊编委会.中国社会科学院历史研究所学刊:第一集.北京:社会科学文献出版社,2001.

③ 刘瑞中.十八世纪中国人均国民收入估计及其与英国的比较[J].中国经济史研究,1987(3):111.

牧业、林业、水产业及其他，占农作物收入的8%~10%[①]。

二、明代农业在社会经济中所占比重

明代经济结构中农业所占比重约90%，占据绝对主导地位。即使到明代中后期，明代工商业资本主义开始萌芽，农业占比有所下降，也都没有低于过80%，且到明后期，农业占比又重新回升。明代的经济结构中处于主体地位的农业，一直没有太大波动，说明明代中国基本上是一个稳态的农业社会[②]。

即使到20世纪30年代，中国几乎完全按照传统生产方式生产的农业部门，在整个国内生产总值中所占的比例仍然达到65%，就业人数在全部劳动力中所占比例达到79%[③]，说明中国从古至今都是农业大国，农业对于中国经济、人民生产和生活等方方面面都具有特别重要的意义。

三、明代农作物常规品种

（一）粮食作物

农作物按照其特性，大体可分为粮食作物、经济作物、绿肥及饲料作物等。明代常规粮食作物中，谷类有稻、粟、麦、黍、稷、玉米、高粱等；豆类有大豆、小豆、蚕豆、豌豆、绿豆等；蔬菜类有姜、葱、蒜、萝卜、胡萝卜、菠菜、油菜、芥菜、苋菜、生菜、莴笋、黄瓜、冬瓜、丝瓜、黄瓜、茭白、韭菜、茄子、莲藕、芡、芰、葵、芸薹芥子、菌、薤、葫荽、菠薐、莴苣、茼蒿、莙荙等；果类有梨、桃、李、梅、杏、柰、枣、柿、荔枝、龙眼、橄榄、石榴、木瓜等。同时，明代中后期，随着我国对外文化交流的发展，从海外引进了几种重要的粮食作物，有番薯、玉米、马铃薯、花生，同时也引进了经济作物烟草。新作物的引进和种植，使得农作物的结构发生了一系列的变化。明宋应星《天工开物》对当时全国的各种粮食作物比重做了粗略估计："今天下育民人者，稻居什七，而来、牟、黍、稷居什三。麻、菽二者，功用已全入蔬、饵、膏、馔之中……四海之内，燕、秦、晋、豫、齐、

---

① 管汉晖，李稻葵．明代GDP及结构试探［J］．经济学，2010，9（3）：795.

② 管汉晖，李稻葵．明代GDP及结构试探［J］．经济学，2010，9（3）：825.

③ 管汉晖，李稻葵．明代GDP及结构试探［J］．经济学，2010，9（3）：817.

鲁诸道，丞民粒食，小麦居半，而黍、稷、稻、粱仅居半。西极川、云，东至闽、浙、吴、楚腹焉，方长六千里中，种小麦者，二十分而一。”

明代，水稻不仅在粮食作物中的比重占据绝对优势，其分布范围也遍布全国。在北方，除了黑龙江之外，其余各省均有水稻种植的记载。在南方，双季稻已从岭南发展到长江流域，南方各省均有双季稻栽培的记载，从而奠定了我国今天水稻分布的格局。同时，小麦的地位进一步得到提升，北方以小麦为中心的复种制进一步得到确立，而东北又成为新的重要的小麦生产基地。长江流域的稻麦复种制也获得普及。但是，谷子和高粱仍然是北方重要的粮食作物，尤其是在贫瘠的土地和灾情较重年份。豆类作物地位也有所上升，是因为人们认识到豆类的营养价值，同时豆类也适合间作套种[①]，可提高单位面积粮食总产量。明代中后期，虽然引进了玉米和番薯等新品种，但是还未形成特别大的种植规模。

（二）经济作物

明代中后期，经济作物的种植明显得到推广，各地种植经济作物品种多样，有棉花、桑树、吴蓝、苋蓝、甘蔗、烟草、茶树、漆树等等。就经济产量和种植面积而言，棉花和桑树的种植当居首位。经济作物的普遍推广，使得许多荒田山地得以开发，同时推动了下游手工产业的发展，如棉麻的种植，为纺织业提供了大量的原料，推动了纺织业的发展。另外，使得农民的收入多样化，收入增加的同时，购买力增强，从而有充裕的资金支持农器的更新换代。

1. 桑棉种植

由于明代大力推广桑棉种植，到明代中后期，桑蚕业在太湖流域和珠江三角洲一带非常繁荣，如湖州有种桑达万株的农户。另外南方还形成了特有的农业生产模式“桑基鱼塘”，即在珠江三角洲一带的农户，在开垦低洼耕地时挖塘养鱼，挖出的淤泥又填高周围土地，在这些土地上栽种桑树，采摘桑叶又养蚕，使养鱼和养蚕共存互惠。

棉花的种植，在宋代文献中有个别记载，到宋末元初，才真正得到大规模推广。到明代中后期，因为政府的鼓励、商品经济的发展、市场农产品的流通等综合因素，推动了棉花种植的全面发展。明初，棉花种植虽然已很

---

① 张芳，王思明．中国农业科技史［M］．北京：中国农业科学技术出版社，2011：258—263.

广，但在各地农产品中的整体比例不是很高，农户通过种植得到的原棉和纺纱织布得到的布匹除了一部分作为赋税折色外，剩余产品主要为农户自家日常生活所用，棉花种植仍然还是自给自足的小农自然经济模式。到明后期，棉花种植也发生变化，随着商品经济的发展，棉花产值在整个农产品中的比重越来越大，并且这时期的原棉和布匹逐渐摆脱农户的自家使用走向市场。甚至在江南太湖地区，植棉业的比重比传统水稻种植要大，出现棉作压倒稻作现象。

2. 染料作物

纺织业的扩张，自然推动了染料作物的大面积种植和印染业的快速发展。其中尤为突出的染料颜色是蓝色和红色，蓝色原料作物有茶蓝、马蓝、吴蓝、苋蓝等。种蓝的省份最多的是江西和福建。红色原料作物的种植处处可见，四川、陕西种植的红花最多。

3. 烟草

明万历年间，烟草传入我国广东、福建一带，农户开始种植，并快速向周边省份推广。崇祯时期，政府曾下令禁止烟草种植，违反则处于死刑。[①]但因种植烟草有利可图，无法杜绝农户私下种植。当烟草传播到北方后，北方也有许多地区开始种植。

4. 茶树

明代种植较为普及，如杭州、湖州、吴县、安溪、河南等许多地区都有种植，甚至有些地区茶叶种植在农业经济中的收入占比较高。

除了以上所列经济作物之外，还有其他作物如各类花卉、蒲葵、棕榈、蜡树、漆树等，对当地经济做了重要推动。[②] 明代农作物常规品种汇编如下：

①〔明〕杨士聪. 玉堂荟记[M]. 北京：北京燕山出版社，2013：207.
② 叶依能. 中国历代盛世农政史[M]. 南京：东南大学出版社，1991：211.

表1-1　明代农作物常规品种（作者编制）

农作物类型	品种
粮食作物	谷类：稻、粟、麦、黍、稷、玉米、高粱、荞麦等； 豆类：大豆、小豆、蚕豆、豌豆、绿豆、菜豆等； 蔬菜：姜、葱、蒜、萝卜、胡萝卜、菠菜、油菜、芥菜、苋菜、芋、刀豆、豆芽菜、生菜、莴笋、黄瓜、冬瓜、丝瓜、黄瓜、茭白、韭菜、茄子、莲藕、芡、芰、葵、芸薹芥子、菌、蕹、萌荽、菠薐、莴苣、茼蒿、人苋、蓝蔡、莙荙、兰香、茬、芹、甘露子、甜瓜、西瓜、瓠等； 果类：梨、桃、李、梅、杏、柰、枣、柿、荔枝、龙眼、橄榄、石榴、木瓜、银杏、橘、橙、楂、胡桃等。
经济作物	纤维类：棉花、麻、桑等； 油料类：油菜、花生、芝麻、火麻、胡麻、向日葵、乌桕等； 糖料类：甘蔗、甜菜等； 其他：茶蓝、马蓝、吴蓝、苋蓝、蓝靛、烟草、茶树、蒲葵、棕榈、蜡树、漆树、薄荷等。
绿肥及饲料作物	苕子、苜蓿、紫云英、田菁等。

四、明代南北农业经济特点分析

关于本书所指南方北方这里稍做界定，北方主要包括现在的河南、山东、河北、山西、陕西，以及安徽北部地区；南方主要包括现在的江苏、上海、浙江、湖南、湖北、广东、福建等地。明代南方经济相对发达，北方相对落后。明代农业经济收入主要来源是水稻、小麦等粮食作物和棉花、桑树等经济作物的种植及养蚕纺丝、纺纱织布等商业性农业的发展。

明代，南方粮食作物以种植水稻为主，在人口增加、耕地日感不足的情况下，日益走上以提高单亩产量为主的道路。农业经济的发展中心转移到长江下游地区，精耕细作农业体系逐渐形成并成熟，这是中国农业史上重要的时期，出现了“苏湖熟，天下足”的现象，后又从长江下游扩展到长江中下游，湖北、湖南地区得到发展，出现“湖广熟，天下足”的现象，长江流域成为明政府重要的粮仓。当时的南方亩产水稻达2石以上，而北方只有1石左右（1石等于10斗，10斗等于100升）。

关于丝织业和桑蚕业，明早期北方还有部分城镇可见，到明末几乎销声匿迹，重心已转移到江南太湖区域。江南之外，只有四川的阆中桑蚕业流行，山西潞州的丝绸制造原料主要来自这个地方。南方桑农从桑蚕业获利颇丰，也推动了南方这个产业的发展。茅坤在《与甥顾儆韦侍御书》中描述："大略地之所出，每亩上者桑叶二千斤，岁所入五六金，次者千斤，最下者岁所入亦不下一二金……圩田上者，岁所入米二石以上，中者岁所入米一石五斗，下者仅数斗，被水之年则无粒矣。"[①]以当时米价0.55两/石计，植桑收益比种稻少则高出一两倍，多则高出五六倍，详见下表：

表1-2 明代植桑与种粮收益对比（作者编制）

作物品种	收 益	优 产	劣 产
桑树	产量	2000斤/亩	1000斤/亩
	折银	5～6两/亩	1～2两/亩
水稻	产量	2石/亩	1.5石/亩
	折银	1.1两/亩	0.825两/亩

资料来源：根据高寿仙著《明代农业经济与农村社会》第82页内容。

因此，江南地区老百姓总结得出多种稻不如多种桑，导致江南地区大面积种桑养蚕，还出现了桑叶的交易市场。既然是商品交易，那桑叶的价格就随着市场的变化忽高忽低。比如，当幼蚕养到一定时期，需要大量喂食桑叶时，若桑叶价格过高或桑叶市场短缺，只能大量弃养幼蚕。而当大量幼蚕死亡，市场上的桑叶就会过剩，价格便会回落。

南方尤其是广东、福建一带，甘蔗种植比较普及，并且成为当地主要的经济作物。甘蔗在南方种植多于北方的原因是其喜温喜光。种甘蔗获利较丰，广东、福建的农户把原稻田改种甘蔗，这和太湖地区农户改稻田为桑田是一个情形，农户们都是追逐亩产收益最大化。如《泉南杂志》载："其地为稻利薄，蔗利甚厚，往往有改稻田种蔗者。"[②]有些农户为了制糖，而自家种植的甘蔗不够或自己本没有种植甘蔗，就通过购买甘蔗原料的方式制糖，其实这种现象也和太湖地区购买原棉纺纱织布一样，说明当时的南方商品流通比较活跃，商品贸易逐渐扩大到更大区域和更多品种。

农业生产的发展，主要涉及三方面的因素：劳动力、土地以及农业技

① 〔明〕茅坤．茅鹿门先生文集：卷六[M]．上海：上海古籍出版社，1995：537．

② 〔明〕陈懋仁．泉南杂志：卷上[G]//丛书集成初编：第3161册．上海：商务印书馆，1937：7．

术[①]。元末明初连年战乱，人口凋零的问题在北方尤为突出，严重制约了北方农业经济的发展。明初政府颁布政策鼓励开垦荒地和移民屯田，促进了地少人多地区剩余劳动力向北方偏远地区转移，解决了北方劳动力严重不足、大片农田荒置的问题，给农业生产带来了新的活力。因北方地广人稀，在一定程度上北方人均的耕地面积相对南方要更多。北方农业经济的增长，主要依赖于劳动力数量增长和耕地面积的扩大，这是一种粗放型的农业发展模式。南方农业经济的增长，对耕地的扩张和人口的增长依赖相对较小，更多的是依靠农业技术的进步、多元产业、立体种植的发展，追求耕地单位面积经济效益最大化。当时的北方很多地区"猪羊散养，弃粪不收"，而南方每家每户积极制肥积肥，对粪草爱惜如金，往精耕细作方向深度发展。[②]

北方缺水，但也有水稻种植，不过棉花种植的优势更为突出。山东、河北、河南是全国产棉重地。《明世宗实录》载当时全国计划征收棉花绒246,559斤，仅山东一省即征收52,445斤，占了全国的近1/5。山东产棉不仅面积广且单位面积产量位居全国之首。《农政全书》载："齐鲁人种棉者……亩收二三百斤以为常。"说明当时山东种棉技术已达相当高水平。北方虽然大量产棉却不善纺织，南方现在的上海松江一带是当时棉纺织最为发达的地区，但是棉花原料不足，北方农户将棉花运往松江等地换回棉布产品。当时的"松江布"是优质布匹的代名词，有"卖不完的松江布，收不尽的魏塘纱"的美誉。

第二节　明代农业制度与生产方式

明朝初年，朱元璋为了巩固其统治，面对一片田畴荒芜、民不聊生的境况，在政治上，改革前朝制度，集军政大权于一身，加强中央集权；在经济上，采取许多重农政策与措施，在不到三十年的时间，农业生产得到迅速恢复和发展，整个社会经济逐渐复苏和繁荣。明代在洪武年间经济发展的基础上，经过永乐、洪熙、宣德三朝的持续发展，形成了历史上有名的"明初盛

① 刘纯彬，李顺毅.明代华北农业发展的推动因素分析——生产要素角度的描述与估计[J].农村经济，2010(10)：52—56.

② 吕景琳.明代北方经济述论——兼与江南经济比较[J].明史研究，1999年第6辑.

世”。明初，朱元璋制定的经济政策和谋划方略从抓农业入手，采取与民休养生息、调整土地关系等一系列恢复和发展农业生产的政策与措施，同时促进手工业和商业发展，使整个社会经济繁荣昌盛。[①]

一、明代官府的农业政策

（一）屯田

明朝政府在全国各地推行屯田，特别是在北京、淮西及沿边大兴屯田。屯田按性质不同，可分为民屯、军屯和商屯三种，民屯和军屯的规模相对较大。民屯和一般的垦荒不同，屯民所种的是官田，他们是官家的佃户，“官给牛种者十税五[②]，自备者十税三”[③]。军屯最早是在边疆地区实行，为了解决驻守边疆部队的军粮问题，在无战事之时，让驻守边疆的部队同时开垦土地种植粮食。到了明代，军屯快速在非边疆的内地也推行了。凡是存在部队安扎的地区，在明代几乎都实行了军屯，即“天下卫所，一律屯田”。军屯由卫所军户耕种，规定“边地军士，三分守城，七分屯种；内地军士，二分守城，八分屯种。每军受田五十亩为一分，给耕牛、农具，教植种，复租赋，遣官劝输，诛侵暴之吏”[④]。这种军屯制在解决军队军粮问题的同时，又减轻了老百姓的赋税压力，稳定了社会。商屯是在明代才开始出现，为了满足当时边疆部队的供给，明初政府颁布了“中盐法”，盐商为了降低成本随之出现了商屯。商屯即是盐商在边地募人屯垦[⑤]，就地交粮给边疆卫所，向政府换“盐引”[⑥]，以领盐贩卖，这在一定程度上降低了盐商运粮成本的同时，也帮助明政府开垦了大量荒地。

---

① 叶依能.中国历代盛世农政史[M].南京：东南大学出版社，1991：193.
② 十税五：即十分之五.
③ 李洵.明史食货志校注[M].北京：中华书局，1982.
④ 李洵.明史食货志校注[M].北京：中华书局，1982.
⑤ 翦伯赞.中国史纲要[M].北京：人民出版社，1983：189—190.
⑥ 盐引：盐引是历史悠久的“复杂货币”，它一身兼具“债”与“仓单”的所有性质与相关的“交易”特征。盐引有价，因此盐业的买卖与运输，都不能没有盐引。盐引的用法关键在于如果商户合法贩盐，就必须先向官府购得盐引。每“引”一号，分上下两卷，盖印后从中间分成两份，下卷给商人，称为“引纸”，上卷作为存根，称为“引根”。

（二）垦荒

土地是农业生产不可缺少的生产资料，要使得明初农业得到快速恢复和发展，最重要的是调整好土地与农民之间的匹配关系，使大量失去土地、脱离生产的农民回到他们热爱的土地。明代的土地从占有形式来看，可分为官田和民田两种类型，根据《明史·食货志》载："明土田之制，凡二等：曰官田，曰民田。初，官田皆宋、元时入官田地。厥后有还官田，没官田，断入官田，学田，皇庄，牧马草场，城壖苜蓿地，牲地，园陵坟地，公占隙地，诸王公主、勋戚大臣、内监寺观赐乞庄田，百官职田，边臣养廉田，军民商屯田，通谓之官田。其余为民田。"①元末农民战争对黄河流域下游和中原地区冲击极大，严重破坏了原有的农民家园，人烟稀少，土地荒芜。为了维护统治阶级的利益，明政府调整了土地关系。在保证地主阶层既得利益前提下，支持农民发展个体农业，使得自耕农经济得以发展。对于荒芜多年的无主土地，明政府为鼓励农民开垦，特针对这些土地颁布诏令免除赋役三年，政策优越的甚至会颁布诏令永不征赋。明政府还颁布了一系列惠民政策，如"令开垦荒芜官田，俱照民田起科"②。洪武二十八年（1395年），"令山东、河南开荒田地，永不起科"，又"令凡民间开垦荒田，从其自首，首实，三年后官为收科，仍仰所在官司，每岁开报户部，以凭稽考"③，由于这些诏令的颁布，原本荒废的土地得以开发利用，农民还取得了土地的合法性，即土地的所有权，自耕农的数量得以快速的增加，农民生产积极性得到提高，农业生产也有了较快的发展。④

二、明代农业经济的赋税制度

明朝开国后，面临着社会经济残破、人口流失、田地荒芜、经济制度紊乱、财政拮据等严重困难，朱元璋一直贯彻轻徭薄赋、慎用民力的思想。如"民力有限，而徭役无穷。当思节其力，毋重困之。民力劳困，岂能独安！自今凡有兴作不获已者，暂借其力。至于不急之务，浮泛之役，皆罢之"⑤。从

---

① 李洵.明史食货志校注[M].北京：中华书局，1982.
② 〔明〕申时行，等.大明会典[G]//续修四库全书.上海：上海古籍出版社，1995：290.
③ 〔明〕申时行，等.大明会典[G]//续修四库全书.上海：上海古籍出版社，1995：290.
④ 叶依能.中国历代盛世农政史[M].南京：东南大学出版社，1991：201—203.
⑤ 明太祖实录：卷3[M].台湾"中研院"历史语言研究所校勘本，1962.（后文简出）

明太祖朱元璋开始，在农业赋税制度方面，采取了一系列的重大措施。

（一）黄册、鱼鳞册制

由于元末几十年的战乱，农户为避战乱，被迫离开土地，农田荒芜，产权不清。为了有效地管理农户，了解劳动力数量，保证赋税与徭役征收合理均衡，明初在全国范围内进行了人口普查和土地丈量，在此基础上编制了黄册和鱼鳞册。

黄册，即全国户口的总册，是作为官派差役的户口登记簿。明初，推行了里甲制。洪武十四年（1381年），命全国各府县编制黄册，以里为单位，一百一十户为一里，每里中选出丁粮较多的十户，每年以其中一户为里长。里长也是一种差役，由这十户轮流担任，服役期间，其主要工作是催办钱粮，勾摄公事、官府征求，调解民间争斗等。一百一十户除了里长之外的一百户中，又分别以十户为一单位，叫甲。每里有一里长，置十甲。每甲又设一人当甲首，协助里长，甲长由其中农户轮流担当。里长、甲长都属差役，当役之年称为“见（现）年”，非当役之年称为“排年”。甲中年满16岁的男子为成丁，成丁即需服役，直至60岁才免。里是村的编制，城镇编为坊。一里中一百一十户，按丁粮多少为序编排成册，册中记录每户姓名、籍贯、丁口、年龄、田宅业产等。里中鳏寡孤独不能服役者附于一百一十户之后，另设一册，称为“畸零”。以上册本一式四份，分别交于户部、布政司、府、县保存。其中交由户部的那份用黄色纸做封面，故称黄册。黄册是明政府征收赋役的依据，明政府规定每十年重新调查更新一次黄册，叫“大造”。这样更新的好处是及时更新丁口、业产，避免农户赋役与实际承受能力偏差过大，稳定农户。

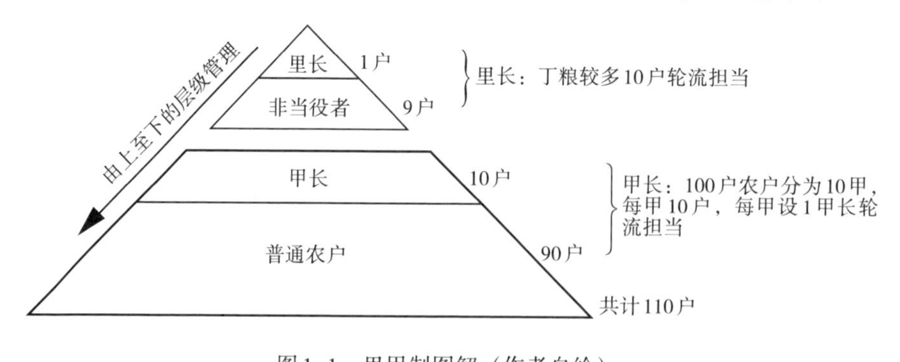

图1-1　里甲制图解（作者自绘）

鱼鳞册，是为征派赋役和了解土地所有情况的土地登记册簿。册中以田块为单元编制，绘制田块现状草图，旁注坐落、面积、地形及土质（如平原、山地、水边、下洼、开地，沃土、贫瘠、盐碱等），详细登记每户土地亩数和方圆四至，并绘有田产地形图。因其绘制好后形似鱼鳞而被称为鱼鳞册。鱼鳞册的编制，使赋役的征收具备了可靠的依据，一定程度上防止了产去税存或有产无税的弊端，保证了明政府的税赋征收。

黄册以户口为主，是在清查户口的基础上绘制的，由此黄册便于政府了解人口情况，限制流亡，保证税收。鱼鳞册以土田为主，是在丈量土地的基础上编制的。一方面这些册本形成了详细的记录，帮助了明政府更好地管理农户，把农户牢牢地拴定在田土上，加强了明政府的中央集权统治；另一方面保证了农民的土地所有权，调动了农户的生产积极性，利于农业的发展。黄册和鱼鳞册制度在实行过程中有地主、豪绅隐瞒户口、田土的情况，官吏利用编制册本贪污舞弊也较为严重，实际发挥作用的时间不长，到明中后期此制度基本没有再执行。[①]

（二）税法、役法

1. 税法

明代的税法，先是沿用前朝的两税法，后又有一条鞭法。两税法是出现于唐末，即分别征收夏税和秋粮，夏税在每年的八月前缴纳，秋粮在来年的二月前缴纳。明代的夏税以麦为主，秋粮以米为主，丝、麻等为两税的附加。但均需把米、麦、丝、麻、棉、绢以银、钞、钱、绢代输，折换成一定比例缴纳。如“银一两、钱千文、钞一贯，皆折输米一石，小麦则减直十之二。棉苎一疋，折米六斗，麦七斗。麻布一疋，折米四斗，麦五斗。丝绢等各以轻重为损益。”[②]凡以米麦缴纳者，称为“本色”，而以其他实物折纳者，称为“折色”。明代征收的税率，根据田土归属不同，税率不同。一般，官田亩税五升三合五勺，民田减二升。重租田八升五合五勺，没官田一斗二升。[③]苏、松、嘉、湖、杭诸州太湖地区因土地肥沃，田赋独重，亩税有重达二三石。

---

① 叶依能.中国历代盛世农政史[M].南京:东南大学出版社,1991:217—219.

②〔清〕张廷玉,等.明史:食货志[M].北京:中华书局,1974.

③ 陈梧桐.朱元璋恢复发展农业生产的措施[J].农业考古,1982(1):60.

表1-3　不同性质田地税率（作者编制）

不同性质田地	税　率
官田	五升三合五勺/亩
民田	三升三合五勺/亩
重租田	八升五合五勺/亩
没官田	一斗二升/亩
太湖地区	有重达二三石/亩

明初，田赋曾由郡县吏督收，但由于常发生贪污腐败，故在洪武四年（1371年）改变了征收办法，设立了粮长制度。每粮万石为一粮区，设正副粮长各一人。征收粮食时，里甲催征，粮户缴纳，粮长收缴，州县监收。粮长制设立之初，农户免于盘剥，于国于民都是有利。但是，此制施行久后，粮长不免贪污腐败，故粮长制也形同虚设。

万历九年（1581年），全国改革税制，实行"一条鞭法"，即赋役合并，统一征收。统计一州或一县应出的租税，加上服役的成本，均摊在田亩上。按亩计算，征收银两，一次缴清。在数字上好像普遍加了一次田赋，实际却省去了差役杂赋，少了许多麻烦，官民两便。一条鞭法在全国各地普遍通行，改良了原有的税赋制度。它在面对人口流亡、里甲制度破坏的现实中，简化了赋役征收的形式。使无田的农民减轻了劳役的负担，少田的农民可以有较多时间耕种。同时，赋役折银简化了征收名目，对于赋税徭役的众多弊端，起到一定程度上的规避作用。农民原来必须亲自参加劳役，后改为缴纳银两，获得了更大的自由，为农民离开土地，走向手工业及其他行业创造了可能。

明政府在对特殊项目扶持推进发展的时候，会颁布法令免税或少征税。如洪武元年（1368年）为推广桑麻种植，对其税赋有如下优惠政策："麻每亩八两，木棉每亩四两，栽桑者四年以后有成，始征其租。"[①]洪武十八年（1385年），朱元璋体恤民情，为降低桑农赋税负担，又颁布如下诏令："今后以定数为额，听从种植，不必起科。"[②]意思是洪武元年，规定了种植桑麻的征税额度：种植麻的田地，每亩需交税银八两；种植木棉的田地，每亩需交税银四两；种植桑树的田地，由于四年后才可收获，故四年后才开始征税。

①〔明〕申时行，等．大明会典[G]//续修四库全书．上海：上海古籍出版社，1995：302.
②〔明〕申时行，等．大明会典[G]//续修四库全书．上海：上海古籍出版社，1995：302.

洪武十八年，因为农业税收太重，百姓生活艰辛，朱元璋规定，以后每亩田地征收税额固定，不再按种植作物种类分不同税额，种植哪种作物自行安排。洪武二十八年（1395年），规定凡洪武二十六年（1393年）后栽种桑、枣果树者，“不论多寡，俱不起科，若有司增科扰害者罪之”。[①]即是洪武二十六年之后种植桑树、枣果树的农户，不论种植面积多少，一律不需再交赋税，如有官员增加此类苛捐杂税以罪论处。根据以上文献资料，洪武元年至洪武二十六年，明政府对麻、木棉、桑、枣征税数额统计如下：

表1-4　不同作物征收赋税数额（作者编制）

年代	农作物种类	征收赋税数额
洪武元年（1368年）	麻	银子：八两/亩
洪武元年（1368年）	木棉	银子：四两/亩
洪武元年（1368年）	桑	前四年免税
洪武二十六年（1393年）	桑、枣	免税

2. 役法

明代的劳役，是按照户口所派的差役。明政府规定“年十六成丁，成丁而税，六十而免”，即男子16岁为丁，成丁需服劳役，直至60岁。劳役有三种，《明史·食货志二》载：“赋役之法……役曰里甲，曰均徭，曰杂泛，凡三等。以户计曰甲役，以丁计曰徭役，上命非时曰杂役，皆有力役，有雇役。府州县验册丁口多寡，事产厚薄，以均适其力。”里甲役，即根据里甲制，分别担任里长、甲长的农户。里甲役，是以户为单位的。徭役，即为官府服役，供官吏差遣的差役，根据丁力资产的多少定徭役轻重。徭役又分力差和银差，力差，如弓兵、厨役、粮长、解户、库子、仓脚夫、馆夫等；银差，如供应官府所需的马匹、车船、草料、柴薪、厨料等，由农户供应或以货币代纳。杂役，即除徭役外，每年政府常有一些役科，没有固定名目。一般包括三类：兴修水利，如治水、修渠、筑坝等；为朝廷充工役，如修城、修宫殿、运粮、修边防等；为地方政府充工役，如砍柴、喂马等。

---

① 陈梧桐.朱元璋恢复发展农业生产的措施[J].农业考古,1982(1):60.

三、明代乡村的生产方式

（一）自耕农生产

自耕农，即拥有属于自己的小块土地，自己耕种的农户。他们区别于佃户，有一定的扩大再生产的能力，由于耕地是属于自己的，耕种积极性也较高，在农业生产工具上愿意投入资金，替换破旧生产农器，这样也利于精耕细作，提高单亩农作物的产量。自耕农数量的增加，对于促进农业的发展和农民积极性的提高具有重要的作用，也推动了农器的大力发展。

自耕农的来源，一部分来源于回乡耕种的农户。元末农民战争之后，土地占有关系发生了变化。在全国各地，特别是在北方出现了大量的无主荒田：有的是元朝统治者的“官田”，有的是蒙古贵族的“庄田”，有的是“废寺田”，有的是“畏兀儿田”。从土地排挤出来的农民都纷纷回乡复业，一部分人得到了土地，自耕农的数量增加了。[①]另一部分是从洪武年间屯垦的移民转化而来的。洪武年间屯垦的移民约有十万之众，后来他们都逐渐转化为自耕农。明朝建立之初，朱元璋还曾经下令，已被农民开垦的土地皆归农民自己所有，并免徭役或赋税三年。这部分人即成为了拥有自己土地的自耕农。

自耕农对自己的土地实行自负盈亏的方式，并且每年需要按照政府要求上缴一定数额的赋税或服徭役。自耕农的优点在于，无论是人身关系还是生产劳作不用依附于地主豪绅阶层，具有人身自由。正是“自负盈亏”的方式激发他们想尽各种办法改善农用器具，用尽各种心机提高单亩产量，促进了明代农业农器的改良和发展，提高了农业生产总体产量。

明初是自耕农发展的重要时期，原因有三点：首先，经过元末农民起义，地主阶层势力衰落，他们不敢再兼并土地，这为自耕农的发展提供了空间；其次，朱元璋即位之后，推行了一系列的垦荒政策，鼓励开垦，并允许农户把已开垦的土地划为私有；最后，明初赋税徭役政策的改革，黄册、鱼鳞册的制定，使得土地产权更加清晰，保护了自耕农的土地所有权，鼓励了他们的生产积极性。虽然自耕农在生产积极性上得到提高，有了致力于提高亩产量的决心和动力，但其手头的余钱其实并不是太多。下图以江南地区产量中等偏上的农户家庭为例，自由耕地15亩，五口之家的食粮按照3.5个壮年劳

① 翦伯赞.中国史纲要[M].北京：人民出版社，1983：188.

力计，每个劳力每年消耗食粮约5.5石，米价按0.55两/石计，一年下来除去食用和税收，15亩的收益是8.8两，详见下表：

表1-5 农户年余钱金额（作者编制）

项目	产量、税收、食用	面积、人口	合计	折合碎银
产量	2.5石/亩	15亩	37.5石	20.625两
税收	0.15石/亩	15亩	2.25石	1.2375两
食用	5.5石/壮年劳力	3.5个壮年劳力	19.25石	10.5875两
剩余	—		16石	8.8两

资料来源：根据高寿仙著《明代农业经济与农村社会》第136页内容。

（二）佃户生产

佃农，也称为佃户，是租用他人（如地主、官家等）田地从事农业生产的农民，其生产关系有别于自耕农和雇农。明史研究的著名学者韩大成总结："明代佃户的来源主要有逃亡的农民被羁勒为佃、破产或半破产的自耕农沦为佃户、逃军为佃、以佃户的子孙为佃、迫使良民为佃等。"中国佃农始于宋代，均田制崩坏以后，地主和佃农开始出现。佃农和田主之间是租赁与被租赁的关系，明代地主阶层通过这种形式盘剥农户。明代农业生产的两大特点为土地租赁耕种提供了土壤。首先，地主的土地地理位置上比较分散，不在一处。由于受到均分家产制及土地自由买卖的影响，许多地主的土地不在本乡，而是在外县。这种土地分散的情况，对地主直接参与耕种和经营管理极为不利。其次，农业管理监督成本较高，土地较多的地主，如不把超出自己耕种能力范围的土地进行租赁，自行耕种需雇工耕种，而雇工耕种其实是不利于单亩农作物产量提高的，如果地主通过雇工耕种，自己亲自参与管理土地得到的利润比直接租赁土地得到的利润并不高出很多，因此地主宁愿租赁土地。同时，由于很多农户没有自己的土地或自耕农因政府赋税过重、自然灾害等破产又沦为无土地者，不得不租赁地主的土地耕种。地主为了提高单亩土地收益，必定直接开出高额租赁价格或不断提高租赁价格，而无地的农民为了生计，又不得不接受地主的残酷剥削。

明代的佃农，还可大致划分为自由型佃农和非自由型佃农两种，这两种又分别含有两个小类别，即明代佃农有四个类别，其各自经济和社会地位各异。[①]自由型佃农分为租赁地主土地和租赁官家田土两种。租赁地主土地，是明代租赁的重要形式，农户通过口头或书面协议租赁地主土地，协议里约定租赁的面积、时间以及租赁费用的交租形式，一旦租赁期满，租赁双方都有自行解除合同约定的权利，农户可以不续租，地主也可收回土地。佃农与地主之间不存在任何人身依附关系，农户在租赁过程中，也可把土地转租给其他农户，从这点上看，佃农在土地租赁期间内对土地拥有绝对的使用权。由于南北方农业经济发展的不同，南北两地的租赁具体形式还有所差异，一是生产资料获得的差异，如江南地区租赁土地之后，农用器具和农业籽种皆由农户自备；而北方地区耕种用牲畜、籽种多取自地主。二是租赁费用和形式的差异，南方多以定额租赁，即不管农户收成如何，每年每亩田地租额在协议之处即定好；北方多以分成制，即在协议之处谈好秋收粮食双份各分几层，这种方式使地主和农户捆绑更紧。租赁官家田土，指租赁国家政府所有的田地，这种形式的佃农与租赁地主土地的佃农有所不同，其租赁与承租关系相对更加松散，与自耕农比较相似。只是，自耕农交给国家的是赋税和徭役，而此类佃农交给国家的是地租，但其社会地位比自耕农要低，地租负担要比自耕农的赋役负担繁重。

非自由型佃农又分两种，一种是钦赐佃农，另外一种是佃仆。钦赐佃农，是皇帝直接恩赐给功臣权贵的佃农，一般在给功臣拨赐田土的同时恩赐佃农。被恩赐给功臣的佃农，永不得脱役，人身永远隶属于佃主。佃仆，也称庄仆、地仆，同样也与地主有着清晰的隶属关系，人身依附于地主，其社会地位比一般佃农要低，比地主家奴仆要高。佃仆也被划分为贱民，但其有独立的经济权，经过历代奋斗甚至可以变成自耕农或地主阶层。

地租的形式上文已经提到，在南方以定额形式，北方多以分成制，但到明中后期，尤其是江南多以定额形式出现。定额地租，就地主阶层而言，更利于剥削农户。但是，从农业发展角度，一定程度上促进了农业的生产。因为不论耕地贫瘠还是肥沃，不论丰收还是灾害，一旦地租定下，佃农就得想尽办法改善农事经营，改进农用器具，提高亩产量。

（三）雇佣生产

农业生产过程中，由于耕种能力的限制，土地所有者或土地租赁者会雇

① 高寿仙.明代农业经济与农村社会[M].合肥：黄山书社，2006：145—152.

佣劳动力帮忙从事农事活动。这种现象在战国末期已出现，发展到明代已相当普遍。按照雇佣关系时间的长短，可以把被雇佣者分为长工和短工，长工是几乎没有任何生产工具和耕种牲畜，雇佣关系一般以一年为单位；短工，又称忙工，多为自持一些生产资料的农户，仅在农忙时期临时受雇于他人。《松江府志·风俗》中记载："农无田者，为人佣耕，曰长工；农月暂佣者，曰佣工。"[①]《吴江志·风俗》也记载："无产小民投雇富家力田者，谓之长工；先借米谷食用，至力田时撮忙一两月者，谓之短工。"[②]江南地区一直是鱼米之乡、富庶之地，这种临时性雇佣现象尤为明显。

《大明律》中首次提到"雇工人"一词，一般会把雇工人和奴婢并列，但奴婢是一个法律公认的贱民阶层。而雇工人并非一个固定的贱民，他们是介于贱民和凡人之间的，在雇佣期间，与雇主之间有着较强的人身依附关系；在雇佣期之外，他们完全是法律承认的凡人身份。雇工的报酬形式多样，有"工资银""工银"，支付方式有月付、季付等。工资其实分为两部分，即工钱和工食，尤其是长工吃住在雇主家，工食占了工资的大部分。如明万历年间，浙江湖州庄元臣《曼衍斋草·治家条约》记载："凡桑地二十亩，每年雇长工三人，每人工银二两二钱，共银六两六钱；每人算饭米两升，每月该饭米一石八斗。"根据此段文字，可以算出一个雇工一年的工钱和工食在其工资中的占比，具体如下表：

表1–6 雇工工钱占比分析（作者编制）

项目	食用消耗	折合碎银	占比
食粮	7.2石/人	3.96两/人	35.48%
柴米油盐等必需品	—	5.0两/人	—
工钱	—	2.2两/人	19.71%
合计	—	11.16两/人	—

注：米价按0.55两/石计，柴米油盐等必需品按米价的1.2626倍计。

由此可知，长工在雇主家所拿的2.2两工钱仅不到整个工资的20%，同时，这2.2两的年工资除去其他日常开销几乎无结余。

农村社会阶层划分，除了以佃租、雇佣关系为依据外，土地占有数量也

①〔明〕顾清，等. 松江府志：卷4[G]//中国方志丛书. 台北：成文出版社，1970.
②〔明〕莫旦. 吴江志：卷6[G]//中国方志丛书. 台北：成文出版社，1983.

是重要的衡量指标，根据农民占有土地的多少可划分为自耕农、佃农、雇工。同时，南北方的标准还不一致，根据《明代农业经济与农村社会》一书总结如下表：

表1-7　南北方农民性质划分依据（作者编制）

地区	农户占有耕地面积	社会阶层
南方	≤10亩	佃农或自耕农兼佃农
	10亩～30亩	自耕农
	≥30亩	地主
北方	≤20亩	佃农或自耕农兼佃农
	20亩～100亩	自耕农
	≥100亩	地主

资料来源：根据高寿仙著《明代农业经济与农村社会》第137页内容。

根据此表，两个问题值得思考，一是，为什么南北方对于社会阶层认定土地占有的面积还有差异？另一个问题，自耕农、佃户、地主的平均年收益有多少？第一个问题，在前文中已经阐述，南北方经济有差异，南方经济明显优于北方，南方耕地肥沃、气候适宜、亩产量高于北方，南方的10亩耕地收益可能与北方20亩耕地收益差不多甚至少数鱼米之乡收益还超过北方。第二个问题，按照前文表格统计，江南地区产量中等偏上的农户家庭，自由耕地15亩，年纯收益为8.8两。而按照上面湖州雇工为例，雇工的年收益仅为2.2两。由此看出，自耕农与雇工的收入差距巨大，即使雇工摆脱了受雇局面，努力奋斗成为自耕农，也得赊借大量碎银购买必要的生产工具和劳作牲畜。

明代中后期，一些雇主希望通过善待雇工，改善生活环境，使得雇工勤恳劳作提高农作物亩产量。如《庞氏家训》中记载："雇工人及童仆，除狡猾顽惰斥退外，其余堪用者，必须时其饮食，察其饥寒，均其劳逸……尤宜特加周恤。"①

① 高寿仙.明代农业经济与农村社会[M].合肥：黄山书社，2006：158.

第三节 明代农业科技与农器设计

一、明代水利与农业排灌

农业的发展离不开水，水利的发展对于农业产量的提高意义重大。中国历代都把兴修水利作为国家大事来做。朱元璋也十分注重水利建设，《明史·河渠志》记载，在他即位之初就曾下诏："所在有司，民以水利条上者，即陈奏。"[①]水利工程的修建，不仅使大批被洪水、海潮淹没的土地变为良田，扩大了耕地面积，而且大大加强了抵御水旱的能力，保证了农田的产量。明代政府组织了大量人力、物力、财力兴修水利，修建了许多大规模水利设施的同时，也营造了许多新的农田。这些大规模水利设施可灌溉农田达万顷至数万顷。在修建大型水利工程的同时，需要众多中小型枢纽工程与之配套使用，因此，明政府还组织民众修建了许多中小型灌溉工程，充分发挥水利工程的灌溉效果。

洪武元年（1368年），修和州、铜城堰闸，周围200公里；洪武四年，修广西兴安县灵渠；洪武八年，修陕西泾阳洪渠堰，可灌溉方圆200多里耕田等等。至洪武二十八年（1395年），各地"凡开塘堰四万九百八十七处"[②]，全国共缮治塘堰40987处，疏浚4162处，修建陂渠堤岸5048处。[③]李约瑟主编的《中国的科学与文明》一书根据资料统计了中国历朝年水利兴修的平均值，两汉0.131，三国0.545，晋0.11，南北朝0.118，隋0.932，唐0.88，五代0.245，宋3.48，元3.5，明8.2，具体如下图：

① 〔清〕张廷玉，等.明史：卷88[M].北京：中华书局，1974.

② 〔清〕张廷玉，等.明史：卷88[M].北京：中华书局，1974.

③ 明太祖实录[M].卷234，卷243.

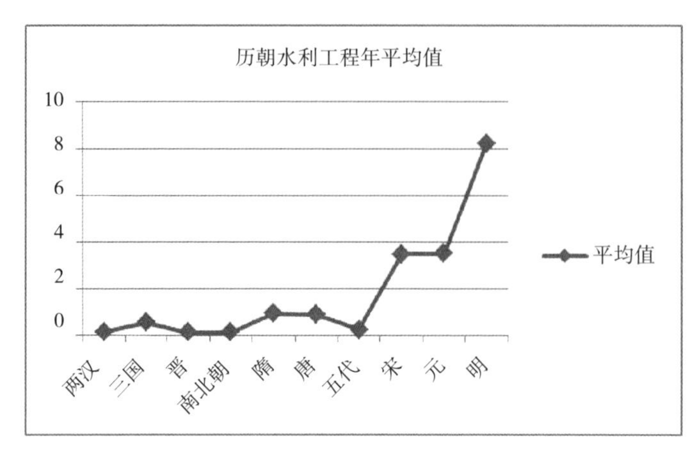

图1-2　历朝水利工程年平均值（作者编绘）

资料来源：根据李约瑟《中国的科学与文明》提供的数据。

从以上数据一目了然，我国从宋代开始特别注重兴修水利工程，从元代到明代又有明显提升。明代治水活动按照地区分，浙江480处，广东302处，江西287处，江苏234处，直隶（河北）228处，福建212处，湖北143处，云南110处，山西97处，湖南51处，陕西48处，安徽30处，河南24处，甘肃19处，四川5处，由此可见南方水利工程建设优于北方。

明代水利兴修比较显著的特点是偏于小型水利工程，南方修筑陂圩闸堰等水利工程，提高土地利用率。北方利用泉水和河水灌溉，“凿长渠三百里，引水为四闸，灌田数千顷”[①]，“高丈许，堤高，泉与俱高，因地引而下，大约高一尺，可灌十里，一州遂为乐土”[②]。

大大小小的水利工程，也推动明代农业排灌工具的改进。比如，水转翻车在明代之前就已出现，在南方使用较多，但在明代之后更加普及。根据水源地的周围环境，其动力来源比较多样，有人力踏车，也有牛力或水力的。一般人力水车，一人穷其力一日灌溉四五亩田地；借用牛力可以加倍，利用水力可以不受疲劳和精力限制昼夜川流不息。戽斗、桔槔、辘轳等是北方的传统灌溉工具，明代龙骨水车开始普及应用。

① 嘉庆重修一统志：广平府·名宦[G]//四部丛刊续编.上海：上海书店，1984.
②〔明〕朱国祯.涌幢小品（全二册）[M].北京：中华书局，1959：139.

二、明代历法与农时

（一）历法

历法，是用年、月、日等时间单位计算时间的方法，由国家统一制定并颁布实施，以方便人们的生产和生活。明代使用的历法《大统历》是在元代《授时历》基础上改编的，并一直使用到明亡。《大统历》对《授时历》的改编主要体现在两方面，首先是取消“岁实消长”，就是在历法推算时，不再考虑回归年长度的长短变化；其次是以洪武十七年（1384年）天正冬至为历元。[①]但是，由于《大统历》使用年代久远，误差也多，在天象推测上失误较多，朝廷中就历法改革的建议从未中断过。虽然官方禁止民间研习历法，但是天文学方面的成就仍然颇丰，如董谷作《豢龙子》提出了宇宙是无边无际的新观点，邢云路著《古今律历考》则直接认为地球周围的行星运动是受太阳引力的结果：“星月之往来，皆太阳一气之牵系也 。”中国科学界第一次提出如此正确清晰的自然观科学思想，意义重大。明代在天象观测、历法演算、航海星图各方面，都取得了不逊于当时欧洲的成就。同时，明末大批传教士来华，西方自然科学的知识（包括天文学）逐渐传入中国，利玛窦、阳玛诺、汤若望等都是以积极普及西洋天文学作为进身之阶的。由明朝官方主持编撰并颁布的《崇祯历书》，借助于西方关于地球自然概念和经纬度测定的科学计算方法，使日蚀、月蚀的精确度，远远超过历代。[②]《崇祯历书》编成后，明朝已近灭亡，因此未得到采用。到了清初，汤若望等将《崇祯历书》重新删改，连同编撰的新历本一起呈交清政府，得到颁发施行。新历本定名为《时宪书》，删改后的《崇祯历书》改名为《西洋新法历书》，成为之后近百年中国天文学家学习西方天文学知识为数不多的重要文献。

（二）农时

农时，是指农业生产过程中的时间因素[③]，实际是农业生产中的时间秩序，对农业生产具有“指时”作用。农作物的生长与光照、热量、水分等多

① 王淼.明代的传统历法研究及其社会背景[R].浙江大学，博士后研究工作报告，2005.
② 王琥.设计史鉴：中国传统设计文化研究（文化篇）[M].南京：江苏美术出版社，2010：113.
③ 赵敏.中国古代农时观初探[J].中国农史，1993，12(2)：73—78.

种因素有关，这些因素直接受时间、气候的影响，时间到了、气候到了，农作物自然就生长，而不能反季节耕种，如冬种而春收是不能实现的（当然，现代农业大棚、温室完全可能反季节种植）。先人经过长时间的生产实践，发现了这样的规律。最初在粗放型农耕时代，体现在播种和收获上，人们分别总结出了适合播种和收获的季节，即春季和秋季。在此基础上，随着天文学的发展、精耕细作农业的要求不断提高，为了提高农作物产量、提高劳动效率，人们逐渐总结出了二十四节气，以此保证农业生产中的播种、生长、收获与季节规律相符合，保证农业生产的正常运转。关于“二分、二至”的概念，即春分、秋分、夏至、冬至，至晚到西周已有明确的文字记载；关于“四立”，即立春、立夏、立秋、立冬，战国时期已经出现；二十四节气名称到西汉初年，已经完整的出现了，并且排列的次序和现在使用的完全一样①。二十四节气，不是简单的时间指示，是地球环绕太阳运行位置的变化而引起气候寒暖干湿等农业气象条件演变规律的反应，是传统历法中的重要内容②，农业生产以此作为重要的农时指导。首先，反映时节，这一点有一定的地区性，但也反映了明代绝大部分地区的时节特征，具体地区可以因地制宜做适当调整。其次，反映气候特征，就是降雨和热量等；再次，反映物候特征，就是农作物的播种、生长、收获的物候特性。

对于农时的把握，先民是从对自然的天象、物候观察开始。观察天象，即通过观察天体运动，如夏至可以通过对猎户座的观察来确定，以此给出时间的标志；观察物候，是通过观察候鸟或野生动物的活动，如《左传·昭公十七年》说：“玄鸟氏，司分者也。”③即以家燕的春来秋去，以此判断春分、秋分时间。但是，这种方法有明显的不足，受到阴雨天气的影响十分明显，而且无法做到精确，影响了正常的农业播种、收获时间的确定④，不利于长期农业生产的有序化。于是出现了精确的计算方法以推算时间规律。明代马一龙《农说》载：“力不失时，则食不困。知时不先，终岁仆仆尔。故知时为上，知土次之。知其所宜，用其不可弃；知其所宜，避其不可为力，足以胜天矣。知不逾力者，虽劳无功……合天时、地脉、物性之宜，而无所差失，则事半而功倍，知其可不先乎？”说明了农业耕种中不能光靠力气，要识天时

① 张芳，王思明．中国农业科技史［M］．北京：中国农业科学技术出版社，2011：120.
② 张芳，王思明．中国农业科技史［M］．北京：中国农业科学技术出版社，2011：120.
③ 左传［M］．刘利，纪凌云，译注．北京：中华书局，2012.
④ 李友东．时间秩序与大规模协作式农业文明的起源［J］．社会科学，2013（1）：161.

地利的规律，才可趋利避害，事半功倍，充分体现了古代人民早已注意到天、地、人三者之间的朴素关系。

明代农业生产实践通过历法准确把握农时，使得各类农作物遵循季节、气候的规律，以谋求农作物生长与自然规律相统一，保证农事农时的准确，做到有序生产，提高单位面积亩产量。

三、明代漕运、车船建造与农产品物流

为了满足封建统治者宫廷消费、百官俸禄、军饷等的需要，将田赋的部分粮食运输到京师或指定地点。这种粮食称为漕粮，漕粮的运输称为漕运。按照运输方式的不同，漕运有河运、陆运和海运三种。其中，主要以河运为主，通过天然河道或人工开凿的运河来转运漕粮。漕运起源较早，早在秦始皇北征匈奴时，就曾自山东沿海一带运军粮到北河（今内蒙古乌加河一带）。[①] 到明代，漕运发展到了一个新阶段，如明初朱元璋也十分重视漕运工作，海运对支援他北伐战争、统一中国起到了重大作用。不过，明初，一方面推行了屯田制，边疆对于江南粮食的需求减少。另一方面，开通了清江浦（今淮安）、会通河（今山东临清至东平），大运河全线通航。永乐十三年（1415年），“罢海运”，“令浙江嘉、湖、杭与直隶苏、松、常、镇等府秋粮，除存留并起运南京及供内府等项外，其余原坐太仓海运数，尽改拨淮安仓交收”[②]，改海运为河运。

明建都南京之后，南京成为全国政治、经济文化的中心，所有的漕粮等贡品，每年数以万计的以各种方式运输到南京。江南地区自古富甲天下，尤其是太湖流域鱼米之乡，成为明政府最重要的漕粮纳贡来源之一。为了方便江浙太湖流域到南京的漕粮的运输，明政府调集大量劳役，整治胥溪运河，开通胭脂河。使得太湖、石臼湖、秦淮河三个水系连通，江浙及皖南的漕粮可通过胥溪、石臼湖，经胭脂湖，下秦淮河，直接到达南京，无需绕道长江，而受风浪之险。这样浙江西部的嘉兴、湖州、杭州，江苏南部的苏州、松江、常州、镇江及皖南等地通往南京的水路航运路程得到缩短，更加快捷，同时运输条件得到改善，更加安全。

永乐十九年（1421年），明王朝迁都北京，漕粮运输的目的地完全改变，

---

① 王彦智.近代烟台漕运的特点及现实意义[J].中国市场,2008(19):126.

② 王祖畲,等.太仓州志[G]//中国方志丛书.台北:成文出版社,1975.

各地漕粮纷纷被运输到北京。原本富足的江南地区，在明政府迁都北方之后，仍然是其最重要的漕粮来源之一。因此，改善原有的河道，方便江南漕粮运输显得尤为重要。漕运最初有两条路线，一是由淮河入黄河，至阳武（今河南原阳）陆运至卫辉（今河南汲县）入卫河北上京师北京；另外一是海运，即陆海兼程。但是，海运风险大，陆运太辛苦，所以为了改善运输条件，提高运输效率，明政府开始了京杭大运河的疏通工作。在永乐年间，京杭运河被疏通和整改，全线通航，保证了漕粮安全快捷地运输。

明代各省漕粮分派任务如下表：

表1-8 各地漕粮任务统计（作者编制）

地区	漕粮任务（单位：万石）	地区	漕粮任务（单位：万石）
浙江	63	湖广	25
江西	57	山东	37
河南	48	应天府	13
苏州府	70	松江府	23
常州	17	镇江府	10
安庆等府	36	—	—

资料来源：根据叶依能主编《中国历代盛世农政史》内容。

漕粮的运输关系到国家的经济稳定，而江南各省在整个明政府漕粮税收中占比之大，让明政府特别重视江南漕粮的北运工作。明政府还专门设立了针对漕粮运输的管理机构，并不惜花费巨大人力、物力成本，多次兴修水利，开河筑坝，造船修路，建仓库。这在保证封建王朝漕粮得以顺利运输的同时，推动了车船建造的发展，加强了各地经济的联系，促进了商品经济的发展，推动了农产品的跨地区流动。交通条件的改善、交通工具的建造，为形成全国性的农产品大市场创造了前提条件。有了市场网络的支撑、车船的便利运输，农作物粮食、棉纺织品、丝绸制品及其他各类经济作物得以在全国互通。销售畅通，获利丰厚，自然提高农户生产的积极性，使其扩大耕地面积，增加人员投入，改善和更新农用工具。

四、明代冶铁与铁制农器普及

冶铁业是明代手工业中非常重要的产业，铁的产量不仅超过中国古代的任何朝代，与当时世界其他国家相比产量也遥遥领先。已探明的铁矿产地有

245处，比元代45处多了5倍多，比清代前期的137处多了近1倍，在这些铁矿产地的基础上，明初建立了官营铁冶所15所。[1]从历代政府每年的冶铁量，也可以看出明代冶铁业的进步：

表1-9 历代政府冶铁量统计（作者重新编制）

年代	公元	每年政府冶铁量
唐宪宗元和初年	约806年	2,070,000斤
宋仁宗皇佑年间	1049年—1053年	7,241,000斤
南宋初期	约1127年	2,162,144斤
元世祖中统四年	1263年	5,844,000斤
明洪武六年	1373年	7,460,000斤
明永乐初年	约1403年	18,475,026斤

资料来源：根据杨宽《中国古代冶铁技术的发明和发展》第68—69页表格。

根据上表可知，从唐代到明代，我国冶铁业得到了很大的发展，政府每年铁的收入，也有大幅增长，明永乐初年的铁收入是唐宪宗时期的9倍，是宋仁宗时期的2.5倍，是南宋时期的8.5倍，是元世祖时期的3倍。明洪武年间，还曾因朝廷铁库存量太多，两次下诏停运官营冶铁，而此时又给民营冶铁创造了大量发展的空间。明代铁的生产，可分为官铁和私铁，官铁以遵化产的铁为主。而到万历九年，由于市场上的私铁比官铁便宜，官方被迫关停了遵化铁厂。

明代冶铁技术进步主要表现在以下几方面：炼铁炉的革新、生铁到熟铁热炒连续性的加强、灌钢技术改进、生铁淋口技术的发明。

明代炼铁炉形制巨大，如明初官营遵化铁炉[2]，“深一丈二尺，广前二尺五寸，后二尺七寸，左右各一尺六寸。前辟数丈为出铁之所，俱石砌”[3]，这种炼铁炉是长方形，可以连续使用三个月，已具备非常高的生产效能。到了明末清初，广东地区又出现了更加先进的炼铁高炉，如明末清初屈大均《广东新语》卷一五《铁》载：“炉之状如瓶，其口上出，口广丈许，底厚三丈五尺，崇半之，身厚二尺有奇。以灰沙盐醋筑之，巨藤束之，铁力、紫荆木支之。又凭山崖以为固。炉后有口，口外为一土墙，墙有门二扇，高五六尺，广四

① 管汉晖，李稻葵．明代GDP及结构试探［J］．经济学，2010，9（3）：787—828.

② 王毓铨．中国经济通史：明代经济卷［M］．北京：经济日报出版社，2000：567.

③〔明〕朱国祯．涌幢小品（全二册）［M］．北京：中华书局，1959：94.

尺，以四人持门，一阖一开，以作风势。其二口皆镶水石。水石产东安大绛山，其质不坚，不坚故不受火，不受火则能久而不化，故名水石。”[①]广东的这种瓶炉比遵化的方炉更符合燃烧原理，更加先进，是冶铁技术中的一项重要革新。同时，其口用以耐火的水石，延长了炼铁炉的使用寿命。

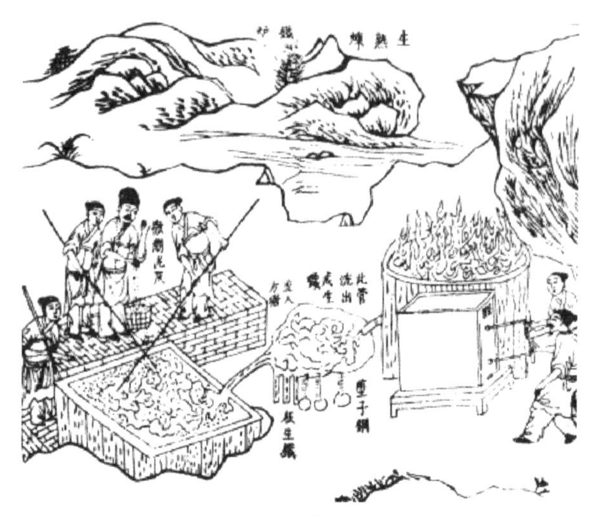

图1-3　生熟炼铁炉

冶铁炉与炒铁塘串联使用，省时省工，实现了从生铁到熟铁操作过程的连续性。明《天工开物》载：“若造熟铁，则生铁流出时，相连数尺内，低下数寸，筑一方塘，短墙抵之。其铁流入塘内，数人执持柳木棍排立墙上。先以污潮泥晒干，舂筛细罗如面，一人疾手撒掩，众人柳棍疾搅，即时炒成熟铁。”这种在冶铁炉旁边设方塘炒铁的方式有两个优点，首先，减少了炒熟铁先融化的工艺流程，节约了成本；同时，也节约了时间，提高了工效。另外，炒熟铁过程中，还用到了晒干的污泥灰，这其实就是熔剂。用柳木棍不断搅拌，有两个作用，一是达到“炒”的工艺要求；二是不断搅动铁溶液，扩大受氧面积帮助氧化。

灌钢冶炼技术，是利用生铁低熔点的特点，将生铁融化后渗透到熟铁中，再进行反复锻打，去除杂质，即得到优质钢，也称为团钢。灌钢技术以其简便、较为先进的特点在宋代已基本上在全国流行，成为主要的炼钢法。宋沈括《梦溪笔谈》载：“世间锻铁所谓钢铁者，用柔铁屈盘之，乃以生铁陷其

---

①〔清〕屈大均.广东新语[M].北京：中华书局.1985.

间，封泥炼之，锻令相入，谓之团钢，亦谓之灌钢。”[①]但是，明代的灌钢技术又得以改进得更为先进，明方以智《物理小识》载：“灌钢以熟片加生铁，用破草鞋盖之，泥涂其下，火力熔渗，取煅再三。”[②]明宋应星《天工开物》也有载：“凡钢铁炼法，用熟铁打成薄片，如指头阔……取出加锤，再炼再锤，不一而足。俗名团钢，亦曰灌钢者是也。”灌钢技术在明代优于宋代。首先，明代不用泥封，而用泥草鞋遮盖，可以为炼钢炉内的燃烧提供更加充分的氧气，提高炉内温度；其次，明代不用生铁块嵌入盘绕的熟铁中，而是将生铁盖于捆好的熟铁片上，这样有利于生铁液灌入熟铁片间，增加生铁液与熟铁的接触面，提高氧化速度，提高生铁液渗入量。

明代将灌钢的冶炼原理运用到了铁制农器刃口的制造上，采用了“生铁淋口”的方法，使刃口得以加钢，更加锋利持久耐用。这个方法所用的原理和灌钢是一样，是在灌钢技术上的进一步发展和应用。明宋应星《天工开物》：“凡治地生物，用锄、镈之属，熟铁锻成，熔化生铁淋口，入水淬健，即成刚劲。”这种方法是用生铁液作为熟铁的渗碳剂，以使得农器刃口表面具有高碳组织，经生铁淋口后的工具，再经淬火后会更加坚硬锋利。

冶铁技术的发展与农业生产工具的改进有着密切的关系，明代冶铁业的进步促进了农器的发展，提高了农业生产效率；反过来，农器的发展、农业生产效率的提高，又节约了人力。农民的独立性和自由度得到提高，为冶铁的发展提供了充足的劳动力资源，又促进了冶铁业的快速发展。明代冶铁工艺流程的进步，降低了冶炼成本；私铁的发展，降低了铁的价格，为铁制农器的大范围推广提供了合理的价格基础。改进后的灌钢工艺和生铁淋口技术，使得炼钢更加方便、简单、快速，使得铁制农器更加锋利耐用，对于铁制农器的改进和普及，起到了积极的推动作用。

五、明代机械与农事动能来源

以蒸汽机发明为代表的现代工业革命推动了西方现代设计的发展，使得世人一叶障目，总认为中国古代没有设计，更没有机具方面的大型工程机械器具设计。实际上我国古代有众多优良的机械工具设计，如明代农事应用中的机械工具就非常多，动力来源也比较多元，而且都是环保绿色能源，完全

---

①〔宋〕沈括.梦溪笔谈[M].上海：上海书店，2009：4.

②〔明〕方以智.物理小识[M].上海：商务印书馆，1937.

取自于自然的馈赠。如依靠人的体力推行的风扇车、连枷、辘轳；依靠人驯化后的畜力进行的牛耕、驴拉磨；依靠水力工作的水碾、水碓、水车；依靠风力工作的风车、风力帆车等。明代机械农事在动能设计上，体现了“因地制宜”“因势利导”的优良理念。文章分别选择了几个典型案例，对明代农事机械的动力来源进行分析。

（一）人力动能

在家畜驯养之前，主要的农事操作动力来源于人自身的体力，直到现在一些简单农事操作仍然依靠人力，在明代也不例外。我国的人力资源一向较为丰富，但是人们在长期的社会实践中还是想尽一切办法让每个个体人的体力功效发挥到最大，尽量做到力半而功倍的效果。如连枷是一个简单的脱粒工具，由一个长竹竿、一个木轴、一个竹排构成，使用时用手握持竹竿尾部，上下挥动竹竿，连枷头部的竹排由于离心力的作用绕着木轴旋转，拍打在黄豆等作物上。随着连枷上的竹排不断地拍打，籽粒逐渐被拍打下来。从古至今，连枷的造型、材质变化不大，主要的区别在于底部的竹排，最初竹排是一根竹木棍，后来为了增加受力面积，提高效率，将其改成了竹排或木排，这样一次甩出去拍打的受力面加大，脱粒更快。

连枷的动力来源是人力，运用了杠杆原理，将人力转化为竹排旋转的动力，一方面，改变了力的方向，使得竹排能够拍打到地上的作物，起到了手臂延伸的功能；另外一方面，利用杠杆原理，木轴作为支点，竹竿越长，动力臂就越长，而所需的动力即人手臂甩出去的力就越小，人们脱粒就越省力。同时，利用了离心力的原理，只要保证上下拍打竹竿的节奏和竹排甩出去的节奏相吻合，就会有一个瞬间竹排完全是悬空的，依靠离心力在旋转，化解了不少负荷重量。熟练的农户在操持连枷时，只要把握好拍打的节奏，有规律地拍打使之与竹排甩出去时的时间点一致，就非常省力。

（二）畜力动能

家畜饲养是随着定居农业逐步发展起来的，最初因狩猎获得的动物吃不完，先民将其养起来等来日再食，后来逐渐演变成了有目的地驯养，希望通过驯养获得更加稳定、持续的肉食来源。直到春秋时期，家畜才大范围地用于农事生产，最直接的体现就是牛耕的盛行，这是我国农业技术史上动力来源的一次革命。随着技术的发展，畜力的使用范围不断扩大，到了明代畜力应用于农事的多个环节，如农田垦荒、粮田灌溉、粮食加工、货物运输等，为各项农事活动提供了充足的动力来源。畜力在农田灌溉中应用甚广，也具有重要意义。首先，畜力，如牛、驴，本身的力量比人力大多了，能够牵引较为大型的翻车、筒车，将水提到一定高度，且畜力更具有持久的耐力，可以灌溉较大面积的农田；其次，畜力的使用，将人从机械中解放出来，节约了人力成本。

（三）水力动能

古代中国对于水的利用，体现在两个方面，一是兴修水利，二是水能的利用。具体到农事机械动力来源，主要涉及水能的利用。还以农田灌溉为例，筒车、水转翻车就是水能利用很好的案例。靠河边的农家，可以制造筒车，筑坝拦水，让水经筒车下冲击水轮旋转，再将水引入筒内，各个筒内的水分别倾入槽中，再流进农田。不用灌溉时，用木栓卡住，使水轮固定不得动。水转翻车在隋唐以前已经出现，到唐代得以大范围推广，明代及后世仍然盛行。利用水能推动翻车灌溉农田的优点在于提水效率高、取水量大，而且可昼夜不歇持续工作；缺点在于一次性投入成本高，且对架设环境要求高，需架设在水流湍急处。

著名的“水轮三事”，就是明代工匠发明的农事机械，将水能驱动灌溉、谷物脱壳、磨面三件事结合在一起，所用机械结构极为精巧。《天工开物·粹精》也有关于此机械的记载：“凡水碓，山国之人居河滨者之所为也，攻稻之法省人力十倍，人乐为之。引水成功，即筒车灌田同一制度也。设臼多寡不一，值流水少而地窄者，或两三臼……又有一举而三用者，激水转轮头，一节转磨成面，二节运碓成米，三节引水灌于稻田。此心计无遗者之所为也。”说明古人对于水能的利用，已经做到游刃有余。

（四）风力动能

古人对风能的运用可以追溯到很久以前，至晚到汉代已有了用风帆借风力助动的车辆，到了宋代有了更为发达的组合式桅帆为远洋船只提供动力，至明清出现了风车。风能在农事中的应用要明显晚于水能，说明风能无形更难驾驭。明代风能应用有风力翻车、风力筒车，童冀《水车行》描述了湖南地区利用风力转动筒车的情况，这种风车轮盘直径三丈，一台风车可灌十家之田。《天工开物·乃粒》中载：“扬郡以风帆数扇，俟风转车，风息则止。”

明方以智《物理小识》载："淮、扬、海三处，用风帆六幅，车水灌田。"说明风车最早在浙西和苏北使用。风车在浙西和苏北首先发明使用是由其地理因素和经济因素决定的，苏北如盐城是平原地貌，无高山土丘阻挡，且其东临黄海，有充足的风力资源可供利用[①]。该地区以水田水稻作为其主要粮食作物，需要大量江海湖泊水源的灌溉。同时，盐城临海，自古制盐业发达，也需要风车提水制盐，故一定程度上也推动了风车的发展。如苏北八桅风车，高约900厘米，上部直径约900厘米，下部直径约700厘米，重达两吨。如此大型的器械操作却非常简单，如启动风车时，用绳子拴住座杆，使风车静止，视风力大小用游绳把风帆升到一定高度，将系着游绳的挂绳木卡挂在桅杆上的小木钉上，放开拴座杆的绳子，风车即开转动。止动风车时，依次将挂绳木从桅杆的小木钉上击脱，风帆遂落，风车停转。

古人使用的水能、风能、畜能等都是可再生、可循环的绿色能源，造价低廉、来源广泛，使人、环境、农事三者和谐共生，值得现代动能设计借鉴。

第四节　明代农学与人文思想

一、明代文化精英的重农思想

解缙（1369年—1415年），强调"农者天下之本"，为了发展农业，他提出："每一里设田畯，以今之耆宿为之，专一巡察，以警勤惰。"即农业耕作需勤劳，派专人巡察以杜绝懒惰。同时，还提倡学习前人积累下来的农学知识，做到高效劳作。如"以《农桑辑要》等书教之，先将《农桑辑要》《齐民要术》及树艺、水利等书类聚考订，颁行天下，令各家通晓"。他还注重粮食的储备[②]，提倡不仅国家要有储粮，老百姓也应储粮。

丘浚（1420年—1495年），字仲深，海南琼山人。他强调国家统治者要重民，得民心，最重要的就是要实施养民政策，如"人君之治，莫先于养

---

① 王琥；何晓佑，李立新，夏燕靖．中国传统器具设计研究：卷二［M］．南京：江苏美术出版社，2006：167—178.

② 赵靖．中国经济思想通史：卷四［M］．北京：北京大学出版社，1998：9—10.

民”[1]，“天下盛衰在庶民，庶民多，则国势盛，庶民寡，则国势衰。盖国之有民，犹仓廪之有粟、府藏之有财也。是故为国者，莫急于养民”[2]。从经济角度分析养民的重点在于发展农业，丘浚对这方面有深刻的认识，他曾总结：“民之所以得其养者，在稼穑、树艺而已。”[3] “农以业穑，乃人所以生生之本，尤为重焉。”[4]同时，他还认为养民是国家管理统治协调诸事的基本前提条件，他分析道：“民之所以为生产者，田宅而已。有田有宅，斯有生生之具。所谓生生之具，稼穑、树艺、畜牧三者而已。三者既具，则有衣食之资、用度之费，仰事俯育之不缺，礼节患难之有备。由是而给公家之征求，应公家之徭役，皆有其恒矣。礼义于是乎生，教化于是乎行，风俗于是乎美。”[5]所以，国家统治者应该重视农业的发展，围绕着农业服务。土地是农业生产最重要的生产要素，丘浚也认识到这个问题。而明代盛行的土地兼并、皇庄王宅修建等大量侵占民田，严重影响了农业生产之本、农民生活之源。他激烈地抨击了土地兼并，侵占良田的行为。对于土地问题的解决，他反对恢复井田制，提倡“配丁田法”。丘浚的重农思想，除了体现在土地问题，还包括荒政、粮价、造林等。[6]

王阳明（1472年—1529年），名守仁，字伯安，浙江余姚人，著名思想家、教育家。他的重农思想，并非直接提倡重视农业生产，而是强调通过对乡民的教化，为农业生产创造良好的农村大环境。如农民的流亡、农村的动乱会破坏到整个农业生产的根基。王阳明致力于“以教育民”“以民安民”“以德施民”来稳定农村的社会秩序，调适农业社会生产环境，这种思想虽不是直接作用于农业，但却是重农思想的体现之一。

林希元（1481年—1565年），字茂贞、思献，号次崖，福建同安人。他的重农思想比较显著，且将农民的疾苦归于商业的发展，使得从事农业生产的人力减少，如“今天下之民，从事于商贾、技艺、游手、游食者十而五六，农民盖无几也”。他还分析为什么农民愿意从事商业，究其原因是农业赋税高、农民无田等，而从事商业还能挣到钱以糊口，如“农民终岁勤动，或藜藿不

---

①〔明〕丘浚.大学衍义补[M].林冠群，周济夫，校点.北京：京华出版社，1999：128.
②〔明〕丘浚.大学衍义补[M].林冠群，周济夫，校点.北京：京华出版社，1999：126.
③〔明〕丘浚.大学衍义补[M].林冠群，周济夫，校点.北京：京华出版社，1999：128.
④〔明〕丘浚.大学衍义补[M].林冠群，周济夫，校点.北京：京华出版社，1999：5.
⑤〔明〕丘浚.大学衍义补[M].林冠群，周济夫，校点.北京：京华出版社，1999：130.
⑥ 钟祥财.中国农业思想史[M].上海：上海社会科学院出版社，1997：289—294.

充而困于赋役，此民所以益趋于末也。富者田连阡陌，民耕王田者二十而税一，耕其田乃输半租，民之欲耕者或无田，有田者或水坍沙压而不得耕，得耕者或怠惰而至饥寒，或妄用而失撙节，此农民所以益困也。”[①]林希元对于农业生产荒废，农民转投商业的应对政策是“抑末作，禁游手，驱民尽归之农”、“使民尽力于农桑衣食”[②]。

海瑞（1514年—1587年），字汝贤、国开，号刚峰，广东琼山人。他是古代著名的清官，同时，也十分重视农业生产，曾亲自组织人员疏浚河道，兴修水利。海瑞的重农思想，在其文章中有反映：“窃惟农桑耕织，衣食之源，四民首务，尔所当知。丈夫当年而不耕，天下有受其饥；妇人终岁而不织，天下有受其寒。假使尔民尽耕，尔妇尽织，则尔众之衣之食，当有取之无尽，用之不竭者矣。”[③]为了得到农业丰收，他还力劝农民要勤于农田劳作，如“春耕夏耘，务尽牲畜之力；秋敛冬藏，尤循节俭之风。相土之宜，悉植梨、枣、桑、麻之属。俾野无旷土，街无游民，粟多而不尽食，布多而不尽衣”。关于土地问题，海瑞推崇恢复古代的井田制，并建议清丈全国田土。至于赋税方面，他发现当时赋税不均的问题，提倡均节赋役。

张居正（1525年—1582年），字叔大，号太岳，江陵（今属湖北）人。明代中后期，他作为朝廷首辅，面对政治腐败、财政亏空、矛盾尖锐的现实环境，推行了土地清丈和一条鞭法，强调国家管理、发展经济要从有利于人民的角度出发，主张要“植国本，厚元元”[④]，这也是他重农思想的体现。在农业和商业之间的关系上，张居正的认识较前人有进步，他不再将农业和商业对立，而是认为两者互相依存，互相促进。他提倡“重农”的同时也主张“抑商”，但强调只要将商业控制在一定的范围之内，不影响农业生产即可。对于农业知识，他主张那些不从事农业生产的士大夫，都应该认真学习，这一点突破了传统儒家以学农为耻的思想桎梏。同时，他还主张抑制土地兼并，厚商利农。

徐光启（1562年—1633年），字子先，号玄扈，上海人。他认为经济的核心是农业，他认为社会的基本财富是农产品，而货币不属于财富范畴。他主张“务农贵粟”“抑末”，批评唐以后国家不重视农政，认为“沿至唐宋以

---

①〔明〕林希元.同安林次崖先生文集：王政附言疏［G］//四库全书存目丛书.齐鲁书社，1997.

②〔明〕林希元.同安林次崖先生文集：王政附言疏［G］//四库全书存目丛书.齐鲁书社，1997.

③〔明〕海瑞.海瑞集（上册）［M］.陈义钟，编校.北京：中华书局，1962：276—277.

④〔明〕张居正.张文忠公全集：卷八《赠水部周汉浦榷竣还朝序》［M］.上海：商务印书馆，1935.

来，国不设农官，官不庀农政，士不言农学，民不专农业，弊也久矣"[①]。这里的贵粟，主要是指粮食作物的种植。关于土地问题，他既认为古代井田制有可借鉴的方面，又不主张恢复井田制，说明他既发现了明代田土合并带来的危害，同时又知道井田制的弊端。水利建设直接关乎农业生产，徐光启对此也十分重视。

顾炎武（1613年—1682年），明末清初思想家，原名绛，字忠清，明亡后，改名炎武，字宁人，号亭林，化名蒋山佣，昆山人。他认为农业是国家富强的基础，如"天下之大，富有二：上曰耕，次曰牧"[②]。针对当时中原战乱，土地荒芜，他提出将田主无力耕种的土地分给他人耕种。政府给一定的经费支持农业生产，以边粟之盈虚贵贱作为考核地方官员的标准。[③]从而做到"物力丰，兵丁足，城围坚，天子收不言利之利，而天下之大富积此矣"[④]。

二、明代统治者的重农言论

农业是中国封建社会最主要的生产部门，能够迅速地恢复和发展农业生产不仅关系到能否增加封建政府的财政收入，也关系到明王朝能否维持和巩固的重大问题。[⑤]明朝统治者清晰地认识到了这个问题，所以历任帝王都非常重视农业的发展。如朱元璋就反复强调"农桑，衣食之本"[⑥]，"若年谷丰登，衣食给足，则国富而民安，此为治之先务"[⑦]。他还把"田野辟、户口增"[⑧]作为他的重要工作。朱元璋还指出："天下始定，民财力俱困，要在安养生息。"[⑨]休养生息是朱元璋的农本思想核心。一个稳定的社会环境，是实现休养生息的必要条件[⑩]。

朱元璋吸收了以往统治者的经验和教训，提出"天地生财以养民，故为君者当以养民为务"，"朕宵旰图治，以安生民"，"保国之道，藏富于民，民

① 〔明〕徐光启．徐光启集（上册）［M］．王重民，辑校．北京：中华书局，1963：8.
② 〔明〕顾炎武．顾亭林诗文集［M］．北京：中华书局，2008.
③ 项怀诚．中国财政通史［M］．北京：中国财政经济出版社，2006：248.
④ 〔明〕顾炎武．顾亭林诗文集［M］．北京：中华书局，2008.
⑤ 陈梧桐．朱元璋恢复发展农业生产的措施［J］．农业考古，1982（1）：57—60.
⑥ 明太祖实录［M］．卷77.
⑦ 明太祖实录［M］．卷16.
⑧ 明太祖实录［M］．卷34.
⑨ 〔清〕张廷玉，等．明史：太祖本纪［M］．北京：中华书局，1974.
⑩ 叶依能．中国历代盛世农政史［M］．南京：东南大学出版社，1991：194.

富则亲，民穷则离，民之贫富，国家休戚系焉”[①]。朱元璋深深认识到作为君王的自己，责任在于养民，他励精图治就是为了安民，因为民之贫富与国家安危休戚相关。这也是他的君主安危与存亡还受民之制约和民为国本思想的流露。

他的“农为国本，百需皆出其所出”，“农桑，衣食之本”[②]，都充分揭示了他的重农思想。国以民为本，民以食为天，食以农为先。所谓“营衣食”就是发展农业，农业是中国封建社会的经济基础，所以重农是封建社会的普遍历史现象。同时，朱元璋本身也很重视农业的发展。洪武元年（1368年）正月，他曾对群臣们说“今民脱丧乱，犹出膏火之中，非宽恤以惠养之，无以尽生息之道”，“不然，夫经丧乱之民，思治如饥渴之望饮食，创残困苦之余，休养生息，犹恐未苏；若更殴之法令，譬以药疗疾而加之以鸩，将欲救之，乃反害之。且为政非空言，要必使民受实惠。若徒事其名，而无其实，民亦何赖焉”[③]。意思是明朝的建立，在推翻元朝统治的同时，也造成了大量的战乱，给百姓带来了疾苦，要想改变这种境况，就需要调养，与民休养生息，给老百姓以实惠，而不是政治上的空谈。同年十一月，朱元璋郊外巡查时，世子（即长子朱标）随行，命左右导之，偏历农家，观其居处饮食器用。回宫后，对世子说：“汝知农家之劳乎？夫农勤四体，务五谷，身不离畎亩，手不释耒耜，终岁勤动，不得休息……而国家经费皆其所出，故令汝知之。凡一居处服用之间，必念农之劳，取之有制，用之有节，使之不致于饥寒，方尽为之上道，若复加之横敛，则民不胜其苦矣。故为民上者，不可不体下情。”[④]朱元璋对农民的疾苦有深刻的了解。所以，他能体恤民情，采取了一系列的重农、利农的政策和措施。朱元璋为了减轻农民负担，还通过政策引导推广军屯、商屯等，以此满足大量的军队开支，减轻农民赋税负担。同时，其对全国大规模的营造工程严加控制，并下令“凡有劳民之事，必奏请而后行，毋擅役吾民也”。一般工程都安排在农闲时进行，不急需的则尽可能缓建或停建。朱元璋除了防止滥使民力外，还反对劳役无时，实行与民休息，这样既减轻了百姓的劳役，也可使他们用于自己土地上的劳动时间相对增多，保证了农业生产的劳动力，提高了百姓的生产积极性，有利于农业生

① 明太祖实录[M].卷135,卷196,卷176.

② 明太祖实录[M].卷41,卷77.

③ 明太祖实录[M].卷22.

④ 明太祖实录[M].卷27.

产的发展。

朱元璋规定有司考课官吏，必书农桑治绩[1]，“违者降罚”[2]，他还规定民有不奉天时、负地利者，“皆论如律”[3]。意思是如有农民不按农忙天时耕种，辜负了田地的人，全部以触犯法律论处。这说明朱元璋在“重农”的同时，还注重引导农民按照耕种的时令规律从事，耕垦必须合乎天时。

洪武二十四年（1391年），朱元璋还下诏“令山东概管农民，务见丁著役，限定田亩，著令耕种，敢有荒芜田地流移者，全家迁发化外充军”[4]。意思是让山东省统计农民，一定要根据人口来确定徭役。丁，即是人口，限定授予百姓的土地数量，让他们耕种。如果敢有荒废土地，随便迁徙的，全家流放到边塞。

洪武三十年（1397年）九月，朱元璋规定：“辛亥，上命户部下令天下……又令民每村置一鼓，凡遇农桑时月，清晨鸣鼓集众，鼓鸣皆会田所，及时力田。其怠惰者，里老督责之。里老纵其怠惰不劝督者，有罚。”[5]意思是立冬到大雪的时段，朱元璋命令户部下令昭告天下，每个村必须备置一鼓，凡是遇到农忙月份，每天清晨敲鼓集中村民一起到田地耕种，打理田地。有遇到懒惰村民，村中长者有责任监督他们劳作。如若村中长者非但不监督还纵容其懒惰行径，必须处罚。为促进农业快速恢复和发展，朱元璋还曾下诏，规定田器等物“不得征税”[6]，这里的田器指农田耕种之器，即农器。

三、明代农学研究成果

（一）《农政全书》

《农政全书》是总结和研究前人在农学方面已有成就基础上，结合自身实践所撰写的农学著作，与《氾胜之书》《齐民要术》《陈旉农书》《王祯农书》一起并称为我国古代五大农书。《农政全书》共有60卷，共计50余万字，共分12目，包括农本3卷、田制2卷、农事6卷、水利9卷、农器4卷、树艺6

---

① 叶依能.中国历代盛世农政史[M].南京：东南大学出版，1991：209.
② 明太祖实录[M].卷77.
③ 明太祖实录[M].卷77.
④〔明〕申时行，等.大明会典[G]//续修四库全书.上海：上海古籍出版社，1995：290.
⑤ 明太祖实录[M].卷255.
⑥ 明太祖实录[M].卷30.

卷、蚕桑4卷、蚕桑广类2卷、种植4卷、牧养1卷、制造1卷、荒政18卷，只要是与农业有关的方面都有涉及，是我国传统农学研究的集大成者，对于当时及后世的农业生产具有重要的指导意义，也为后人研究明代农学状况提供了宝贵的文献资料。

《农政全书》是带有全国性质，而非某一区域性的农书，书中涉及南北方多种农事、农器等，其内容非常全面，代表了明代农业生产技术水平，反映了农业哪些方面发展缓慢或停滞，哪些方面发展显著，书中有些内容是在甄别、筛选之后引用的前人著作，如一部分引自元代《王祯农书》。但其自身填补了众多思想观点和内容，如关于当时已在全国棉纺织业占据重要地位的长江三角洲太湖区域的棉纺织技术的描述，涉及面广而精到，包括从耕地的开垦到产量的提高的操作办法及耕种规律、纺织工具等。《农政全书》与其他农书的最大区别在于“农政”，其他农学研究书籍多以“农本观点”为中心，而《农政全书》涵盖两大方面：农政措施和农业生产技术。如《农政全书》中对棉花栽培技术做了系统总结，即精拣核、早下种、深根、短干、稀科、肥壅， 这是植棉技术史上的巨大贡献。

（二）《便民图纂》

《便民图纂》可以说是一本简要的农家日用百科全书，内容涉及非常之广，从其“便民”二字也可知此书是为了方便人们日常生活而著的，这类书籍通常也被称为通书，但其超过三分之一以上的内容是与农业生产和农村生活有关的，故又归为农书。《便民图纂》由邝璠编撰，他虽是河北人，但由于在江南当官，故对太湖区域的农业生产和农家生活颇为了解，本书所撰农业生产方面内容也以江南水稻种植、桑蚕饲养为基础。全书共计十五卷，第一卷为图画，后十四卷为文字。第一卷图画含《农务之图》和《女红之图》，是以南宋楼璹《耕织图》为蓝本，按照民间形式重新绘制的。原来的南宋《耕织图》配以古体诗，工整典雅，重绘后版本改成吴语竹枝词，更加通俗易懂，充分体现著者“便民”之用意。后十四卷文字，可以归纳为五大方面：（1）农业生产，共五卷，分别是卷三耕获类、卷四桑蚕类、卷五卷六树艺类、卷十四牧养类；（2）气象预测，共一卷，是卷七杂占类；（3）占卜，共三卷，分别是卷八月占类、卷九祈禳类和卷十涓吉类；（4）医药卫生，共三卷，分别是卷十一起居类、卷十二卷十三调摄类；（5）加工制造，共两卷，分别是卷十五和十六制造类，卷十五是有关食品加工，卷十六是有关日用品制造。

《便民图纂》十四卷文字内容，大部分是对前人文献的摘录或引用，但也有一部分是作者独创的内容。如农业生产中的卷三，关于水稻栽培，从耕垦到中耕再到收获等一系列的内容，描述极为详尽全面，是前人农书所未有过的。

（三）《农说》

《农说》的内容简练扼要，从整体内容上看，作者马一龙继承了前人以农为本的重农思想。马一龙虽出身于官宦之家，但家风甚好，其母经常帮助困难乡里，遇到灾荒，还经常募捐赈灾。良好的家训加上自身的勤勉苦读，以及对农业生产的实践，使其对农业生产有相当的认识。同时，他也看到许多有知识的人不懂农业生产，而许多懂农业生产的人又没有知识，没有办法提高农业生产效率，故开始系统研究农业生产，并上升到理论高度，最终成书《农说》。

关于农业生产，《农说》提出："知时为上，知土次之。知其所宜，用其不可弃；知其所宜，避其不可为，力足以胜天矣。知不逾力者，虽劳无功。"可见，马一龙一方面认为人定胜天，通过努力必定可以改造自然，但是又很清楚地认识到天时、地时对农作物的限制和约束，提醒人们必须尊重自然规律，只有这样，农业生产才能够事半功倍。这就是著名的天、地、人和谐共生理论，即"三知"，也称为农业"三才"理论。

对于具体的农业生产，《农说》也有具体规律的总结指导，如"冬耕宜早， 春耕宜迟。云早，其在冬至之前；云迟，其在春分之后"这是对农田耕种提出的建议；"田无不耕之土， 则土无不毛之病。"是对耕作质量的要求，即指要全面翻耕，不因犁与犁之间的空隙，留有未耕之地，如果不这样做，作物就不能得到充分的养分，不能够很好的生长，影响粮食的收成。对于农田施肥，他一方面重视基肥，另一方面，反对过渡施肥，提倡适度施肥，避免肥害。①这也是马一龙"三才"理论的具体体现。

（四）《天工开物》

宋应星撰写的《天工开物》是一部有关农事和手工业的技术专著，全书共十八卷，谈农事的内容占全书的近40%，谈手工业的占全书的近60%，但是全书还是以《乃粒》开篇，是作者农本思想的体现，在其自序中也提及：

---

① 桑润生．马一龙与《农说》[J]．农业考古，1981(2)：154—155.

“卷分前后，乃贵五谷而贱金玉之义。”《天工开物》在首篇《乃粒》中提及：“生人不能久生，而五谷生之；五谷不能自生，而生人生之。”表达了作者对于人与自然相互依存的观点，这个思想一直贯穿于整本书中。《乃粒》中介绍五谷，并非按照前人对五谷的界定“麻、菽、麦、稷、黍”，而将“稻”排在其首，因明代水稻种植已占全国的百分之七十左右。[①]说明作者在继承前人传统的同时，又尊重客观事实的变化，加入自身新的认识，这有别于其他农书。《天工开物》异于其他农书的另外一点在于，其不是对前人文献的简单汇编整理，而是在自身农业生产实践基础上的思考和总结。这与其家道中落没有雄厚的经济实力购买储藏大批文献资料也有关，在其自序中也有体现，如“伤哉贫也。欲购奇考证，而乏洛下之资。欲招志同人商略赝真，而缺陈思之馆。”

《天工开物》在农事和手工业描述表达上采用了大量的定量表达，这在其他农书上是较为少见的，为后人还原明代生产力状况提供了详实的参考。《天工开物》还配有大量插图，尤其注重农作物后期加工制造以及手工业制造。古代农书如南宋《耕织图》、元代《农器图谱》以及明代《便民图纂》都有大量插图，风格各有千秋，《天工开物》插图与以上农书相比虽然略显粗犷，但是对某些农业机械的结构、透视表达得更为准确，让人一目了然，还可根据图例进行复原制造。《天工开物》在水稻种植、油料作物加工、甘蔗播种、农田施肥等方面，都有独到之处，值得后人借鉴和学习。

---

① 游修龄.《天工开物》的农学体系和技术特色[J].农业考古，1987(1)：319—325.

第二章

明代农事活动中的农器设计与应用

第一节 耕垦农事与农器设计

一、垦荒类农事与农器设计

（一）犁

古代垦荒类农事是从耒耜农器的应用开始，耒耜由尖木棍发展而来，并在其下端装一横木用于脚踏，便于用力入土，这只是最初的单尖耒，后又发展出了双尖耒。而中国古代最主要的垦荒农器犁就是在耒耜的基础上发展而来，到了明代，垦荒类农器主要有犁、劚刀、代耕架、踏犁等。

唐代以前的犁属于直辕犁，回转困难，耕地费力，只适合大田作业，不适合南方狭长形的田地。唐代对直辕犁做了改进，出现了曲辕，这时犁的结构已经相当完善，并一直沿用至今。以明代《农政全书》所描绘的犁为例，其是“一牛一犁”式，基本构件有犁辕、犁梢、犁底、犁铧、犁壁、策额及犁梢等。该犁与近现代犁的形制结构大致相同，犁辕较短，呈向下弯曲的弧形状态，减轻了犁的整体重量，实现了功能设计与审美设计的巧妙结合。

同时，唐代的犁还增加了犁盘，使犁辕通过犁盘两端系以绳索与曲轭相连接，操作更为灵活自如，便于转弯，提高了耕垦效率。它的出现是伴随着曲辕和曲轭而来的，有了它，犁辕只要延伸到牛后面的系索上即可，长度大为缩短。同时，它跟曲轭和鞍板相配合，系耕索的位置自然在牛臀部之下，犁辕的高度也大为降低，因而必须用向下弯曲的曲辕。这点与唐犁有所不同，唐代的江东犁的犁盘和犁辕是相连的，还没有单独脱离开来，是其不足之处。到明代，已完全脱离，耕垦前只要将盘和辕之间的铁钩环连接就行，即“与轭相为本末，不与犁为一体”，就是说犁盘与犁本身已经分离，而用耕索与牛轭连接在一起。犁铧，由铁铸造而成，形状为狭长的等边三角形，前低后高，壁薄而尖锐，中空，底端形状与木质犁底相吻合，便于插入倾斜的犁底槽口中，呈左低右高形状。当垦荒时，牛拉耕犁，犁铧切开的土块移到犁壁上翻转后重落土壤中。[1]这样，有两个好处，首先，满足了垦荒切开土层、切断草根的功能需求；其次，深耕时，也可将草中的虫子深埋入土，起到防虫除害的作用。

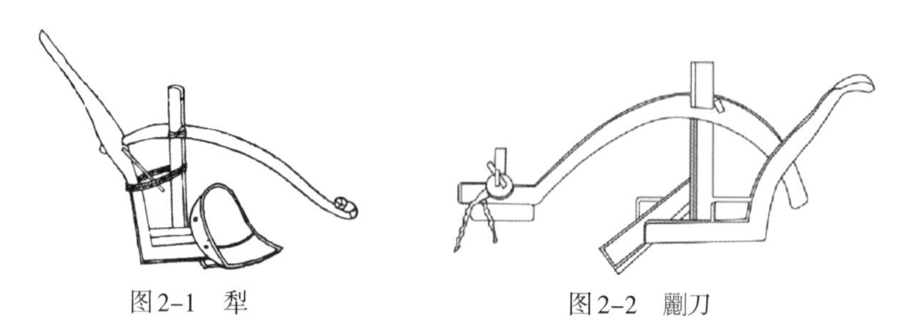

图2–1　犁　　　　图2–2　劚刀

犁大多为木质结构，犁底、犁梢、犁辕、犁箭、策额及曲轭皆由实木制成，因而犁身重量适中，操作方便。犁身具有一定重量，不易产生摇摆，使得操作时犁床接触地面较平稳。而犁铧、犁壁用铁铸造而成，这是由其功能和使用方式决定的，犁铧和犁壁是耕犁垦荒中与硬土直接发生摩擦的构件，承受着最大的冲击力和摩擦力。犁铧、犁壁也是整个器械中的主要功能物件，耗损最为严重，而铁的牢固耐磨性是其他金属所无法比拟的。同时，明代冶铁技术的快速发展，使得铁制农器更加方便易得。铁的价格大为降低，为铁制构件的普及起到了很大的作用。

古代中国，农器创造者已开始具备了初步的设计思想，农业器具的设计旨在达到一种“用力甚寡而见功多”的工作方式和使用方式，此犁则充分体现了这一朴素的设计思想。借力，是犁的主要工作原理，凭借牛的拉力，使用者并不需要用很大的气力，只需一手执犁梢扶正，同时稍用力施压，使犁铧向下发力翻土；另一手持缰绳、执鞭驱赶牛身，使之匀速前进。通过借用牛的拉力，使操作者大大减轻了劳动强度，良好的使用性和可操控性，使得这种古老的农耕器具历经千余载得以沿用至今。

在开垦荒地的过程中，会遇到一些遍布芦苇、蒿莱等植物的荒地，由于其根株甚密，特别难于开垦，即使农户选用较为壮实的耕牛和犁铧，都会非常费力，人畜皆易于疲劳，农器还容易损坏。所以，开垦这类荒地时，还会用到一种农器即是劚刀，先用劚刀裂破根土，之后再用耕犁翻土覆垡，这样

① 王琥；何晓佑，李立新，夏燕靖．中国传统器具设计研究：首卷[M]．南京：江苏美术出版社，2004：163—175.

垦荒就省力过半。劙刀，刃体形如短镰，但其后背甚厚，更加坚实耐用，通常是安装在小犁的犁底，即犁铧和犁壁的位置。

（二）代耕架

人类开荒耕地最早的动力来源是依靠人力，后来学会了对牲畜的驯养，逐步将牛马等牲畜运用到农田耕种，以代替人力耕种，畜力的使用是传统农业发展的里程碑事件。但是，传统农业毕竟还是“靠天吃饭”，遇到灾荒之年，多有农田颗粒无收，人都没有粮食可供食用，更不要说饲养牲畜了。明代成化年间，就出现连年干旱，导致农民饥荒，家养牲畜要不就被饿死，要不就被宰杀，等到来年春耕，直接出现耕畜匮乏，农业生产不能正常进行的现象。当时有人发明了人力代耕架，通过人力牵引实现农田耕种。

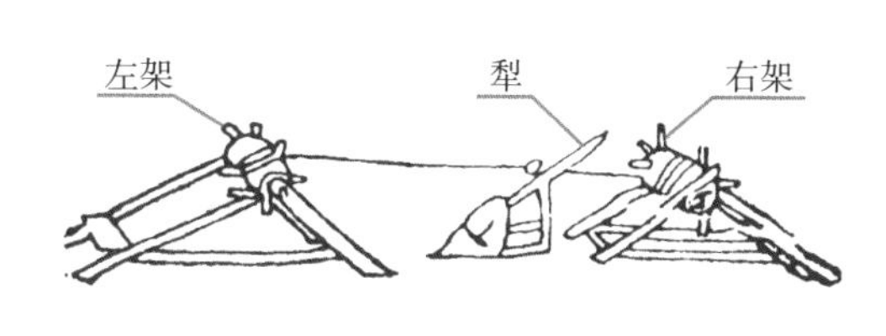

图2–3　代耕架

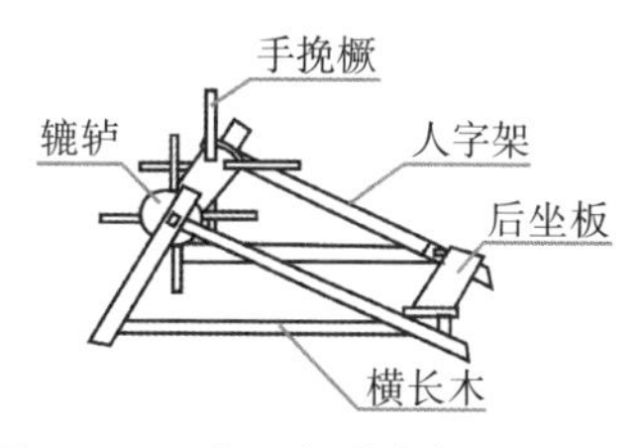

图2–4　“人”字形木架

代耕架，主要由“人”字形木架、犁、绳索、铁环等构件组成。“人”字形木架是代耕架的动力驱动构件，有两个，分别是左架和右架。每个“人”字形木架，分别装有辘轳、“十”字形手挽橛、人字架、后坐板等。辘轳，是用于旋转缠绕绳索。手挽橛，是用于旋转辘轳。代耕架使用时，将两个“人”字形木架分别置于田地两端，用绳索分别系于两边的辘轳上，绳索上系一铁环，铁环与耕犁上的铁钩拽钩住，自如连脱。操作时，需三人协同合作，两人分别坐于田头两端“人”字形木架的后坐板上，一人负责旋转辘轳松放绳索，另一人负责旋转辘轳缠绕收紧绳索，以此牵引中间的耕犁进行耕地。另外，第三人，站于耕犁旁，负责扶犁，不只是要保证耕犁不倒，还要控制好犁铧切入泥土的角度和深度，以保证耕地的效能。

代耕架的使用，虽然比牛耕要多两人操作，但是在遇到灾荒之年，或耕畜匮乏之境况，却发挥了重要的作用，解决了大面积垦荒的问题，一定程度上提高了垦荒效能。

（三）踏犁

踏犁，古代又称为长镵，是我国一种古老的靠人工脚踏起土垦荒的农器。踏犁其历史十分久远，据传商代就已出现，后世一直沿用。目前在我国部分农村仍然可见其身影，近世形制与《农政全书》插图所绘踏犁大体相同。本书以贵州民间所用踏犁为例（参考图2-6），总高约95.5厘米，宽约46.4厘米。

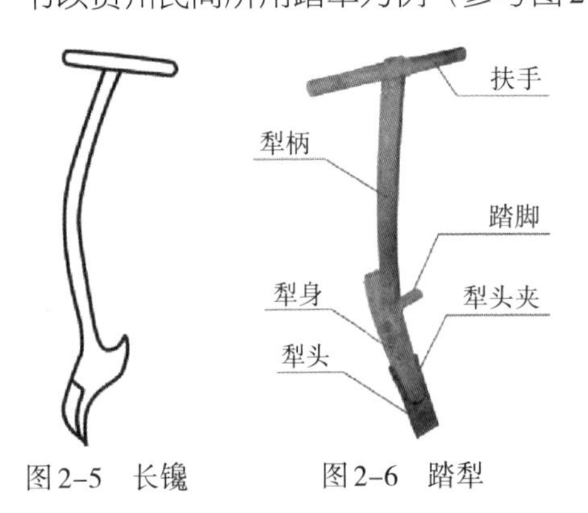

图2-5 长镵　　图2-6 踏犁

踏犁整体结构由犁身、犁柄和犁头三部分构成，犁身由加工的较为光滑的稍弯木棍和粗宽木块整体制成，粗宽木块中间与犁头紧密相连，并用铁钉固定，上部犁柄为一细直光滑木棍，以榫卯结构与犁身相连。踏犁的操持方式主要可分为三步，第一步，选择角度，将踏犁的犁刃与土壤斜交，一般选择的夹角以四五十度为佳，具体角度可根据使用者自身的高度及操持习惯而定。通常，踏犁锋刃呈扁平型，可以增加与土壤接触的面积，提高单次翻土量，加快垦荒速度。第二步，脚踏破土，操作者握持踏犁木柄将犁刃刺入土壤，同时脚踩于犁上踏板，利用脚部力量将犁刃送入深土，入土深度根据种植作物需要自行选择。这一步操作的重点是在保持身体平衡的同时，利用脚部力量将犁刃送入土壤，并用双手扶持木柄控制好入土角度。第三步，手动翻土，此步骤是在犁刃插入土壤后，将犁刃与土壤结合处作为支点，刃部插入土壤部分为阻力臂，犁身露出土壤部分为动力臂，运用杠杆原理往下压犁身翻动土壤。具体操作时，脚踏着犁的踏板，双手握持把手往下压，身体前倾利用整个人的体重一起将踏犁围绕支点向下压。犁刃插入土壤越深，阻力、阻力臂就越大，而动力臂就越短，此时需要的动力就越大，人就越费力。因此，当犁刃插入土壤较深时，如何利用好操作者的自身体重，将其转化为压踏犁的动力尤为重要，利用好了，翻土就很省力。踏犁的扶手宽约46厘米，和一般成年男子的肩宽相匹配，这与其双手操持的方式有关，也利于人身体前倾依靠扶手从上往下压踏犁。

踏犁的木柄呈内弯的弧形，目的是在保持踏犁总体长度不变，满足普通人身高、腿长、脚踏方便的同时，尽可能地加大“动力臂”的长度，以使翻土时更省力，也更方便于操持者的握持。否则，单方面加长动力臂即木柄长度，不改变其形状，会有几个问题出现。首先，木柄太长，踏犁插入角度会变小，不利于用力；其次，木柄太长，腿不够长时，脚踏会不实在甚至够不到，没法用力。而将木柄设计成弧形，既满足了加长力臂的目的，又符合了一般人体尺寸的要求。

踏犁的主要材料是木料，在其犁头部位用以铁料。普通农器包括踏犁，一般选材用木料较多，首先是由于木材易得，价格低廉；其次，木材本身的强度和承受力，能够满足农耕生产时产生的受力要求；再次，木材自身密度比重较小，制成的农用器具的重量，在人工操持或畜力牵引能够承载的范围之内。另外，木材表面经过抛光打磨处理后表面光洁，手感舒适，适合握持。犁头部位采用铁料，是因为此部位是踏犁关键的功能构件，也是踏犁直接接触土壤受力的部位，受到的摩擦冲击较多，必须用质地坚硬的金属制成，才能更加持久耐用。同时，遇有坚硬土质，金属构件利用其锋刃破土更加容易，便于提高耕垦效率。

踏犁的造型简洁，不带有任何立体或平面装饰性的矫揉设计，所有构件均是在满足功能前提下而存在的，没有无功能性的构件。这是大部分农器的共同特点，即实用功能优先于审美功能，正是这样的出发点设计出的踏犁不浮夸、不累赘，实用方便。踏犁如此简洁的造型，不是一蹴而就形成的，而是在人们长时间的使用、改进、再使用、再改进的循环往复中最终定型，之后就几乎少有改动。踏犁的设计在明代以前已基本定型，以其总高度的设计为例，《农政全书》载“柄长三尺余”，即大约100厘米，而收集于近代的贵州民间踏犁高约95厘米，两个不同时代踏犁的总高几乎相同。

踏犁的使用，主要是在园圃果林中，也有农户因畜力不足，而不舍牛耕，宁愿靠自身人力耕垦。如宋代周去非《岭外代答·风土》载：“静江民颇力于田。其耕也，先施人工踏犁，乃以牛平之。踏犁形如匙，长六尺许。末施横木一尺余，此两手所捉处也。犁柄之中，于其左边施短柄焉，此左脚所踏处也。踏，可耕三尺，则释左脚，而以两手翻泥，谓之一进。迤逦而前，泥垄悉成行列，不异牛耕。予尝料之，踏犁五日，可当牛犁一日，又不若牛犁之深于土。问之，乃惜牛耳。”记载的宋代踏犁的形状、使用方式和明代踏犁基本相同，其耕垦五日功效相当于牛耕一日，但农户不舍牛力，宁愿自己用踏犁耕垦。踏犁用材方便，制作简单，实用性强，作为牛犁的替补工具在农耕发展过程中发挥了重要的作用，直到现在仍然是四川、贵州等省份的部分地区农家重要的耕垦类农器。

二、粗耕类农事与农器设计

针对不同的土质或农作物，耕作方法略有不同。《天工开物·乃粒》载："土脉坚紧者，宜耕垄，叠块压薪而烧之。埴垅松土不宜也。"土地粗耕的时机也很重要，《农桑辑要》有"冬耕宜早，春耕宜迟"的说法。农田经耕犁翻土压垡后，仍会有许多大块泥土，需要再次细碎块土，魏晋南北朝时期发明了专用的农器"耙"，具有平整土地和碎土等粗耕的功能。到了明代中期，铁搭的普及使用，也成为了南方主要的粗耕农器。

（一）耙

"古时法云，犁一耙六"意指古时耕地时，犁耕一遍之后，还会用耙再耙六遍，如此才可让泥土熟透。明代所用耙主要有方耙和人字耙。方耙作为古代主要耕田农器之一，从它产生的萌芽状态起，就与当时生产力的发展水平密切相关，对我国的农业生产发展起了重要的促进作用。

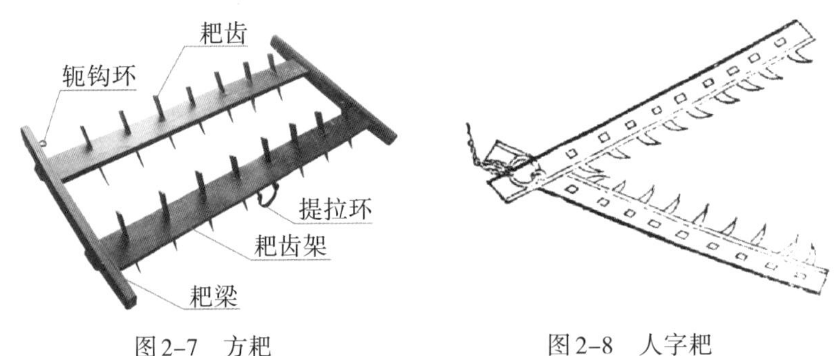

图2-7　方耙　　　　图2-8　人字耙

本书以江西都昌县民间方耙为例分析（参考图2-7），耙长约130厘米，宽约84厘米，高约14厘米。此方耙为较典型的方耙形制，为"一牛一耙"式。整体结构由耙梁、耙齿、耙齿架等部件组成。该耙与明代徐光启《农政全书》所载方耙插图的形制结构大致相同，耙梁弯曲、两头微翘，两端耙梁由耙齿架联结。耙梁前端装有曲轭钩环，通过绳索与曲轭相连接。后耙齿架装有提拉环，通过绳索执于手中提起，将两耙齿架中间由高处带来的土填于低洼地带。耙梁与耙齿架为木质结构，一般采用硬木。耙齿、轭钩环、提拉环由铁铸造而成，耙齿为整个器械中的主要功能物件，耗损最为严重，故采用耐磨性较好的铁。耙梁两头微翘便于越过隆起的耕土，如遇到稻梗或微微隆起的土堆作用更加明显。人字耙，因其形似“人”字，故得其名。人字耙的功能构造基本和方耙相同，只是人字耙没有耙梁，两个耙齿架在其顶端通过铁制构件相连，形成“人”字形。连接处系以轭钩环，以系耕索，用于牛拉。

关于耙的使用，唐代陆龟蒙曰：“凡耕而后又耙，所以散垡去芟，渠疏之义也。”也指出耙在犁耕之后使用，具有散垡去茬，疏通碎土功效。耙功不到位，耕土就粗大，种下种子也可出苗，但是由于土块粗大，种子与耕土结合不够紧密，获得水分养分不够充分，耐寒能力差、免疫力差，易干死、受虫害损伤。如果耙到位了，泥土既细又实，种子秧苗与其结合牢实，再经辘轳碾压，自然结合踏实，防旱保湿，作物抗旱能力自然加强，免疫力也好。耙的次数越多，泥土越熟，自然越利于作物生长。

关于古代耙的尺寸大小，明代《农政全书》载：“耙，桯长可五尺，阔约四寸，两桯相离五寸许。其桯上相间，各凿方窍，以纳木齿，齿长六寸许。其桯两端木栝，长可三尺……此方耙。”可知方耙长约155厘米，宽约100厘米，齿长约10厘米，这一组数据显示明代方耙与现在江西都昌民间仍然在使用的方耙形制比例基本相同。这里《农政全书》提到的方耙耙齿是木制的，《农政全书》还提到了人字耙有铸铁为齿，如“又人字耙，铸铁为齿”，说明明代用耙，铁齿和木齿是并存的。

耙的操持是凭借牛的拉力，使用者并不需要用很大的气力，只需站立于耙上，同时稍用力拉动提拉环，耙即可实现碎土、平地及覆土之功效；另一手持缰绳、执鞭驱赶牛身，使之匀速前进。通过借用牛的拉力，大大减轻了操作者的劳动强度，提高了工作效率。方耙面积较大，能克服较大阻力，多适用于水田，有时也用于旱地。良好的使用性和可操控性，使得这种古老的农耕器具历经千余载沿用至今。

（二）铁搭

铁搭，别名带齿，用以耕垦的铁制农器。元代《王祯农书》记载：“铁搭，四齿或六齿，其齿锐而微钩，似耙非耙，劚土如搭，是名铁搭。”铁搭，状如钉耙而齿较阔，四齿或六齿，柄长一米二左右，手起搭落入土翻耕，可代牛犁，是一种依靠人力耕地的农器。早在战国时期就出现了二齿铁搭，之后到了汉代又出现了三齿，后世在江南出现了四齿，据考古发现，这种四齿一直到北宋才出现在扬州一带。但是从现有的历史记载来看，直到明代的中期，铁搭才被普遍使用，铁搭“制如锄而四齿”。这种铁搭结构虽然简单，但是很适合在水田中翻地。如现藏于中国农业博物馆的江苏省吴江铁搭，四齿总宽约20厘米，高约20厘米，柄头直径约为4厘米。

铁搭是横斫式翻土农器，有二齿、三齿、四齿、六齿不等，四齿居多，齿又分为满封、套封、平齿、尖齿等，满封、套封之类主要用于水田整地、翻土；平齿、尖齿之类主要用于旱地耕种。尖齿，从头部先逐步变宽，再变窄，如此造型利于铁搭入土翻耕。因为齿越尖受力面积越小，插入土地受到的阻力就较少，容易破土。使用铁搭向前掘地，向后翻土，也可以随手将土块敲碎，全部凭借人力。铁搭头后带有圆銎，用于安装直柄。操作时，农户一手握持铁搭直柄尾端，另一手稍微向前握持，高高举起铁搭后打入泥土中，铁搭以其铁齿入土爽利。还可随手用铁搭敲碎大块硬质耕土，兼有耙的碎土和镬的破荒双重功能。

铁搭和耙都是粗耕的主要农器，各有所长，使用环境和条件又有所差异，可以互相配合使用。耙更加适合碎土，且牵引靠畜力，成本相对较高。铁搭更加适合深耕，全凭人力，效率虽低，但质量也高，成本也低，适合小范围、质地松软的田地耕种。直到今天，在人多地少、土地湿润的江南地区，人们耕垦的主要工具依然是铁搭。铁搭可以弥补牛耕的弊端，既经济方便又体现了劳动人民的智慧。

三、耘作类农事与农器设计

（一）滚耙

滚耙，古代又称为砺礋，《农政全书》有石砺礋和木砺礋插图，与近世仍在用的滚耙基本相同。滚耙是古代南方水稻种植地区使用的表土耕作农器，专门用于水田稻谷收割后压埋禾茆、起浆和荡平田面。本书图2-10所示滚耙收集于安徽省旌德县民间，长约146厘米，宽约84厘米，高约34厘米。

滚耙的结构原理和礳碡相似，以木框定器外围，中间构件的两端正中以榫轴套入外框中，使中间构件可以绕轴旋转，只是滚耙中间构件外侧有木质轧辊叶。滚耙的形制和方耙一样，同样是较为典型的方耙形制，牵引方式也为“一牛一耙”式。整体结构由耙纵梁、耙横梁、滚轴、轧辊叶等部件组成。耙梁两头微翘，两端耙梁由人踏横梁联结。人踏前横梁装有牛轭钩环，通过绳索与牛轭相连接。人踏后横梁装有提拉环，通过绳索执于手中，在遇到较

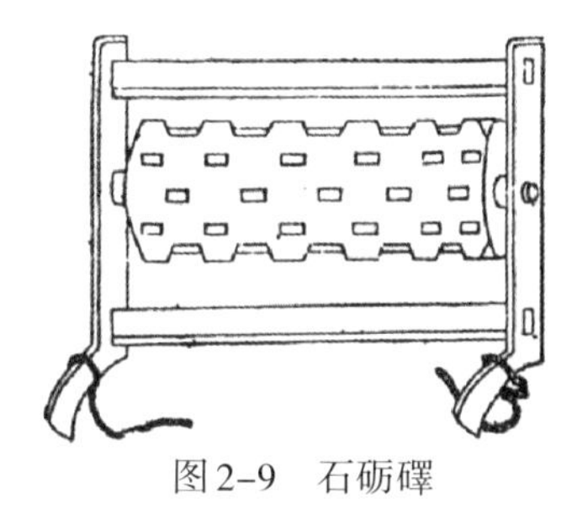
图2-9　石砺礋

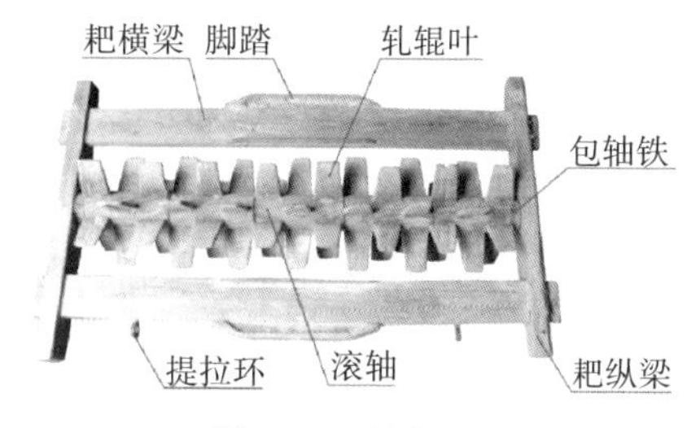

图2-10　滚耙

大阻力时向上提起，维持深耙继续前进。除滚轴套、轭钩环、提拉环为铁铸造外，滚耙通体由硬木制成。其中滚轴以及通过榫卯结构垂直连接在滚轴上的轧辊叶为整个器械中的主要功能构件，承受的力最大，损耗也最为严重，故需采用较好的木料制作。在操作过程，人站于踏梁上，一手执住连着提拉环的拉绳，另一手持缰绳，执鞭驱赶牛身，使之匀速前进，即可实现灭茬、碎土、起浆和平整水田的功效。

滚耙面积较大，滚动的轴越能克服较大阻力，适合用于水田，一次轧辊则能完成两平方米多的面积，大大提高了耘作功效。而通过借用牛的拉力，大大减轻了操作者的劳动强度。

（二）耖

耖，据已知文献记载，可能最早出现在南宋时期。明徐光启《农政全书》载："耖，疏通田泥器也。高可三尺许，广可四尺。上有横柄，下有列齿，以两手按之，前用畜力挽行。一耖用一人一牛。有作连耖，二人二牛，特用于大田，见功又速。耕耙而后用此，泥壤始熟矣。"意思是耖是疏通耕田泥土的农器，高可达一米多，宽可达一米三左右。上面有一横柄，下面有一排齿，横柄以双手按住，前面用牲畜牵引。操作耖需一人一牛配合使用；也有连耖，形制是两人两头牛配合使用，这比较适合在大田中使用，效率既高，速度又快。一般农田经过犁、耙垦耕之后，再用耖耘

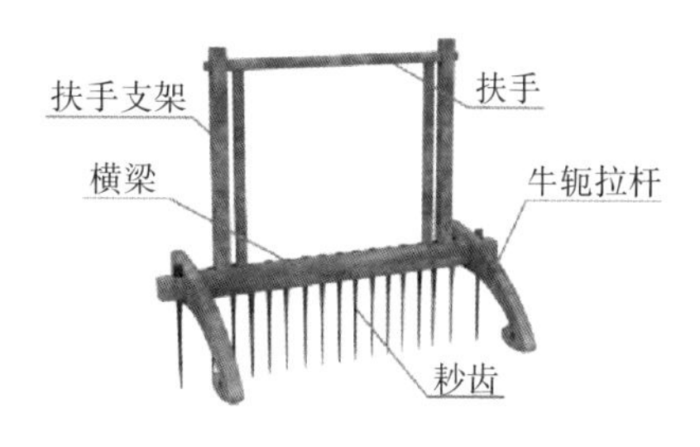

图2-11　耖

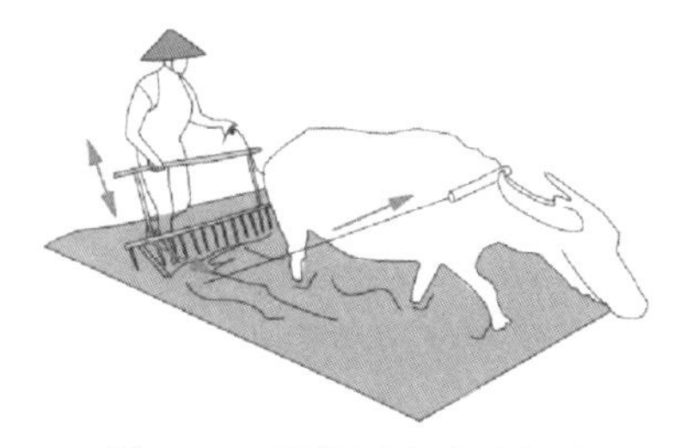
图2-12　耖使用方式示意图

作之后，耕田即成熟田了。由此可见在整田工序中，耖一般排在犁、耙之后使用，是用于水田疏通平整的农器。本书图示耖收集于浙江义乌市民间，耖长约221厘米，高约108厘米。

本书图2-11所示耖由耖齿、横梁、扶手支架、牛轭拉杆等部件所组成，该耖与明徐光启《农政全书》所记载的形制结构大致相同。耖与耙同样有齿，但耖齿比耙齿要长且密集，穿插于横梁中，其齿上粗方下细圆，长约30厘米。横梁是耖的中心部件，其他部件均固定于此，由硬木制成，呈圆柱体形状。牛轭拉杆与横梁呈45度夹角，前端有通孔用于绳索与牛轭相联结。人用手按住耖横柄，即扶手，前面由牛在水田中反复拖动，直到将水田中的泥土耘平整和疏通熟透为止。

经过反复耕、耙之后的泥土已经烂碎如糊，之后再经过耖的耘作，水田田泥平滑如镜①。耖自被创造后，弥补了耙在水田中不能深耕的不足，减轻了操作者的劳动强度，提高了工作效率。耖在不同朝代、不同地区的制作上有所差异，但因其有良好的使用性和可操控性，使得这种古老的木制农器历经千余载直至现在，耖在江南地区仍可见其身影，对我国南方地区农业生产水平的发展起了重要的作用。

（三）耱

南方水田经过多次耙耕之后，还需用耖反复耘作才可致泥熟；同样，北方旱地经过反复耙耕后，也需类似工序才可让田土熟透，只是所用工具有所不同，北方旱地用的是耱。耱，又称为劳，是为齿耙，有学者认为耱是从耰发展而来。耰是古代手工碎土农器，而耱是靠畜力牵引磨碎土块的农器，大约出现于汉代。随着时间的推移，耱的结构也随之发生了细微的变化，早期的耱多为独木梁或排木框架，后期多用荆条或竹条在耙梃上编制而成，其形制尺寸没有固定要求，可以根据农户实际使用需要自行调整。

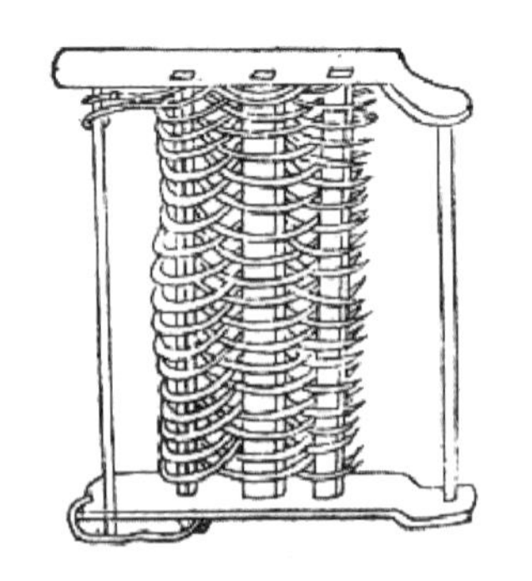

图2-13 耱（劳）

耱工序的选择，一般是随耕随耱，不过也要视土壤干湿情况而定，总的目的是使田地平整而柔润。耙有碎土的功效，而耱除了碎土，更重要的还有盖

① 张力军，胡泽学.图说中国传统农具[M].北京：学苑出版社，2009：98.

摩的作用。耱田还需分清季节的差异，季节不同，耱田先后选择也有差异，春耕时可待田地长出青草时耱，可将青草翻压进泥土里，既可当绿肥，又达到除草的功效。春季且多风，要及时耱，以防耕地虚燥保湿。秋天地湿，耱得太早反而会使田土变坚结。

图2-14　耱使用方式示意图

耱的使用方式是将耱平放在已多次翻耕过的田土上，用耕索连接耱的两端，分别系于牛轭挂于牛驴等牲畜上，由牲畜牵引行进，操持者可以站于耱上或耱上用石块等重物压实，加大耱身重量，以加强耱的底部与田土之间的摩擦力。用耱耘作平土这道工序，在北方旱地耕作中极为重要，俗话说“耕而不耢，不如做暴”，也指出了耱的重要性。至今在我国甘肃、山西等北方地区，耱仍然是主要的耘作农器之一。

第二节　播种农事与农器设计

一、选种技术与农器设计

俗话“好种出好苗，好苗产量高”，由此可知选种技术的优劣，直接决定农作物产量的高低。传统选种技术的发展，使培养农作物新品种的速度变快。根据记载，早在三千年前的西周时期，人们就有了明确的选种概念。《诗经·大雅·生民》中有载，“诞降嘉种”，“嘉种”就是良种。但良种不是天然产生的，而是经过长期的自然选择和人工培育进化得到的。《诗经·小雅》有“禾易长亩，终善且有”、“播厥百谷，既庭且硕”，这里虽是描述农作物的长势，但也反映出对作物优良品种的重视。

明代的选种技术主要有穗选、防杂保纯、粒选等。穗选，针对麦种和粟种等庄稼，在田地里等庄稼熟后，选择穗大长势好的麦穗（谷穗），采摘一些捆成把，将其悬于农家屋檐或院场高处暴晒，待其晒干透后储藏在竹器或瓦器中。种子贮藏忌湿，晒得越干燥越好。一般贮藏的种子，含水量保持在12%~13%，当麦种暴晒后含水量降低到1%时，种子的发芽率并未降低，种子的寿命反而更长了。

防杂保纯，是在穗选基础上发展的技术。穗选的过程中如果各类品种混杂，出苗和成熟早晚就不一致。由此，选种不仅要种子优良而且品种要纯。关于防杂保纯的方法，北魏贾思勰在《齐民要术》中指出可以专门设置种子田并年年选种，直到现在一些农村仍然保留种子田的防杂方法。对于黍、粟等农作物的具体做法是，年年分别选取其长势良好颜色纯正的穗子，收割暴晒后高高挂起贮藏。待到来年春天，把这些种子种到精心整治的种子田里，专门培育，勤管理，用作第二年的种子。如此反复，每年穗选、单独收割、单独储藏、单独种植。

粒选，主要有水洗和晒种两道工序。水洗工序，有两个目的，首先，是可以洗去种子附带的虫卵、杂物；其次，是可以淘汰发育不全而漂浮于水面的瘪种，从而保留饱满殷实的良种。[①]晒种工序，是与穗选的晾干或暴晒一样，主要为控制种子的含水量。随着精耕细作技术的进步，到明代，农户对选育良种更加重视。既注重挑拣良种，也注重选择好耕地。明代耿荫楼著《国脉民天》中将种子比作父亲，将田地比作母亲，强调地肥种壮，结得的粮食必定更好。选择好的耕地更要多施肥，田间农事要加倍，除草要比一般的田地多几倍，如此麦田长势好，颗粒大而饱满，颜色纯正。[②]

穗选用到的主要工具有粟鋻，又称为手摘刀，是选种过程中，采摘优良麦穗、粟穗的小巧农器。本书以贵州省雷山县郎德乡民间所用手摘刀为例（参考图2-15），总长约7厘米，宽约5厘米，刀刃长约4厘米，现藏于中国农业博物馆。

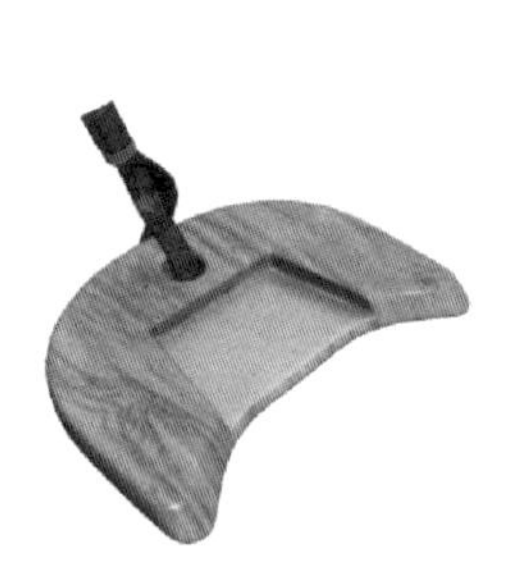

图2-15 手摘刀复原图

图2-16 手摘刀使用示意图

① 章传政.明代茶叶科技、贸易、文化研究[D].南京:南京农业大学,2007.

② 闵宗殿,纪曙春.中国农业文明史话[M].北京:中国广播电视出版社,1991:38—40.

手摘刀整体造型似半月形，呈短梳状。在薄薄的半月形木片中部的凹面上，镶嵌有锋利的刀片，并在木片上靠近拱起的一端穿一小孔，可系麻绳或棕榈绳等物，方便收割稻穗时套在手上。手摘刀收割稻穗的方法十分独特，刀被系在手指间，刀片则夹在中指和无名指之间，刀口朝外。麦穗必须一根一根地割，而且只摘取麦穗并不收割麦秆。收获的麦穗被一把把捆起来，晒干后入仓保存。这一点是专门为了选种的需要而设计的，有别于一般的收割农器，如镰刀都是成把地割断麦子，且连着麦秆一起切割。镰刀收割必须沿着麦秆的根部切割，这样才利于来年农田的翻耕，而手摘刀收割只是为获取少量优质麦穗，故没有必要连秆一起收割。同时，麦穗成熟后易抖落，故采用手摘刀割穗头利于操作者近距离观察，做到精细切割，保证优质麦穗粒粒进仓。

郎德乡的手摘刀总长约7厘米，宽约5厘米，与一般成年人的手掌大小相匹配，正适合握持。刀背木片上系有绳索，方便操作者系于指间，防止劳作时手摘刀滑出指缝伤到手掌，起到了很好的保护作用。刃口长约4 厘米，与《农政全书》记载的“粟鋻……刃长寸许”比较接近，这个长度适中，足够用来收割麦穗。

手摘刀属于较原始的农业用具，收割方式也很传统，但因其操作准确、简便、省力，在选种的过程中发挥了重要作用。这种收割稻穗的刀具及类似收割方式，至今在我国西南少数民族地区仍然可见。

二、育秧技术与农器设计

秧马，专用于秧田作业中插秧、拔秧之用，用此工具可以减缓劳动强度，提高劳作效率。明代徐光启《农政全书》中也有关于秧马的记载：“予昔游武昌，见农夫皆骑秧马，以榆棘为腹，欲其滑；以楸梧为背，欲其轻。腹如小舟，昂其首尾，背如覆瓦，以便双髀雀跃于泥中。系束藁其首，以缚秧。日行千畦，较之伛偻而作者，劳佚相绝矣。”意思是，游武昌时，看到农夫都骑秧马。秧马以榆树木为腹，目的是使其顺滑。用楸木、梧桐木做背部，目的是使其比较轻便。腹部像小船，首尾微微翘起，背部如覆盖的瓦片，以便于双腿蹬动秧马在泥中前行。秧马前面系着一捆稻草，用以束秧。日行千畦，对较弯腰拾秧的人来说，要省力舒服多了。

本书图2-17所示秧马与《农政全书》中所描述秧马稍有不同，其底部为前窄后宽、前翘后平之条状木板，上置一面板中空的四足木凳。此秧马收集于江苏省苏州市，现藏于中国农业博物馆，它的底板长度为65厘米、宽度为14厘米；凳面长度为29厘米、宽度为20厘米；秧马全高为23厘米。在水田中插秧或拔秧是一个极辛苦的劳作过程，由于弯腰工作，时间一长易于腰酸背痛，劳动质量下降。秧马就是针对这一问题设计的一种辅助工具，劳作者借助于秧马可以坐着工作，减轻劳动强度。它的运动动力主要靠劳作者的双脚来操持，拔秧时两脚向后推，秧马向前滑动，插秧时两脚向前推，秧马向后滑动。①

图2-17　秧马

图2-18　秧马操作方式示意图

秧马作为我国南方农村水田秧苗栽种和移植的特有农耕辅助器具，使用时，操作者坐在秧马上插秧或拔秧，身体下压，如果座面是一块整板，会影响使用者坐骑的舒适性，因此秧马的座面是两条分离的弧型板，中间的透空处正好放松了这一区域，让使用者感觉更加舒适，解决了插秧时的疲劳问题，从而延长了劳动时间。秧马以最简洁的结构、最常见的材料、最方便的操作、最实用的功效，成为我国南方水稻种植区域农民的一种常用器具。

三、播种技术与农器设计

播种的要求是落籽均匀，深浅相宜。在古代播种机械发明之前，播种主要是撒播、点播，这两种播种方式有个缺点就是不便于田间管理，作物之间的行距、密度无法掌握。为了提高田间管理效率，后又发明了条播播种的方式，播种效率得到提高，后期田间管理也更加方便。撒播盛种的农器有箕笼、提篮、木桶和筐等；点播用到的农器有点葫芦；条播农器有二脚耧车、三脚耧车等。

---

① 王琥；何晓佑，李立新，夏燕靖．中国传统器具设计研究：首卷［M］．南京：江苏美术出版社，2004.

（一）箕笼

箕笼，是用来放置黄豆、绿豆种子的撒播竹制农器。箕笼整体形状呈圆桶形，圆口，圆底。本书图2-19所示箕笼收集于浙江金华民间，总高约20厘米，圆口直径约15厘米，圆底直径约9厘米。

图2-19　箕笼

图2-20　箕笼使用方式示意图

箕笼由竹条、竹篾编织而成。箕笼的笼口采用单层的花箍，花箍的编织方法并不繁杂，只要掌握其编插规律，是容易学会的。单层花箍的编法为：先用左手抓住篾的一头，右手拿另一头篾绕左手旋两个圈，将第二圈压在第一圈之上，交叉后从第一圈穿过。然后将右边篾圈攀过左边篾圈的底外，这样插一根攀一圈，插一根又攀一圈，直到结束，使被插的这根篾片步步跟着原来的那根篾片走。“花箍九十九，步步跟娘走”，这就是花箍的编插原理。编好的花箍花纹都应呈“人”字形，倘若不是这样，那就是编错了。编错的花箍容易松散，也不美观。箕笼的笼身采用宽度略窄的竹篾，以经纬方式编织，且经向之间的两根竹篾留有一定的距离。其在编织过程中构成经纬交替的几何纹形式，具有一定的美感。

箕笼使用方式简便，人们在撒播之前对土地要进行适当耕整。撒播时，首先把黄豆、绿豆种子放入箕笼，然后把箕笼上的绳子系于腰间，方便人们在耕种时取用种子。箕笼制作成本低廉，材料易得，结构简单合理，实用性较强，至今在民间广为使用。

（二）点葫芦

点葫芦，又称窍瓠、瓠种，是点播农器，因其主要部分是用葫芦硬壳制作而得名。文献记载，我国早在公元前就已经使用这类瓠种器。人们在发明陶器之前，用瓠瓜的干壳舀水或盛种，直至今日农村地区仍然可见用半边葫芦制成的瓢来舀水。在陶器发明之后，很多盛水陶器是按葫芦的样子仿制而成。明代徐光启《农政全书》对瓠种器具记载如下："窍瓠贮种，量可斗许。乃穿瓠两头，以木箄贯之。后用手执为柄，前用作嘴（瓠嘴中，草莛通之，以下其种），泻种于耕垄畔（恐太深，则致种于垄畔）。随耕随泻，务使均匀。又犁随掩过，遂成沟垄。覆土既深，虽暴雨不至拍挞。暑夏最为能（与耐同）旱，且便于撮锄，苗亦蔗茂。燕赵及辽以东，多有之。《齐民要术》曰：'两耧重构，窍瓠下之，以批契维腰曳之，此旧制。以今较之，颇拙于用，故从今法。寡力之家，比耕耙耧砘，易为功也。'"此文已描述瓠种，可贮斗把种子。其基本形制是在葫芦两头穿孔，用木箄贯穿其中。后面的部分，作为把手手持之，前面部分作为撒种的出口，这与目前北方仍在沿用的点葫芦实物基本相同。本书图2-21所示点葫芦收集于内蒙古自治区民间，现藏于中国农业博物馆，总长约45厘米，葫芦直径约17厘米。

此点葫芦由一整葫芦制作而成，在葫芦的腹部中央位置上开一直径约2.5厘米的圆孔，用于装入谷种。在葫芦的腹部安装一根小木棒，这相当于《农政全书》中所载木箄，又称执柄，该木棒与引播槽成一定角度，便于使用者播种时保持手握的平衡度。操作时，农户左手握紧执柄上端，右手持一短木棒，边向前行进边轻轻敲打执柄下端，葫芦内的种子随即进入引播槽滑下，从播种口均匀落地，实现点播。瓠种器播种原理属于敲击振动排种，下种多少取决于敲击引播杆的频率和强度、引播杆内径和播种口大小。敲击的频率和强度则视其种植作物本身需要的播种量、农作物合适间距而定。

图2-21　点葫芦

图2-22　点葫芦使用方式示意图

点葫芦主要用于谷类作物和豆类作物的点播，沿用时间极为久远。今北方一些农村仍然保留这种简便的播种方法。利用点葫芦播种，可以达到有效控制播幅、均匀播种的功效。但点葫芦播种也有个缺点就是工序繁杂，在播种前必须先要在田中开好沟，然后再用点葫芦将种子一粒粒下入土中，下种完后，还需再用土覆盖，这就没有耧车方便了。

（三）耧车

耧车又称耧犁。耩子，是一种畜力条播机，可用于播种大麦、小麦、大豆、高粱等。据史书记载，耧车是汉武帝时发明的，已有两千多年历史。耧车有独脚、二脚、三脚甚至四脚等多种形制，以二脚、三脚耧车较为普遍。本书图2-23所示耧车，现藏于江苏省徐州市民俗博物馆，总宽约为76厘米，其耧把长约为52厘米，耧腿长约为112厘米。

图2-23　耧车

图2-24　耧车使用方式示意图

耧车由耧架、耧斗、籽料槽、耧腿、耧铧等构件组成。耧架，作为这个耧车的支持部分，包括耧把、耧辕等。耧把是在播种过程中直接与操作者接触的部位，播种时需要操作者双手握持把手不断摇晃以使种子流出，其适中的粗细、弯曲圆润的造型设计更符合人手的握持习惯，利于长时的操作，减缓使用的疲劳。耧把下的三条弧形耧腿，构成上窄下宽的梯形结构，等距离地插入耧把中，利用三角形的稳定性，耧把下方用三条横木将三条耧腿穿成一体，形成"用"字形，使得耧车更加坚固①。

耧斗用于贮放要播的种子，耧斗下方有一个供种子漏出的开口，口上装有一闸板，可以根据播种的需要，提高或降低闸板，以扩大或缩小漏口的大小，调节单位时间内流出种子的数量，以控制播种的间距疏密。为了防止种子在开口处堵塞，在耧柄的一个支柱上悬挂了一根竹签，竹签前端伸入耧斗下部并系牢，中间并束一铁块。耧斗的漏口与籽粒槽相通，籽料槽与耧腿又相通，耧腿中空，下端插入耧犁铧的孔中。播种时，一头牛拉着耧车，一人

---

① 王琥；何晓佑，李立新，夏燕靖．中国传统器具设计研究：卷二［M］．南京：江苏美术出版社，2006：275—290.

牵牛，一人扶耧车，扶耧车的人控制耧车的高低，以此调节耧车入土的深浅，同时调节播种的深浅，边走边摇耧车，种子自动从耧斗中流出。耧脚在平整好的土地上开沟，种子从耧斗的漏口流入籽粒槽，再从籽料槽流入耧腿，从耧腿底端流入已开好的沟中。耧车后面，还挂有一方形木棒，横放在播种的垅上，随着耧车的前行，自动把土耙平，将种子覆盖在土下。这样耧车播种一次性将开沟、下种、覆盖的三道工序全部完成，一举数得，省时省工，故其效率可以达到“日种一顷”。

二脚、三脚耧车，除了有两个或三个耧脚外，还有与之数量相等的耧腿，播种的原理完全相同，区别只是耧斗流出的种子分别流入两根中空的耧腿或三根中空的耧腿而已。多脚耧车播种时，两脚之间的距离是为一垅。三脚耧车可同时播种三行，故是高效能耧车。

耧车出现之前，人们往往采用点播或撒播的方式将种子种在地里，这样长出来的庄稼就像是满天的星斗，造成浪费。同时，以撒播等方式播种长成植株后，会出现稀的地方特别稀，密的地方又太密，植株间距不均匀，不利于阳光和养分的吸收，也不利于除草除害。而耧车的出现，可以解决以上一系列的问题，为分行栽培提供了可能，它能够保证行距、株距始终如一，有利于作物的快速生长，最突出的优点便是有利于田间中耕除草。

（四）砘车

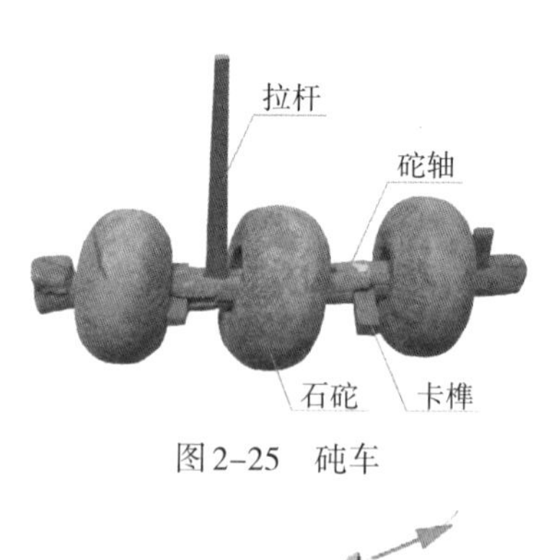

图2–25　砘车

砘车，又称砘、砘子、石磙等，是我国北方旱地播种后使用的石制碾压农器。北方天气干燥，土壤中水分容易蒸发，如何解决防旱保墒的问题一直贯穿于其农业生产的各道工序。新播的种子，土壤中水分的获得对其健康生长特别重要。所以，砘车在北方农村尤为流行，对我国北方地区的农业生产发展起了重要的促进作用。本书图2–25所示砘车收集于山西省平顺县，现收藏于中国农业博物馆，全长约69厘米，高约40厘米，石砣直径约20厘米。

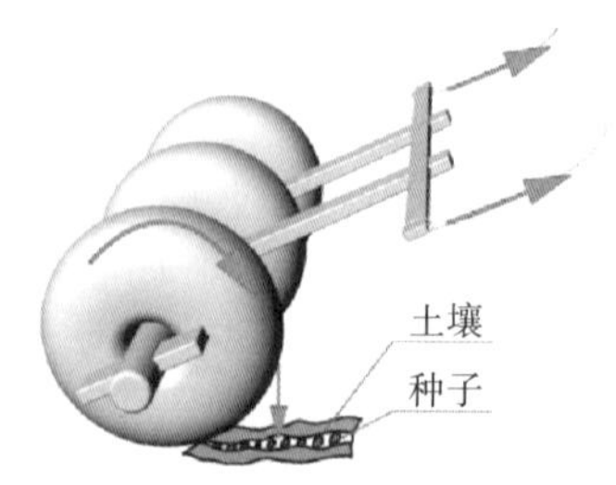

图2–26　砘车碾压示意图

平顺县砘车为较典型的三行形制，为“一驴一砘”式。整体结构由石砣、砣轴、卡榫、拉杆等部件所组成。明徐光启《农政全书》:“砘，石砣也，以木轴架砣为轮，故名砘车。两砣用一牛，四砣两牛力也。凿石为圆，径可尺许，窍其中，以受机栝，畜力挽之，随耧种所过，沟垄碾之，使种土相著，易为生发。然亦看土脉干湿何如，用有迟速也。古农法云：耧种后用挞，则垄满土实。又有种人足蹑垄底，各是一法。今砘车转碾沟垄特速，此后人所创，尤简当也。”平顺县砘车与其所记载砘车形制结构大致相同，石砣由整块石头凿制成圆形，形状与现代社会小轿车车轮相似，中间穿过木制砣轴，并以木制砣卡固定石砣在砣轴上的大致位置，牛或驴通过轭与拉杆连接提供砘车前进的动力。

砘车为播种后配套使用农器，播种后，砘车在播种后的沟垄上滚压，可使得土粒下沉，使种子与土壤充分接触，以利于种子发芽和幼根的生长。砘车的特点是将马车的原理利用到农器上，并且根据种子种植区间分为单行、双行、三行等多种。也有农户在用耧车播种之后，用脚踩垄底的，这也是一种镇土的方法。但用砘车大大减轻了操作者的劳动强度，提高了工作效率。

第三节　田间农事与农器设计

一、排灌类农事与农器设计

农田排水灌溉工程做得好，更有利于农作物的生长和粮食的丰产。自古以来各朝政府都极为重视水利工程、河道疏浚，从政府层面修坝挖河。农户自己也会根据自家农田位置、水源远近高低等因素，修建水栅、水闸进行拦水灌溉，也有搭建连筒、建设水槽引水灌田，或用戽斗人工浇灌，或用水车、筒车等汲水灌溉。不同的排灌方式所用农器有所不同，各有优劣，可根据具体环境，综合考虑选择排灌农器。

（一）水栅和水闸

若农田高于附近水源，常规灌溉方式就无法用上，古人想到在水源上游修筑水栅遏水，抬高水位，再引水灌田。水栅栏的修筑前后共分四排，从迎流面开始，第一排是用“伏牛”迎水，“伏牛”即是用竹、柳等编成的里面填满石块的石笼；第二排，是在“伏牛”后面即背水面，有序排植木桩，木桩之间并用竹篾编织，横木加固；第三排，在木柱后面用大块石头砌成高墙；第四排，用粗圆木斜撑抵住石墙，使其稳固。水栅的设计更多是从力学、材料、功能等角度考虑，即如何才能让“伏牛”、木桩等筑成栅栏牢固地立于激流之中遏水截流。这种水栅的修筑方式，在现在的汛期防洪中仍然可见，多用于填堵缺口。

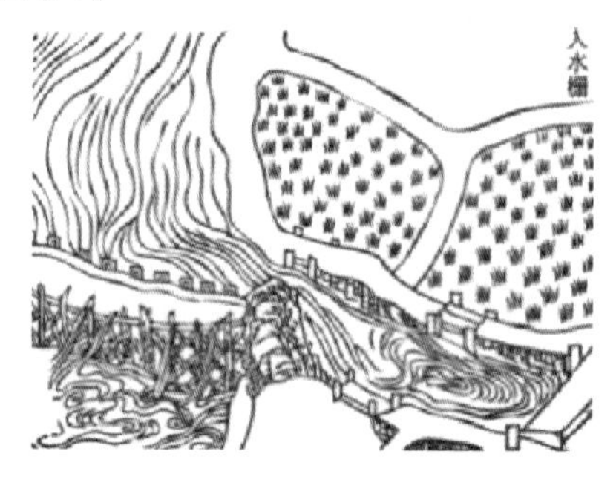

图2-27 水栅

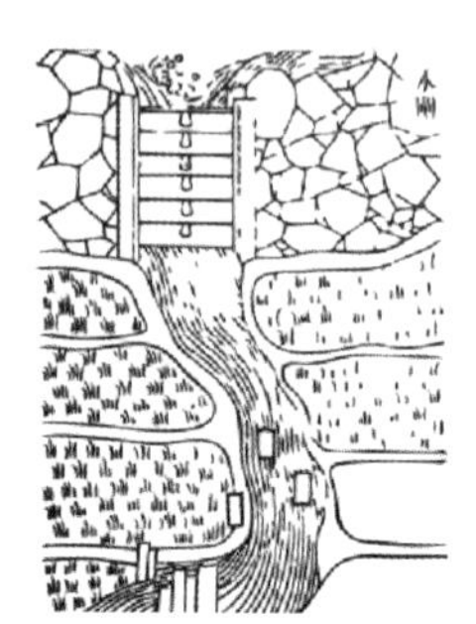

图2-28 水闸

在一些大型水坝坝口要修建一个水闸，现在的水闸多用水泥钢筋制成，并用液压控制开闭，方便省事。在古代，科技没这么发达的时候，用斗门实现开闸放水、闭闸储水的功能。斗门的建造是在水坝出水口的位置，用石块砌成闸壁，中间层层叠放闸板。开闸的时候，即将闸板一块一块取出，通过取出闸板数量的多少控制开闸放水的水流速度，闸板取出越多，开口就越大，水流就越急。闸板的设计相当巧妙，将原本一整块的闸门，化整为零，用由数块相同形制的闸板替代。这样设计有几个优点，首先，一整块闸门改成数块闸板，将原来单个闸门所承受的冲击力，分散到了多块闸板中，有效分解了水流对闸门形成的压力；其次，提高了闸门的安全性，将整块化为数块，不会因单个闸板的损坏导致整个闸口的失守；再次，整块闸门改成数块闸板，将大型石门分解成小型石块，降低了搬运时的力量要求，便于操作者的操持。

（二）戽斗

戽斗为灌溉农田所用，是我国一种古老的农田灌溉农器，多在水源离农田较近，没有必要搭建水车的情况下使用。据已知文献记载推算，戽斗发明至今已经有几千年的历史。《农政全书》也有戽斗的记载，本书以贵州遵义民间所用戽斗为例（参考图2-29），总高约为45厘米，斗口直径约为66厘米，斗底长约55厘米，现藏于中国农业博物馆。

戽斗整体结构由斗体、支撑框架和绠绳三部分构成，斗体多用树枝、柳条、竹篾编制而成，呈斗形，并在斗身支架上下相对处各系长绳两根，支撑框架由弹性和韧性较好的粗宽竹条制成。在使用过程中，戽斗的使用由两人操作，两人分别站在有水的陂塘两岸，两手各执长绳，身体弯曲互相配合一张一弛，反复浇戽，即可将陂塘之水不断戽向田中。元王祯咏颂戽斗的诗中这样描述："虐魃久为妖，田夫心独苦。引水潴陂塘，而器数吞吐。绳绠屡挈提，项背频伛偻。掘掘不暂停，俄作甘泽溥。焦槁意悉苏，物用岂无补。毋嫌量云小，于中有仓庾。"是对戽斗工作过程、功效和作用的一个详细记载。

将遵义民间所用戽斗与《农政全书》插图所绘戽斗对比，其操持方式、使用原理、材料制造等基本相同，其造型略有区别，《农政全书》的戽斗整体呈扁圆形，腹部下收，而遵义民间戽斗整体呈倒梯形，两种形态虽有不同，但是其设计出发点却是一样的，都是为了更方便地汲水和浇灌。倒梯形和扁圆的腹部下收造型，虽然给人以视觉的不稳定感，但正是这种不稳定性，使得戽斗在水中易于倾斜，从而方便水倾灌入戽斗。当戽斗从水塘提到农田处，它的这种倒梯形或腹部下收造型也使得操作者可以快速省力地倾倒戽斗中的水，提高浇灌的效率。倒梯形比腹部下收造型更加不稳定，更利于汲水和倾翻，但同等大小的倒梯形总体汲水量又要小于腹部下收的扁圆形造型。

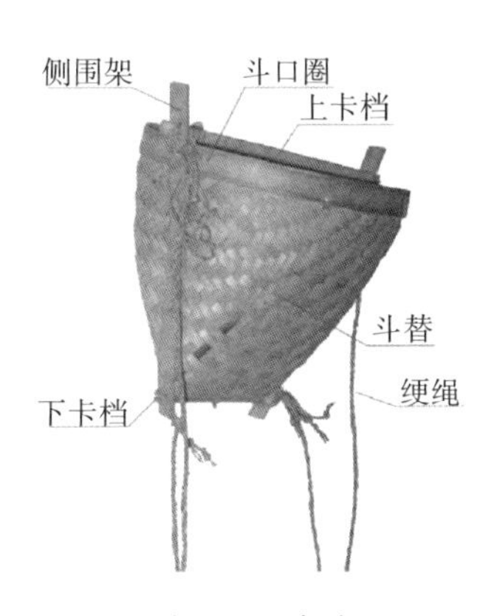

图2-29　戽斗

图2-30　戽斗使用方式示意图

戽斗的使用充分利用了人体运动力学，便于操作，成本低廉，在我国农器谱上占有一定地位，这些也是它在我国大部分地区广为流传的重要原因。随着灌溉的机械化，这种传统的灌溉农器正在消失，但它的这种充分利用人体运动力学的设计思想，对现代产品的开发具有启示价值，特别是在运动器材和团队配合训练产品开发设计上具有很好的指导意义。

（三）龙骨水车

龙骨水车，又称翻车、水龙、龙骨车等，是我国一种古老的提水灌溉工具，也用于排除田中积水，曾经是世界最为先进的排灌农器。水车以人力、畜力或者风力为动力引水上行，再灌入田中，或在水涝时将田中多余的水排入沟中，本文分别就不同动力来源的水车进行分析。

1. 人力龙骨水车

分脚踏式驱动和手摇式驱动。脚踏式龙骨水车工作原理，是人通过踏动连接在转轴上的踏脚，带动转轴呈顺时针方向转动，连接在转轴上的大链轮同时转动，与大链轮卡接的木质链条也被带动前行，如同龙的脊椎，故得名龙骨水车。这样连接在木质链条上的刮水板也相应地滑动前行，链条与刮水板环绕大链轮与小链轮一圈，其下半圈紧密地置于木质水槽内，当下半圈刮水板滑动上行时，循环运转，把水刮到了岸上。链条和刮水板与岸上的支架、转轴、大链轮等部件构成一定的夹角，并可在实际应用中调节倾角。木质链条的长短可根据河道和农田之间的距离而随意增减板叶，板叶即可视为水车的一个“模块”构件，给翻车修理维护、移动架设带来了极大的便利。

脚踏式龙骨水车可以1人使用，也可以5～6个人同时使用，多人使用，其效率更高。使用时双脚轮流踏在踏脚上，向下用力踩踏，转轴转动，通过龙骨带动刮板把水刮到岸上。脚踩踏时人上身伏在木质压栏上，既可使上身稳固舒适，又便于腿部用力，提高工作效率。

图2-31　脚踏式龙骨水车

图2-32　手摇式龙骨水车

手摇式龙骨水车，又称拔车。形制相对脚踏式要小，提水量有限，同时劳动强度也大，一般只能应用在上下水位差不是特别大的地方。但其优点是适应性强，对人力数量要求低，一个人手摇操持即可。同时，制作成本低廉，便于拆卸移动。故其从古至今使用人数众多、普及地域最广，至今在一些农村仍然可见其身影。

2. 畜力、水力龙骨水车

是用牛、驴等畜力或水能驱动水车排灌。水车的动能由人力改为畜力或水能驱动，其车身部分构造无需修改，可以保持不变，只需在其动能采集和传统装置部分进行构件更换。如将架设的人力翻车升级为畜力翻车，只需在水车上端的横轴上加装一个竖齿轮，旁边立一根大立轴，立轴中部装一个大直径卧齿轮，卧齿轮和竖齿轮的齿轮咬合连接。立轴上再装一横杆，用挽具让牛牵引横杆绕立轴做圆周运动，立轴转动带动卧齿轮和竖齿轮随之转动而带动水车运转[①]。

（四）筒车

筒车，是和龙骨水车相似的排灌农器，发明于隋而盛于唐，到明代已基本定型。根据其动力来源的不同，可分为水转筒车、卫转筒车、高转筒车。以水转筒车为例，以水流作动力，取水灌田。这种靠水力驱动的古老筒车，在乡村郁郁葱葱的山间、溪流间构成了一幅幅远古的田园春色图，为中国古代的杰出发明。以兰州民间所用筒车为例，车高约400厘米，长约580厘米，宽约230厘米。

筒车的主要构件有立轮、转轴、竹筒、叶板等。水转筒车的立轮是筒车的主体构件，由竹木制成。立轮的架设在水边要同时满足两个条件，首先，是其下部需浸入水中，这样立轮上的叶板才可迎接水流的冲击，产生动能推动立轮绕其转轴转动，同时环绕于立轮的若干竹筒也才能循环装水；其次，其上部必须高出田岸，这样装满水的小筒才可在立轮的旋转中倾倒入岸上的水槽。由此可知，立轮的大小要根据河岸的高低而定，通常立轮形制都较大。轮轴，是筒车动能传递的构件，轮轴上植立辐条若干，辐条连接轮辋，轮辋和辐条之间装上叶板，另外竹筒系缚在轮辋外侧。轮轴的两端，分别架在事

① 王浩滢，王琥．设计史鉴：中国传统设计技术研究（技术篇）［M］．南京：江苏美术出版社，2010：137，166—169.

先打好的木桩的杈口中。竹筒用于提水、贮水，是筒车的功能构件，环绕在轮辋外侧一周有若干个，呈倾斜状固定，筒口朝上。立轮旋转时，浸在水中的竹筒可装满水，随着旋转的继续，原来浸在水中的竹筒将离开水面被提升，而原先露出水面的竹筒又进入水下，筒口朝上倾斜才可贮藏一定量的水。当竹筒越过筒车顶部之后，筒口的位置相对筒底发生变化，开始降低，竹筒中的水就会倾倒进水槽。叶板，是将水能转化为立轮旋转动能的关键构件，承受着水流带来的冲击力并获得能量，以克服筒车的摩擦力及被提升的水对筒车造成的反力矩，以此带动筒车转动。水转筒车动力来源是水流，故可昼夜不歇持续地灌溉。

水转筒车的架设地点的选择应该是在激流处，或在水流上游垒石作堤，迫使水流旁出，以促成激流下泻冲击筒车叶板旋转。筒车的发明，可以灌溉至三丈以上的高岸之田，解决高地无水灌溉之苦，它使耕地受地形的制约大为减轻，实现对丘陵地和山坡地的开发。①

（五）连筒和架槽

戽斗、水车等适合于近水源处的农田排灌，对于那些离水源较远的农田排灌，古人早就想到用竹筒或木槽连接架设，以引远处水源到所需之处。用竹筒和木槽引水的装置分别称为连筒和架槽。

连筒的制作，通常选用较为粗壮的大竹筒，将其竹节全部打通，竹筒间首尾相连，架于事先准备好的Y形树杈或X形支架上。竹筒竹节的打通，并非简单地将竹子从中间一剖两半，而是在竹筒截面1/3高度处，隔几段竹节剖开一段长形开口，隔一段竹节再剖开一段长形开口，在开口与开口之间留有一整段竹子只打通竹节，不破开竹子整体结构。这样的竹节打通方式，可以降低竹筒因风吹日晒而产生的变形或断裂风险，延长竹筒的使用寿命。

图2-33　竹节打通方式图

架槽的结构原理和连筒是一样的，只是运水载体由竹筒改成了木槽而已。到底选用竹材还是木料做运水设备，这根据当地竹木种植的情况而

① 叶瑞宾.龙骨车与中国古代农耕实践[D].苏州：苏州大学，2012.

定，哪个材料更方便、更易得、成本也更低，通常农户就会选用哪种材料。连筒和架槽运输的距离相对较长，通常会经过多家农户的农田或村舍，故常有多家协同架设，共同使用，互惠互利。离连筒或架槽较近的农家，还可另外架设竹筒或木槽从主干水源引接分流，以供日常生活用水，真可谓生产和生活皆相宜。用于引水的主干连筒或木槽可以称为水网主干，用于分流引接的连筒或木槽可以称为水网分支，形成主干、分支配套使用的农田排灌、生活饮用相结合的综合水网运输体系。而现代城市生活中的自来水管网络，正是如此设计的，通常还会将主干管道设计的粗一点，分流的支管道相对细一点。由此可见，早在我国明代，甚至更早以前，人们已经有了水网运输的理念，只是后人在管道的材料、造型、结构等方面进行了升级更新，如用现代的塑料管代替了原始的竹筒或木槽，用螺纹旋转连接管道的方式代替了简易搭系竹筒的方式等。

图2–34　连筒架设方式图

二、培植类农事与农器设计

农作物生长过程中，还需要一系列的培植管理，如嫁接、剪枝、松土等。明代嫁接、剪枝用到的农器主要有剪刀，松土类的农器除了上文已提到的耙之类，南方水稻田还有耘荡。

（一）剪刀

古代嫁接、剪枝等培植农事，常要用到剪刀等农器。“剪”古时称之为“前”，东汉许慎《说文解字》：“前，齐断也。”古代称剪刀为铰刀或交刀。据考证，我国剪刀至晚起源于西汉年间，直至唐代，交股剪仍是主要的剪刀形制，大概在五代时期，出现了支轴剪。至明清，支轴剪得到了较大发展，其制作工艺也随着其冶铁技术的进步而得到很大程度上的提高。

明代用于植培类农事操作的剪刀基本都是支轴剪，以浙江杭州民间支轴剪为例（参考图2–35），现藏于中国刀剪剑博物馆（杭州），剪刀总长约17厘米，刀刃长约6厘米。剪刀表面做工比较粗糙，大部分已经生锈或发黑。但仍可以呈现出“功能第一”的设计思想，也将“好钢用在刀刃上”这句中国古话体现得淋漓尽致。剪刀手持部位采用对称设计，让使用者在用剪刀时，不分正反，随意拿放，毫无拘束可言。在刀刃的底端由一铆钉连接，使之可以绕着该点灵活地旋转。刀刃长约6厘米，足以让操持者根据被剪物的情况选择合适的位置进行剪切。

在树木嫁接、枝条修剪时，常用此类剪刀。其比以前的斧斫更加精准，操作也更加方便。但是，这种剪刀也存在不足，长久使用容易将手指磨破，这也是近现代剪刀在把手增加塑料材料的原因。

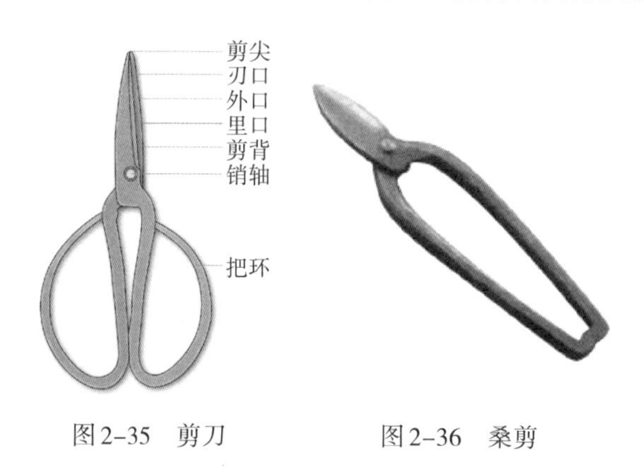

图2-35　剪刀　　图2-36　桑剪

明代太湖地区，还出现了专门用于桑树嫁接、剪枝的桑剪，即现在统称的园林剪。据清代嘉兴湖州地区的蚕书记载，桑剪身长五寸，剪刀口则长半寸。而现藏于中国刀剪剑博物馆的桑剪（参考图2-36），剪身长约31厘米，刃口长约8厘米，双刃之间开口最大约3.5厘米，此桑剪的尺寸正好比清代书中所载桑剪大一倍。

从结构上看，桑剪属于支轴剪的一个分支。现藏于中国刀剪剑博物馆（杭州）的桑剪做工比较粗糙，表面凹凸不平，呈现众多不规则的面。总体而言，比普通剪刀要更加粗、厚，厚厚的刀片，粗粗的手柄，刀背厚实尤为突出。同时，该桑剪形态较为简洁，直手柄，在其末端稍微带有直弯钩。这个细节的设计，避免了操作者在双柄合拢时夹伤手指，足见古人设计以人为本的设计理念。由于此桑剪为双手操作，故手柄比刀刃长出许多，在使用时力臂较长比较省力。

桑剪的刀刃约占桑剪总长的1/4，而普通剪刀的刀刃约占其总长的1/3，桑剪的这种刃口与总体的比例关系，是由其修剪对象决定的。因为，刃口越短，理论上越不容易变形、不容易断，同时受力更集中。但是，此类型的剪刀仍然有一些弊端：其一，由于该剪刀刀刃较短，只能剪切一定粗细范围内的枝条，过粗的桑枝，该剪刀无能为力；其二，刀刃刃口笔直，被剪桑枝如若木质稍加坚硬，用力过程中枝条极易从刃口中脱落，当然刀口较短也是其导致脱落的原因之一。

（二）耘荡

耘荡，现又称耥耙、稻耥，是江浙水稻田常用的耘田农器。耘荡耘田的目的是将秧苗周围的泥土拨松，让秧苗发棵。秧苗根部泥土松散后，肥料能够及时渗到秧苗根部，发棵就更快。荡板形似一个木屐，长约30厘米，板底有序排列短铁钉二十几枚，竹柄以榫合结构固定于荡板上。

耘荡大概是在元末明初时期发明的，耘荡出现前，农民耘田大多靠双手，这与手工插秧相似。插秧时，两脚自然分开，两脚间插一颗秧苗，两脚之外分别各插一颗秧苗，这样从田的一端插到另一端。不过，插秧的过程是站直腿后退的，而耘田是弯着腿前进的。一般会在秧田灌溉后田中还有积水时，再来耘田。手工耘田时，农民在水稻行间匍匐弯膝前进，背晒着太阳，双脚浸泡在泥水里，还要伸手轻轻拨动秧苗或抠松根部泥土，遇有杂草还需拔除，手指很容易划破。农民双手耘田，伛偻着伸伸缩缩，用两手耘除泥草，跟鸟儿用爪爬抉没有差别，且弯腰前行劳作，太过辛苦。

人体的运动是靠由骨、关节、肌肉组成的骨杠杆进行各种动作和从事劳动的系统。农民耘田作业实际也是人体骨杠杆作业的过程。骨杠杆的原理和参数与机械杠杆完全相同，只是在骨杠杆中，关节是杠杆的支点，肌肉是杠杆的动力源，肌肉与骨的附着点称为动力点，而作用于骨上的阻力（如自重、操纵力等）的作用点称为重点（阻力点）。根据图2-38“弯腰举物的生物力学静止平面模型”可知，弯腰作业时，腰部距离双手最远，成为了人体中最薄弱的杠杆，躯干的体重和货物重量对腰部产生压力。[①]同样，农民蹲在田间匍匐屈膝、弯腰徒手耘田时，腰部距双手也最远，形成薄弱的杠

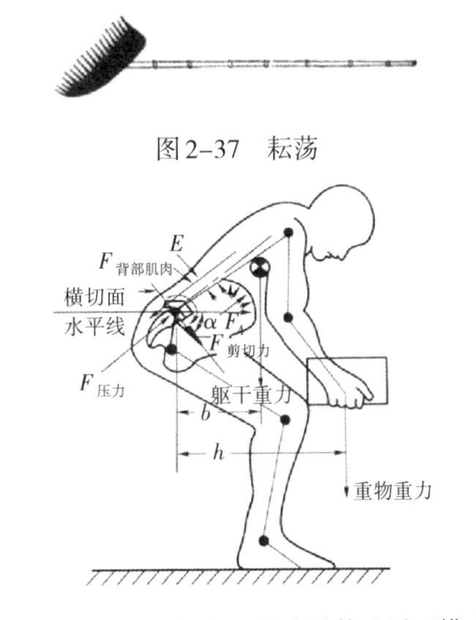

图2-37　耘荡

图2-38　弯腰举物的生物力学静止平面模型

① 丁玉兰.人机工程学(第四版)[M].北京:北京理工大学出版社,2011(2013重印):73—74.

杆，人体躯干的体重会对农民腰部产生明显压力，尤其会压迫第五腰椎和第一骶椎之间的椎间盘，很快会导致农民腰酸背疼。根据丁玉兰《人机工程学》研究表明，为了提高人体作业的效率，需有两方面的考虑：首先，合理使用肌力，将肌肉的负荷控制在适当的范围内；其次，避免静态肌肉施力。[①]农民在耘田过程中，无论是借助耘荡还是徒手耘田，都无太大肌肉负荷，故合理使用肌力无需多虑。而避免静态肌肉施力，就得避免弯腰或其他不自然的身体姿势。而徒手耘田的姿势是屈膝弯腰抬头、匍匐前行，这是典型的静态肌肉施力，会导致颈部、腰部、腿部等多处肌肉静态受力，血液流通不畅，导致多块肌肉快速缺氧酸痛，大为降低人体施力作业即农民耘田的工作效率。而耘荡发明之后，农民只需站在水稻行间推耥草泥，腰、膝均处于直立状态，人体作业处于动态肌肉施力，血液流通顺畅，肌肉不易疲劳。操作耘荡时，使水田草泥糊烂，则泥土熟透，效果要远好于徒手耘田，效率也要高很多，一天下来要比手工耘田多几倍的量。农民用耘荡，双手握住扶柄，身体前倾，前后来回推动，利用头部短钉疏松泥土，并除去田里行间的杂草，既免去了蹲在水田劳动的艰苦，又不会伤害庄稼的根茎，大大提高了工作效率。

古时还有一种耘水田农器，即耘爪，由竹管子制成，按个人手指大小截断，一寸多长，斜削竹筒一端，形似鹰爪，故得耘爪名称，也有用铁制的。使用时，将耘爪一根根套在指头上保护手指，避免手指摩伤。虽然这能避免劳作时双手的疼痛，但是仍无法解决弯腰屈膝之苦。

三、除害类农事与农器设计

农田除害分为除草和除虫，明代除草农器有钱、铲、铫、耨、镈、锄，以及耘荡、耘爪等。按操持方式的不同，除草的农器，又可分为两类：钱、铲和铫属于一类，均运用手腕力量贴地平铲以除草松土，也可用于翻土；耨、镈和锄属于另一类，都是向后用力以除草或松土的农器，比钱、铲、铫要进步些。除虫农器，明代发明了有虫梳、除虫滑车。本书以几个典型的除害农

---

① 肌肉施力，是指肌肉收缩产生肌力，肌力作用于骨，再通过骨杠杆作用于物体上。肌肉施力分为动态肌肉施力和静态肌肉施力，两者之间的差别之一在于其对血液流动的影响。静态肌肉施力时，收缩的肌肉组织压迫血管，阻止血液进入肌肉，肌肉无法从血液得到糖和氧的补充，不得不依赖于本身的能量贮备。对肌肉影响更大的是代谢废物不能迅速排出，导致肌肉酸痛，引起肌肉疲劳。由于肌肉酸痛，导致静态施力作业持续时间受到限制。反之，动态肌肉施力时，肌肉有节奏地收缩和舒张，利于血液循环，使肌肉获得充足的糖和氧，且迅速将代谢废物排出体外，利于施力作业。

器进行分析。

（一）手铲

图2-39 手铲

手铲，是农户掘土除草的工具之一。铲是一种直插式的农器，和耜同类，在原始农业的生产工具中并无明显区别。一般将长木柄、器身较宽而扁平、刃部平直或微呈弧形、用双手操持的称为铁锹；而将短木柄、器身较狭长、刃部较尖锐较薄、单手操持的称为手铲。最早的铲是木制的，更多的是石铲，也有少量骨铲，使用时都需绑在木柄上。商周时期出现青铜铲，可直接插柄使用。春秋时期出现了铁铲，并开始推广及普及，到明代铁铲已是极其普及的田间除害松土类农器。

铲的器形较多样，有宽肩、圆肩、斜肩等形式。本书图2-39所示手铲收集于浙江杭州地区，由木质手柄和铁质铲头组成。铲刃宽且平，呈方形，此手铲总长约25厘米，铲头长约14厘米，刃宽约10厘米，横木手柄长约13厘米，直径为3厘米。使用时，因手铲铲柄不长，操持者可单手持握横木柄，弯腰将其直插入土中，向前推引，再用力将土翻出，可进行铲土或除草等。

大型铲用来翻土，属于整地农器；小型铲，如手铲，则用来中耕除草。至今，南方一些农村还在使用小手铲蹲行麦田、豆科植物田间除草松土，还用于点播黄豆前的挖土坑。

（二）锄

锄是田间农事农器，又称田间中耕作业工具，其主要作用是松土、整地、间苗和除草，锄在商周时期即已出现。质地有石、铜、铁等。锄的结构主要由锄板、锄钩、锄把等部分组成。根据各地使用习惯及土质和农耕要求的差异，锄的尺寸大小及形状都有差异。[①] 锄板、锄钩为铁质，锄把常用枣木、国槐、刺槐、橡子木等坚硬耐磨的木材制成。锄板和锄钩以熟铁打制，在刃口处加钢。本书图2-40所示锄收集于江西都昌民间，总长度约170厘米、锄钩长约55厘米，锄板长度约15.5厘米、宽度约14.5厘米。

① 吴绪银.山东人力农具四大件：锄镰锨镢（一）[J].民俗研究，1991（1）.

图2-40 锄

锄头，主要由锄板、锄钩、木柄构成。锄板呈方的半月形，锄板薄，刃口锋利，有利于贴着地皮疏松土壤。锄板两肩斜削，锄草时不会碰伤庄稼，达到保护庄稼的目的。锄板与地面形成一定的角度，夹角小，锄不易入土；夹角大，则入土太深。锄钩衔接锄板的一端弯如鹅颈，近似四棱体，实心，长期使用不易变形。锄钩衔接锄把的一端则是圆形中空，有的在衔接处还装有铁箍，防止锄把脱落。锄把儿可粗可细，没有固定尺寸，根据使用者的习惯和手掌的大小而定①。锄草时，操作者两脚自然分开，双腿微弯，两手一前一后握持木柄。下锄时先落锄板一角，一是观察下锄位置、角度是否合适，二是便于锄板入土，然后身体向后微倾，双手向后拉锄，这时杂草连同泥块一起被拉出。当锄完一段向前进时，双手还可顺势活动下，调换前后握持位置，以此缓解疲劳。锄头向后拖拽的操作方式，便于使用者对它的控制，减少对禾苗的损伤，提高工作效率。

（三）漏锄

漏锄，又称露锄，是北方旱作地区中耕除草的农器。漏锄是在普通锄头的基础上改进和发展而来，大约出现于明末清初的陕西关中地区。露锄比一般锄头稍小，锄板中间开有方形大孔。本书图2-41所示漏锄收集于陕西省延安市柳林镇，现藏于中国农业博物馆，全长约42厘米，锄板长约13厘米，宽约10厘米，锄刃至中空处约4厘米。

漏锄主要由锄板、锄钩、锄把等构件组成。锄板、锄钩同样为铁制，耐冲击性和耐摩擦性好；锄把用硬杂木制成。锄板中间开有方形空隙，除了使用轻便省力之外，更重要的在于锄后虚土从空隙中漏在锄后，锄地不翻土，既不会壅土起堆，还能使锄过的地面光滑平整，田间中耕的效果优于普通锄，更容易达到北方旱地防旱保墒的要求。漏锄是对锄的发展，是在

图2-41 漏锄

① 赵屹.传统农具考察——平原地区锄的构造与使用[J].艺术设计，2004(2)：69—70.

北方干旱少雨这样特定的地理环境下产生的。由于其使用灵巧方便，中耕效果好，特别是起到保墒的作用，至今仍是中原及北方地区普遍使用的中耕除草农器。

（四）虫梳、除虫滑车

虫梳，是以竹材制成，长约30厘米的梳子，两头削尖，将梳子夹在长竹竿的一端，并用麻绳系牢。使用时，手握长竹竿将梳子在稻间滑行梳理，即可杀死卷叶螟或稻苞虫等害虫。

除虫滑车，是我国北方专治黏虫的农器，造型有点像独轮车，主要构件有独轮、扶手、插尺、布袋等。操作时，使用者双手分别握持两边扶手，在垄间推行滑车，滑车两边的插尺将禾苗揽入尺间，随着滑车的前进，禾苗被插尺顺势梳理了一遍，黏虫等被抖落滚入布袋。一垄除完虫，换垄再来，如此反复多推除几遍，效果更佳。

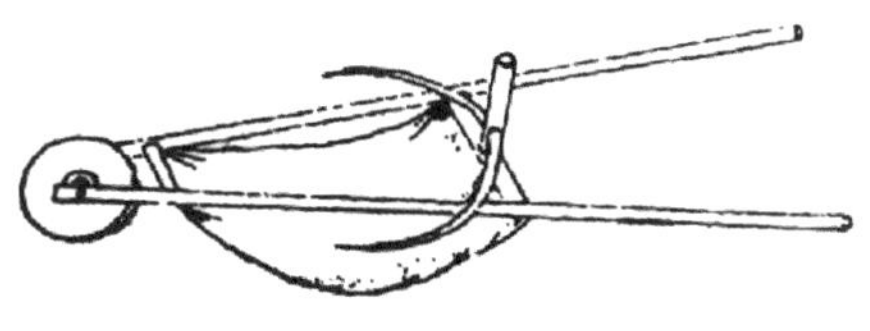

图2–42　除虫滑车

第四节　收获农事与农器设计

一、采割类农事与农器设计

（一）镰刀

镰刀，俗称割刀，是农村用来收割庄稼或割草的农器。依形制可分为多种，包括锯齿镰、月牙镰、平刃镰、长柄镰、小铲镰等，刀头有直线形和月牙形。镰刀的使用历史悠久，早在一万多年之前，就已使用镰刀割取野生的稻、粟、瓜、菜等。《诗经·良耜》有云：“获之挃挃，积之栗栗。”说的就是用镰刀割下的谷物堆积如山的情景。“挃挃”，《释名》作“铚铚”。“铚”就是早期镰刀的一种。早期的镰刀是用石块或兽骨制作，简称石镰或骨镰。冶铁技术发明后，出现铁镰。镰刀由刀刃和木柄组成，刀刃呈月牙状，有的刀刃上还带有斜细锯齿。平原地区的镰刀较小，刀刃较短，木柄弯曲；而高原地区的镰刀较大一些，刀刃细长，弯度较大，木柄较长且直。

本书以江苏盐都民间镰刀为例，全长约45厘米，刀刃宽约20厘米，弯曲呈月牙状；木柄长约30厘米，直径约有4.5厘米。农民割稻时，两脚分开而立，弯腰俯身，左手持稻丛，右手握镰刀，沿着泥面将稻秆从根部割断，再直身将其置于一侧，紧接着割取下一丛。收割下的稻秆被捆成若干小捆，两排水稻割完后，稻秆也被堆成两条平行线。由于镰刀刃弯且长，形成一个内凹弧面，向后拉镰时能够兜住稻秆，符合力学原理，割起稻来效率非常高。

镰刀外形也颇具美感，刀身弯弯如嫩月，刀柄曲线修长柔美。久经使用的镰刀，木柄被手磨汗浸，十分温润，握在手中也异常舒适。一把好的镰刀，甚至可以当作一件艺术品来欣赏。作为一种古老的农器，镰刀反映了劳动人民的生存意志和审美追求。

（二）推镰

推镰，是可以聚敛禾茎再行收割的农器。明徐光启《农政全书》载："敛禾具也。如荞麦熟时，子易焦落，故制此具，便于收敛。形如偃月。用木柄长可七尺，首作两股短叉，架以横木，约二尺许，两端各穿小轮圆转，中嵌镰刃前向。仍左右加以斜杖，谓之蛾眉杖，以聚所劖之物。凡用则执柄就地推去。禾茎既断，上以蛾眉杖约之，乃回手左拥成缚，以离旧地，另作一行。子既不损，又速于刀刈数倍。此推镰体用之效也。"本书图2-44所示推镰，是对《农政全书》所载推镰的复原，总长约210厘米，两圆轮间距约60厘米。

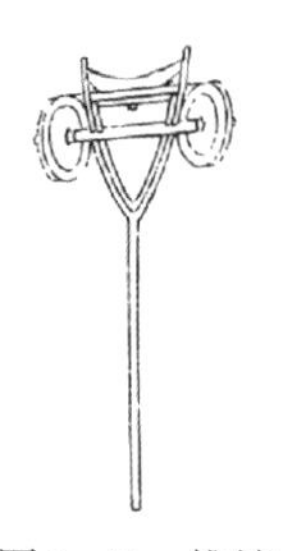

图2-43　推镰

图2-44　推镰复原图

推镰是针对荞麦等作物熟时籽粒易落的特点而专门设计的，因推镰横木上架以蛾眉杖，可以聚敛削断的禾茎。其镰刃如偃月，刃口向前。使用时，双手执柄向前推进割禾茎，禾茎被割断后会倾倒，正好被蛾眉杖接住，操作者再顺手将其往左侧聚拢，放到田地上，使其成行。这样用推镰收割，荞麦等子粒既不掉落，收割效率还比一般镰刀收割高好几倍。

推镰是直行前进式连续收割，无需像镰刀收割那样，一直蹲着弯腰一步步挪动，操作者的使用舒适度大为提高。另外，推镰在收割时，还可聚积禾茎，便于捆扎，是当时较为先进的采割农器。不过，推镰收割也有个条件，即只适合于直立禾茎的收割，对于受风雨致倒伏散乱的稻田则无法收割。

在农器机械化后，电动割草机、手推式草坪机等形制其实与推镰比较接近，同样的长柄、割杆。只是其刃已换成带有锯齿的圆形刀片，并有柴油动力驱动马达高速旋转带动锯齿刀片高速旋转切割草杆。由此可见，从简单的镰刀向农业机具的发展过程中，推镰起着承上启下的作用。

（三）钹

钹，又称钹镰，是一种长柄、长刃的大型镰刀，主要用于砍切比较杂乱的作物，如牧草或撒播的小麦等。[①] 一般的镰也都可以用来割草，但钹形制较大，宜于在高杆野生植物丛生的地方运用。《农政全书》记载如下："其刃长余二尺，阔可三寸。横插长木柄内，牢以逆楔，农人两手执之，遇草莱，或麦禾等稼，折腰展臂，匝地芟之。柄头仍用掠草杖，以聚所芟之物，使易收束。太公《农器篇》云'春钹草棘'。又唐有钹麦殿，今人亦云芟曰钹。盖体用互名，皆此器也。"本书图2-46所示钹是对明代徐光启《农政全书》中记载的钹的复原，木柄长约160厘米，刀刃长约80厘米，刃最宽处约为10厘米。

钹的制作材料主要是铁和木材，长刃用铁，长柄用木。铁具有一定的硬度和强度，刀刃开封后，也比较锋利，利于砍、割小麦或草类荆棘。木材易于取材，成本低廉，且加工制作方便。钹主要由三部分组成：长刃、木柄和掠草杖。长刃用来割草，木柄用来握持，掠草杖用来固定长刃的同时也能用来掠聚削下的草、麦等，杂草或麦子由于本身的韧性，被压之后会朝长刃反弹，更利于收割。长刃、木柄和掠草杖也组成一个三角形，三角形是较稳定的结构，能有效防止长

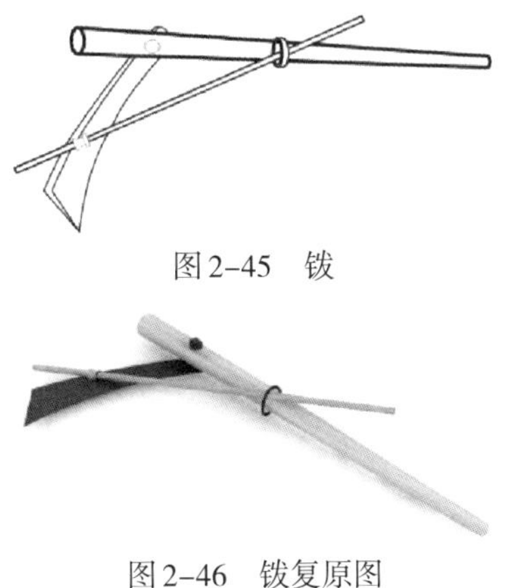

图2-45　钹

图2-46　钹复原图

① 陈艳静.《王祯农书·农器图谱》古农具词研究[D].西宁：青海师范大学，2011.

刃的晃动或位移。镀由于其体积较大，工作效率较普通的镰刀要高，能成片地砍割草或小麦。如今，在国内一些地区用的钐镰与其形制比较接近。

二、运输类农事与农器设计

粮食收获后，还需运送到粮仓集中储藏，运输的工具形式多样，挑具类运输农器有扁担、箩筐、驮具等；车舆类运输农器有牛车、四轮打车、独轮车等；舟船类运输农器有遮洋浅船、浪船、清流船、梢篷船、八橹船等。同时，地域、地理位置不同，交通工具选择和使用也有差异。南方水乡水系发达，多用船；北方平原地势平坦，多用车；沙漠地区干旱少雨，多用骆驼驮运；山区道路崎岖，多用牲畜驮运。短途运输，还可肩挑、背扛。

（一）扁担

相对于车船等大型运输机具，扁担属于小型简便运输农器，其最大特点是成本低廉，造型简洁，重量轻，体积小等，是农村家家户户必备农器。扁担是今名，古代又称为“禾担”，《农政全书》有载：“禾担，负禾具也。其长直五尺五寸，剡扁木为之者，谓之软担，斫圆木为之，谓之楤担。（《集韵》云：楤，音聪。尖头担也。）扁者宜负器与物，圆者宜负薪与禾。《释名》曰：担，任也，力所胜任也。凡山路巇崄，或水陆相半，舟车莫及之处，如有所负，非担不可。”扁担的形制多样，截面有圆形或扁形。圆形的担两头削尖，古代称为“楤担”，便于插入稻草或禾苗捆束中。扁形的担，担体略为弯曲，古代称为“软担”，用于挑水担土。

扁担的用材有竹、木，竹制的扁担一般截面为扁形，木质的截面有椭圆形的。无论竹制还是木制，都是利用其材料本身的弹性，张弛有度，达到运输货物的目的。

扁担的造型，根据货物种类不同，造型也有区别。将据明代《农政全书》中的扁担插图和近代扁担造型对比，形制基本相同。以江苏盐都农村一竹制扁担为例，扁担总长约165厘米，与明代记载的“五尺五寸”（约171厘米）比较接近。自从扁担发明使用以来，其长度变化基本较小，这是因为古人在长期使用的过程中总结悟出：扁担太长易断，且挑物中双手无法触碰到挑货物的绳子，不利于稳定、平衡货物；扁担太短，挑物行走时，货物容易碰到小腿，不利快速行进。竹制扁担两端略窄，中间微宽，两端加工成倒梯形，称为挑头，并在两侧留有倒钩，以挂绳索。挑头长约10厘米，倒钩钩头长约

1.5厘米，两侧倒钩底部间的距离约5厘米，此处为扁担最窄处，同时也是扁担挂物的功能部位，太窄，挑头易断，太宽，挑头笨拙难看。扁担中部略宽，最宽处约7厘米，适合人手的握持。扁担外侧呈圆弧面，内侧裸露出毛竹的七八竹节，在对扁担加工过程中只是对其做磨光处理，并不剔除竹节，因每个竹节本身就起着支撑竹竿，加固竹竿的作用，如果全部剔除会降低扁担承载能力，而且费时费事。扁担两端相对中间微薄，且向上翘起，这样的形制降低了扁担的硬度，增强了其柔韧度，使得扁担在使用中具有弹性。同时，挑夫肩负扁担行走过程中，扁担会随着肩膀的起伏，产生振动，当扁担处于平衡状态时，会瞬间悬于空中离开肩膀，这样会减轻对肩膀的压力甚至肩膀有瞬间感到没有任何压力，起到很好的省力作用。[①]扁担细长的“一”字造型，除了可以用于货物的运输，在劳累时，还可将作为板凳休息；遇到野兽攻击、劫匪打劫，还可当作武器进行自卫。

人们在使用扁担时，不自觉地运用了最简单的杠杆原理来挑重物。竹制扁担，整体造型呈一半圆柱体，人们在挑货物时，将扁担半圆形的弧面与肩接触，这样可以减轻扁担对肩部的压力。

以上是以挑货物的竹制扁担为例，下面对挑柴火或稻草的木质扁担加以分析。这种扁担长度通常会比挑货物的扁担微长，担体呈圆形且明显偏硬，两端头部削尖，古代称之“楤担”。因柴火或稻草扎梱后的体积较大，其长度要比挑货扁担稍长，否则容易磕碰到身体。一般，挑柴火或稻草时无需像挑货物那样用绳捆后留有绳圈，而是直接将扁担两头插入柴火或稻草捆中，方便省事快捷，故其两端削尖。柴火或稻草体积虽大，但质量轻，故其对扁担的受力承载要求低，所以扁担用木制，即使弹性差点都无太大不适。

扁担在使用中，将双手解放出来了，在此之前人们搬运货物只能用手拎或肩扛，货物较大时不易保持平衡，非常吃力。扁担的使用，使货物分担于身体两侧，可以行走自如，并保持舒适距离，明显提高了运输速度和效率，还加大了运输的载重能力。

扁担，一人使用叫“挑”，两人配合称为“抬”。肩挑扁担时，身体与货物要保持平衡，扁担上下晃动，发出嘎吱嘎吱的声音，富有韵味悦耳动听，给人带来愉悦的舒适感，给沉重的运输工作带来丝丝乐趣。货物太重，一人挑不动时，可以两个人合抬。货物放中间，扁担两端分别置于两人肩上。两

① 梁盛平.赣南客家传统民具设计研究[D].南京：南京艺术学院，2010.

人合抬时，要保持步调的一致，挑夫们有时还会喊“一二一、一二一”的号子，以统一步调。

明代晚期资本主义萌芽，商品贸易流通激增，促进了个体买卖的发展。从这个角度分析，扁担在这一过程中起到了重要的运输作用。即使机械化相当普及的今天，扁担仍以其成本低廉、取材方便、使用便捷、功能多样等优良特点，出现在大江南北，并成为每家每户必不可少的日常农器。

（二）独轮车

独轮车，在我国使用年代较早，根据史料分析至晚在西汉时期就已经出现独轮车，最早称独轮车为辇，后称为辘车、鹿车，独轮车的叫法直到北宋才出现，如沈括《梦溪笔谈》：“柳开，少好任气，大言凌物。应举时，以文章投主司于帘前，凡千轴，载以独轮车。”明代宋应星《天工开物》中也有独轮车的文字记载和插图，有用驴拽其前，人行其后的独轮车，也有仅借人力推其后的独轮车。

独轮车以其“独轮”区别于其他运输车乘，独轮有众多优点，如轻便灵活，方便掉头转弯、变更行驶方向，也许这点现在看来很简单，但在古代，其他车辆如合挂大车，在平原地带掉头更换方向也非易事，需绕足够大的半径才得以实现，更不要说崎岖山路了；对行驶的道路要求不高，哪怕狭窄的田埂或崎岖的山路，独轮车都可如履平地，而且这种恶劣道路条件，也只有独轮车可做到进退自如，其他车辆根本无法进入。尤其是粮食运输，从稻田、平场将粮食运回家中，难免遇到田间小路、山间羊肠小道颠簸不平，独轮车的作用就突显出来了。

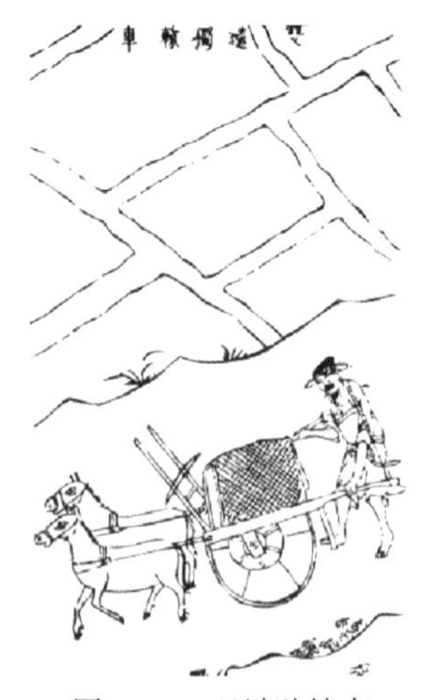

图 2–47　双缱独辕车

独轮车由车轮、车帮、驮马架、前挡栏、支架、扶手等构件组成。车轮是独轮车的核心构件，车轮的好坏直接影响独轮车的质量。车轮形制多样，有用整块木板削圆制成，有用多块木板拼接而成，也有用车辋和辐条榫合而成的。车轮是正圆，这样着地面积小，相当于几何学中圆与直线相切，车轮在地面滚动中受到的阻力较小。古人在制作车轮时，根据地区、使用路况的不同，具体细节也有所差异。如南方多雨，道路泥泞，设计的车轮相对要薄，这样行驶在泥水地、田埂上，就像刀子刮泥一样，烂泥不会黏附在车轮上。山区的车轮，牙厚上下相同，因为山区道路崎岖，车轮行驶中受到的冲击、磨损较大，如果牙厚上下不等、受力不均，插于其中的辐条容易松动。辐条是连接车毂与牙的功能构件，辐条一旦松动。车轮即会散架。通常在制作独轮车时，车辆预设的载重越大，车轮牙板就越宽，最大载重的车轮直接用实心车轮，即无轮牙和轮辐。这点从《天工开物》插图可得到佐证，驴拉其前、人推其后的双缱独轮车车轮牙较宽，而凭人力的南方独轮推车的轮牙明显较窄。按照《说文》“有辐曰轮，无辐曰辁”的解释，这种实心车轮不应该称“轮”，而称为“辁”。

图2–48　南方独轮推车

独轮车的操作，是双手扶着车扶手，肩上横跨一麻绳，麻绳两端分别系在两扶手的顶端，麻绳的作用是将车载货物的一部分重量分担到肩部，既减轻双臂提车的压力，又将双手尽量解放出来，专门用于控制独轮车的前行方向。行驶前将麻绳长度调节好，麻绳太短会使肩部受力过重，不宜长时间运输，麻绳太长，起不到分担手臂压力的作用。麻绳跨于肩部，人腰微弯，此时双手刚好握持独轮车的扶手，这样的麻绳长度才算刚好合适。此时，货物的重量的大部分压在了车轮上，小部分压在肩部和手臂，人推车前行才相对轻松。

独轮的用料以木材、麻绳、皮革等为主，用木最多，通体几乎全是木料。做车的木材以槐木、枣木、檀木、榆木最好，车轮是独轮车的关键构件，而车轴又是车轮的关键所在。因车轴在行驶中周而复始地旋转，摩擦过程中易发热磨损，故选用耐热质硬的枣木、槐木最为合适。其他构件用木，就没这么讲究，各种硬木都可使用。

独轮车功能设计合理，承载性较好，货物分放在独轮两侧的车帮上，中间用驮马架与车轮隔开，车前用挡栏拦住货物前倾，外围用麻绳捆绑好，货物即可牢固地固定于独轮车上。本身敞开式的独轮车，分别利用车帮、驮马架、前挡栏构成了三面交叉的稳定空间，外围再用麻绳捆绑，这种半封闭的空间设置可以根据货物大小自行调节捆绑麻绳的长短，方便实用。在独轮车的两扶手近车轮部位，分别安装两个竖直的短木做撑脚，两个撑脚和车轮组成三个支点立于地面，这样方便装货，且卸货后，独轮车不倾倒。车轮轮牙是易磨损构件，其直接与地面接触，反复摩擦，为了保护轮牙往往在其外侧包裹一层皮革，用废则弃换上新的，这既可以起到保护轮牙的作用，在坎坷路况下，还可起到减震效果。[①]发展到后期，也有用铁皮、铁箍固定在轮牙外侧的。

独轮车适合那些不习惯长期骑马的农户，他们常租借或雇佣独轮车运输粮食。涉及远距离运输，车帮上还可架设半圆形的席棚以遮风挡雨或供人休息。车上载货坐人，必须分列独轮两侧才可保持平衡，否则会偏向一侧。北方前有驴拉、后有人推的独轮车载重约二三百公斤，适合长途运输，距离可达数千里；南方仅凭一人之力推行，未借助畜力的独轮车，载重也可达百公斤，最远运输行程达百里。

（三）四轮大车

四轮大车是我国古代重要的人货两装的交通运输工具，始于商周时期的北方地区，一直沿用到20世纪中叶。四轮车最初用于战争，属于战车。发展到明代，南方水战多用船，北方与游牧民族作战多用战马，故四轮车成为运载货物的运输用车，但是其基本构造与战车应该是相同的。四轮大车与独轮车、双轮车相比，其运载更加平稳，载重量更大，可载货达千斤，甚至有达一两吨的。

四轮大车主要构件有车轮、车舆、挽具、车轴、车横等。大车的车轮同样是其最主要的功能构件，其形制与工艺制造与独轮车无异，故这里不再赘述。大车和独轮车一样都没有辕，车舆也无盖，这明显区别于之前的战车或帝王车乘。车舆即车厢，一般呈矩形，前后左右互相对称，保证了大车的平稳，轻重均衡，高低相称，且有车舆前后不加以区分，在大车需掉头反向行驶时，直接卸下挽具，掉头重新牵引即可。一般车厢上无顶棚，前面、左边和右边有围栏，后面开门或敞开式，人从此处上车或装卸货物。两边围栏可靠身体，人也可以分坐在两侧横档上。从空间角度分析，大车盛物空间相对独轮车更加规整、平稳，所以，更适合装运量多、大型、较重货物。但是，四轮大车对路况要求相对要高，路途中遇到河流、山丘、狭窄小道要停下。古代以水路运输为主，北方水网不发达，在地势较为平坦的北方平原地区，

---

① 王琥；何晓佑，李立新，夏燕靖．中国传统器具设计研究：首卷［M］．南京：江苏美术出版社，2004：262—276.

大车可到达几百里的地方，起到了很好的运输作用。而南方水网发达，多见大船，这也是为什么四轮大车在北方多见的原因。

图2-49　四轮大车

四轮大车设计的载重，轻者七、八百斤，重者达一两吨，故其畜力牵引驴马牛等数量少则一两匹，多则有十匹、十二匹，除非仅有一匹时是单数，其他必定是双数匹挂。因有多批骡马牵引时，会分成左右两组，将靷也分成两组，前端分别系于马颈，后端归拢成两组，分别固定于车衡两端。如牵引骡马非一匹，且为单数，就无法做到左右马力均衡，大车行驶中会不够平稳，尤其是快速行驶时容易翻车。大车行进速度很慢，通常牵引的畜力选择牛更佳，因牛与马相比更加稳健，气力更大，耐力也好。靷，一般是用麻编成的绳或牛皮制成的皮索。大车形制较大，从牵引骡马数量也可想象。而现藏于徐州民俗博物馆的四轮大车实物，民国时期制造，车体总长约216厘米，总高93厘米，总宽139厘米，轮径78.3厘米，重量达七八百斤以上。[①]如此大形制的车乘，在运粮途中遇有狭窄、弯道多者，常在牛颈上系一巨铃，称为“报君知”，提醒迎面驶来的大车或马匹。

大车在不用时，还可拆散收藏，非常方便。如《天工开物·舟车》载：“凡大车，脱时则诸物星散收藏；驾则先上两轴，然后以次间架。凡轼、衡、轸、轭，皆从轴上受基也。”但大车也有两个缺点：首先，无刹车制动装置，制动不便。下坡时特别是遇到比较陡的坡，要特别小心，如果有多匹骡马牵引，需选一匹最为壮硕者，调到大车后面竭力拽住大车，使车慢行下滑；如果只有一匹骡马，车夫需到车后拉住车尾，使其慢行。其次，四轮固定无转向轮，转向不便。大车转向存在问题，在行进中只能转大直径弯子，且需在后轮下面垫楔子或用木棍撬起，才可转向，因此，在道路狭窄路段无法转向。

大车的用料与独轮车相似，以木材为主，铁料为辅，尤其是在关键的卯榫构件连接处，会用铁钉等加固，在扶手或木料露头等常与货物接触的部位用铁皮包裹，这些都是为提高大车的耐久性，延长使用年限。四轮大车的结

---

① 王琥；何晓佑，李立新，夏燕靖．中国传统器具设计研究：卷二［M］．南京：江苏美术出版社，2006：251—264.

构设计合理，其支持的支架分别从前后两横轴上架起纵梁，梁上架设车厢用以盛物。无论装货卸货时，车厢平整如房屋的地面一样，踏实可靠。而独轮车、双轮车在装卸货物时，要以短木撑于车前，才可使车不倾倒。

根据上文，对不同类型运输工具的动力、载重、单片最远行程做了对比统计，如下表：

表2-1　不同类型运输工具动力、载重、行程对比（作者编制）

运输工具	动力	载重	单次最远行程
扁担	人力	约150斤	十里
南方独轮推车	人力	约250斤（两石）	百里
双缱独轮车	人力和畜力（驴马）	约500斤（四、五石）	千里
四轮大车	畜力（牛、马）	约5000斤（五十石）	不限

三、仓储类农事与农器设计

（一）稻折

稻折，又称囤、篅，用于盛谷物。明徐光启《农政全书》载："北方以荆柳或蒿卉，制为圆样；南方判竹编草，或用籧篨空洞作囤。"储藏大量物资的建筑物，叫作仓，如谷仓、盐仓、货仓等，一般不能移动，且自建造后仓储量已定。而稻折虽与仓有类似储藏功能，但其大小、储藏地点、仓储量又不固定。本书图2-50所示稻折收集于江苏盐都，总长约为1400厘米，宽约15厘米。

稻折由芦苇秆压扁后编织而成，根据芦苇秆粗细不同，可以编织出大小不同的稻折。稻折的使用方式是首尾相连立于地面，围成一个圆形空洞，用以储藏稻谷。根据稻谷的多少、周围空间的情况、放于室内还是室外等因素，稻折可以螺旋叠围成直径大小不等的粮囤。没有装填粮食的稻折折叠围起一两圈就会落地。但是，在装填粮食时，由于粮食自身的重力作用，反而将稻折绷得紧紧的，同时折高的稻折又借助粮食的支持不至回落。如此循环，稻折可以叠到很高。如果，稻谷太多，一条稻折不够，还可以

图2-50　稻折

图2-51　稻折储粮示意图

将多条稻折连接起来使用。稻折一圈一圈叠高时，只需要将最底层的一圈稻折连接处用绳系好即可。

稻折围起的是一个简易的仓储空间，所用工具只是一条稻折和一根绳子。稻折不用时，可以卷起，节省空间，又便于存放。通常，一条稻折的长度在10~20米之间，这样稻折闲置卷起时的直径在50~80厘米，正适合人工搬运。稻折由于其粗放、简约的特点，一般只用于围储稻谷小麦等精加工前的粮食或糠秕等杂物。

收割的季节，农民把打下的稻谷堆好，用稻折一圈圈框起来，以防雨淋。随着科技的发展，新材料的出现，现在农民大都已用上铝制的仓储工具，既防潮，又防鼠。但在一些临时性的、较少数量的物资储备的情况下，稻折以其轻便、易搭建、低成本等优势，仍为百姓所使用。

（二）笐

笐，晾晒、临时悬挂谷物的架子。明徐光启《农政全书》载："笐，架也。今湖湘间，收禾并用笐架悬之。以竹木构如屋状。若麦若稻等稼，获而栞之。悉倒其穗，控于其上。久雨之际，比于积垛，不至郁浥。江南上雨下水，用此甚宜。北方或遇霖潦，亦可仿此。庶得种粮，胜于全废。今特载之，冀南北通用。"通过此文可了解到明代笐在湖南民间非常常见。制作材料是以竹木为主，架起之后形状如屋脊。使用方式是当麦子或稻谷等庄稼收获之后，捆成一束一束的，顺序倒悬于笐上。此架的好处在于当遇久雨未晴时，雨水容易流出，不会积于麦垛或稻垛，防止窝坏。徐光启认为北方虽然雨少，但也有必要推广笐。

通过分析，笐与当今西南地区仍然使用的青稞架极为相似，无论从其造型、还是功能、材料、结构等，可能青稞架即是笐的发展和延续。青稞架是用来挂青稞，晾晒麦子干草的木架，多用于以青稞为主食的少数民族地区，主要分布在我国西藏、四川、云南等地。青稞架由木、竹制成，木多为红松，不易腐烂。木架一般用三根立柱，上部凿孔，下部埋入土中，再用三根斜木支撑，横排竹竿从立柱孔中穿过，形成条格。立柱顶部削尖，能使雨水快速下流，有效防止积雪和雪水融化造成木头腐蚀，从而延长青稞架的使用寿命。本书图2-53所示青稞架拍摄于云南省迪庆藏族自治州中甸县（现香格里拉市），照片资料来源于2011年的《云南日报》登载的《喝青稞酒 拍青稞架》。木架立柱长约500厘米，孔间距为18厘米，斜木长约630厘米，竹竿长约570厘米，立柱间距约为200厘米。

图2-52 笐

图2-53 青稞架

青稞收割后，需要风干两个月左右再储存。先把收割下来的青稞捆成小捆，一般三把青稞为一捆，然后将捆好的青稞一层一层垒起来，青稞穗朝同一边整齐地堆好。青稞上架时，要由三人来共同完成作业：一人负责将捆好的青稞往架上扔；一人在中间传递，负责接住青稞捆传给架上架青稞的人，第三个人在架上架青稞。因为晾晒青稞对日照和风干的要求很高，所以青稞架大多是以坐西向东的方向一字排开的。

青稞架是我国西南地区田间最常见的景物之一，因为该地土地潮湿但日晒充分，所以才有了青稞架的诞生。实际上就相当于将地面晒谷场转移到空中，因地制宜节约了土地，也更科学，更合理，是劳动人民崇尚自然和发挥聪明才智的表现。

第五节　加工农事与农器设计

一、脱粒类农事与农器设计

粮食收获后，还要对其进行脱粒得到谷粒。古代农业脱粒按照力的作用方式的不同，主要有揉搓、碾压、冲击等。揉搓的方式，是用手直接从谷穗上捋取谷粒，或用手搓磨使谷穗脱粒；碾压的方式，是利用碌碡在谷穗上滚压脱粒；冲击的方式，是将谷穗直接在石头或掼床上摔打，或用连枷敲打谷穗脱粒。

（一）碌碡

碌碡，又称石碌、石磙，是碾谷脱粒的石质农器，也用于碾压平地，呈圆柱形。碌碡的历史源远流长，人类早在一千多年前就会制作碌碡，并使用这一农器来减轻自己的劳动强度。制作碌碡，首先要在山上劈石选料，然后手工凿制。先将其打制成圆柱体，再细细打磨成所需的形状。碌碡依形状可分为两种，一种体态较细瘦，有弧棱，主要用于碾压庄稼，使之脱粒。另一种石碌表面光滑，体态较粗壮，主要用来压场，使场面平整光滑。本书以青海省西宁市马步芳公馆所藏碌碡为例，全长约104厘米，碌身长约80厘米，直径约30厘米，两端的孔直径为4厘米，深约8厘米。

碌碡两头各凿了一个圆形小洞，各装上了一截硬质的木头，套上木质或铁质的轴框使用，方便人力或者畜力拉动。打碾时把小麦、青稞、黄豆等摊成圆形，拉着石碌沿逆时针方向绕圈滚动，进行碾谷脱粒。

石碌作为一种古老的传统农器能沿用到现在，表明它在人们生活中占据了重要地位，发挥着重要作用。它与石刀、石斧、石磨、石碾一样，是中华民族文化的代表和体现，也是劳动人民智慧的结晶。随着社会的发展，今天石碌已被各种机械化设备所取代，但它的这种劳作方式依然值得我们去借鉴。

（二）掼床

掼床，也称稻床，是农村使用的一种稻、麦收割后的脱粒工具。农民收割完水稻或麦子之后，用手握住禾杆尾端，将谷穗在掼床上使劲摔打，使谷粒落至掼床下的稻桶内或者竹席上，接着用扬场工具将混杂在谷粒中的谷壳、茎叶碎片和尘屑等杂物清除。本书图2-54所示掼床收集于江苏无锡市，高约70厘米，宽约120厘米，长约150厘米。[①]

图2-54　掼床

图2-55　掼床使用方式示意图

掼床为竹木制成，有四足，床面框架上平行贯穿若干根竹竿，床面倾斜。主要构件有撑脚、竹竿等。四个撑脚，前两个为弧形支架，后两个为斜立撑脚。床面中间竹竿，固定在弧形支架上，竹竿呈方条形，竹竿相互间隔约4厘米。掼床的竹竿是主要功能件，其方形结构较为锐利，利于谷物脱粒。

使用掼床前，先挑选好平整场地，铺设竹席，掼床置于竹席上，并将大担稻分成小捆。掼稻时，操作者双手握稻秆举过头顶，用力重重地将稻穗摔打在掼床的竹竿上，谷粒脱落，从床面竹竿空隙滑落在竹席上。反复摔打几次后，将稻秆前后位置调换，再继续摔打，直至谷粒全部脱净。用掼床脱粒，速度不快，但在当时已算较为先进的脱粒工具。直到现在，农村遇有少量稻谷，仍会用这种掼击方法脱粒。如果农家没有专用的掼床，随处还可找来石块、陶缸等代替，方便、省事。

（三）连枷

连枷，是一种手工击打脱粒农器，用来拍打谷物、黄豆、芝麻等，使籽粒从壳中脱落。早期割收谷物大多是摘取或割取谷穗，最初的脱粒方法是用手直接捋取穗上的谷粒、用手搓磨或者摔打谷穗使之脱粒。随后出现了用木棍敲打脱粒，这木棍就是最早的脱粒农器，由于木棍细窄，拍打面积较小，

① 徐艺乙.中国民间美术全集：器用编·工具卷[M].济南：山东教育出版社，济南：山东友谊出版社，1994:61.

脱粒效率低。由此，人们又想办法在木棍的顶头缚以宽木板或竹板等，以扩大木棍一次拍打谷物的受力面积，提高效率，后来即发展为连枷。本书以江西省都昌县民间连枷为例，总长约97.2厘米，木柄长约92.9厘米，直径约3.8厘米；木轴长约20厘米，宽约4.2厘米，厚约3厘米；竹排长约40.3厘米，宽约12厘米。

明徐光启《农政全书》载："连枷，击禾器。《国语》曰：权节其用，耒耜枷支……其制用木条四茎，以生革编之。长可三尺，阔可四寸。又有以独梃为之者。皆于长木柄头，造为擐轴，举而转之，以扑禾也。"徐光启描述的连枷与本书图示连枷（见图谱编号160）基本一致。连枷构造并不很复杂，一般分为三个部分，木柄、木轴、木排或竹排。竹木排装在木柄一端，中间靠木轴连接，即可制成一个连枷。打连枷时，上下挥动长木柄，连枷头即竹排在空中旋转并产生离心力，竹排跟着一上一下地拍打地上的豆子等农作物。随着连枷的上下拍打，籽粒就会被拍打下来。在几千年农事活动的历史中，连枷一直是谷物脱粒的重要农器，流传时间长，适应范围广。虽然脱粒机、联合收割机等现代农机具的应用很普及，但由于连枷的简单易用、成本低廉等原因，现在仍然是农村主要的农事脱粒工具，尤其是脱粒少量农作物时，连枷更以其方便等独特优势，成为农民的首选。

二、粉碎类农事与农器设计

脱粒得到的谷物，有的还需经过粉碎碾磨，才可进食。古代粉碎研磨加工，主要是利用物体的重力进行挤压摩擦。早在石器时代，已经出现石磨盘和石磨棒，用来给谷物脱壳或碾磨成粉状。发展到明代，较为典型的粉碎类农器主要有石磨、碾等。

（一）石磨

磨是一种将麦、豆等颗粒状粮食加工成粉、浆的研磨类工具。最初称为硙，《世本》曰"公输般作硙"，汉代才改称磨。其在我国的使用始于战国早期，已有二千余年的历史，一直是我国南北方广大农村重要的加工农器，长期盛行不衰。磨的动力来源，最初只是人力，形制也相对不大；后来出现了畜力挽行的磨，形制明显变大。本书以江西安义民间石磨为例（见图谱编号167），总长约67厘米，高约40厘米，上下扇直径约30厘米，属于小型人力石磨。

石磨由上扇、下扇和磨盘构成。上下扇均呈扁圆柱形，由具有一定重量的青石或花岗岩等坚硬石材雕凿出起伏磨齿。下扇正中间有一突出的圆形短立轴，叫磨脐，由木制、铁制或木铁合制；上扇正中间有一相应的圆孔。两扇相结合时，下扇起固定作用，上扇则绕磨脐转动。上下两扇的接触面形成的空膛，叫作"磨膛"。两扇相对扇面刻有此起彼伏、整齐排列的磨齿。一般石磨磨齿并没刻到磨盘边缘，而是在边缘留有一圈约2厘米左右的光面，称为磨唇。上盘留有一个或两个下料孔称为磨眼。磨盘置于两磨扇的底层，固定在一个木制或石制的架座上，用来盛接被磨物。根据石磨是否加水研磨，又可分为干磨盘和水磨，干磨磨盘为石质或木质平板圆形，水磨磨盘略有不同，与下扇连为一体，带有流深槽，并留有外流口，称作磨盘嘴子。

研磨时，将颗粒状粮食从上扇的磨眼灌入磨膛，推动磨的上扇逆时针方向转动，使粮食均匀地分布在磨膛四周，通过上、下扇磨齿的咬合进行碾磨，加工好的粮食粉状从磨齿缝中被挤出，落在磨盘上。圆形石磨制作讲究，下料洞与上扇磨膛相接处呈圆弧结构，这样便于下料。上下两扇磨齿长短的排列方向正好相反，利于研磨。齿沟里浅外深，便于磨过的细料向外自动流散，而磨唇则有利于细化粮食颗粒。

（二）碾

碾，用于粮食、油料颗粒、瓷土、陶土及纸浆等物料的粉碎，还用于稻子、谷子等谷物脱皮（碾米）碾白。目前文献记载最早见于《魏书·崔亮传》："奏于张方桥东堰谷水，造水碾磨数十区。"碾出现较晚，明代《物原》说："鲁般（班）作砻、磨、碾子。"但目前尚未发现魏晋以前的考古实物，最早的是河南省安阳市安阳桥隋墓出土的陶碾。碾按所用动力来源划分，可分为畜力碾和水力碾；按结构划分，可分为单砣（单碾轮）槽碾、双砣（双碾轮）槽碾和转向架式槽碾等①；按碾盘结构，可分为槽碾和辊碾。

槽碾，又称为锅碾，其主要构件是碾槽、轴、碾盘等。碾槽，是一个在木制或石制的圆台的周围砌成的石槽。圆台中心装一根轴，将一根或两根木棍各装一个碾盘，架在轴上，再由人力、畜力或水力驱动，使碾盘以轴为中心，沿着碾槽旋转。碾盘在碾槽中滚动，碾盘的外圆面及两侧面碾轧、挤压、摩擦、切削、破碎物料，同物料之间也相互摩擦，从而达到脱皮或粉碎的目

---

① 路甬祥；张柏春.中国传统工艺全集：传统机械调查研究[M].郑州：大象出版社，2006.

的。辊碾，是在圆台周围不砌石槽，谷物直接平摊在圆台上，用一个较大石辊在圆台上绕轴旋转，其功能原理和槽碾基本相同，但辊碾与谷物接触的面积远远大于槽碾，故其研磨效率高于槽碾。

水碾，以水为动力， 把水能转化为机械能，应用于粮食加工。水碾由碾槽、碾盘、轮轴、卧式轮四大部分组成。本书图2-56所示水碾是对《天工开物》中记载的水碾的复原。

图2-56 水碾复原图

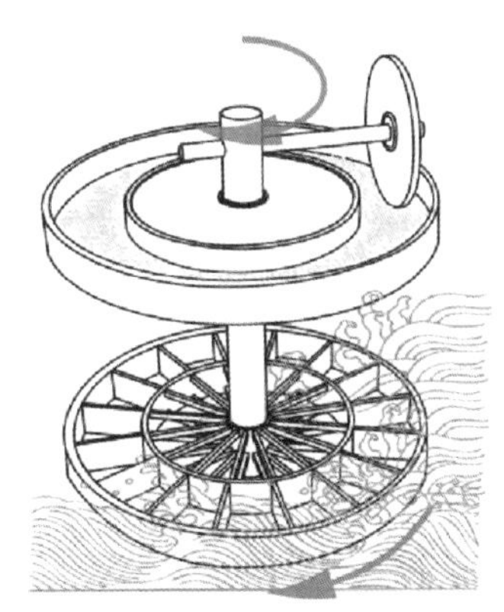

图2-57 水碾使用原理示意图

碾槽为正圆形，截面呈凹字形，中间凹下部分为加工区域，两边凸出是为防止谷物在加工时被挤出。围绕轮轴有数块辐条状木板，内外两层木板箍成的圈又将辐条固定，使轮与轴为一个整体，形成卧式轮。水碾的材料以木材、石材为主，轮轴、卧式轮多选用硬木，木质构件之间以榫卯结构衔接，这种构造方式在经过水的浸泡之后，结合得更加严密、稳固。为了防止长期与水接触导致木质腐烂，常用桐油等天然防护材料刷在木质表面。碾槽、碾盘采用石质坚硬、细腻的石材，以便经久耐用。

水碾的动力装置是安装于轮轴下端的卧式轮，流动的水冲击卧式轮的轮板叶，带动卧式轮和轮轴转动。轮轴连接碾盘和卧式轮，轮轴的转动，又利用长臂带动碾盘的转动，碾盘在碾槽里运行，把谷物碾成糠和米。碾磨过程是碾盘在碾槽内循环滚动，利用碾盘的自重及与碾槽的相互摩擦，达到对谷物粉碎、脱壳的目的。水碾以水为动力，使用水力的优点在于可以不间断地、连续地自动工作，既可节约资源，又可提高加工效率。从现代设计角度分析，水碾是绿色设计和低碳设计的典范。

三、大型加工机械农器设计

（一）扬谷器

扬谷器，又称风扇车、风车，是利用人工产生风力来扬净清选谷物的农器。明代《农政全书》里载：“飏扇，《集韵》云：飏，风飞也。扬谷器。其制中置簨轴，列穿四扇或六扇，用薄板或糊竹为之。复有立扇卧扇之别。各带掉轴，或手转足蹑，扇即随转。凡舂碾之际，以糠米贮之高槛，底通作匾缝下泻，均细如帘，即将机轴掉转扇之。糠秕既去，乃得净米。又有舁之场圃间用之者，谓之扇车。凡揉打麦禾等稼，穰糽相杂，亦须用此风扇。比之杴掷箕簸，其功数倍。”文中描述的飏扇形制，是中间设一横轴，分别穿插在四扇或六扇叶片中，此扇叶用薄板或糊竹制作。扇的放置方式又分立式和卧式。在轴的一端都设有运转的短柄，可以用手转之，也可以脚踩之。凡是舂米碾米之时，把糠米倒入高槛中，槛底设有细缝，糠米从细缝中倾泻，即刻转动短柄扇糠米。由于糠秕为谷壳等杂物，质轻易被筛走，净米落入飏扇下面的盛器中。风扇车这种去杂取精的农器，比扬掀抛扬、簸箕簸扬效率要高很多倍。

图2-58　扬谷器

图2-59　扬谷器

明代《农政全书》中的配图飏扇需两人同时操作，以更好地控制槛底细缝的宽度，而《天工开物》所载风扇车与近代风扇车基本一致，并且只需一人操作即可，省时省工，说明当时两种风扇车同时并存。从扬掀到扬谷器（风扇车），说明农器一致朝着省时、省力、省人且效率更高的方向发展。

（二）砻

砻，为稻谷脱壳农器，俗称擂子。按照制作材料的不同，砻可分为木砻和土砻。木砻，用木材做成，多用松木，截木30厘米左右加工制成圆形石磨的形状，两扇磨盘相接触面都凿出纵斜齿，下扇用榫与上扇接合，谷物从上扇孔中进入。土砻，剖竹编成圆筐，其中实以干净的黄土，上下两扇各镶上竹齿。[①]本书图2-60所示砻为土砻，以竹条和木板为围，用竹篾紧箍，内贮泥，排竹、木条为磨齿。上盘中为方孔，需脱壳之谷即由此孔灌入，中为一贯穿磨盘两侧的圆眼，以便投入牵把牵轴，下盘中为圆柱磨心，底伸四木凸足[②]。此砻总高约85厘米，磨盘直径约50厘米，为云南省瑞丽市民间使用。

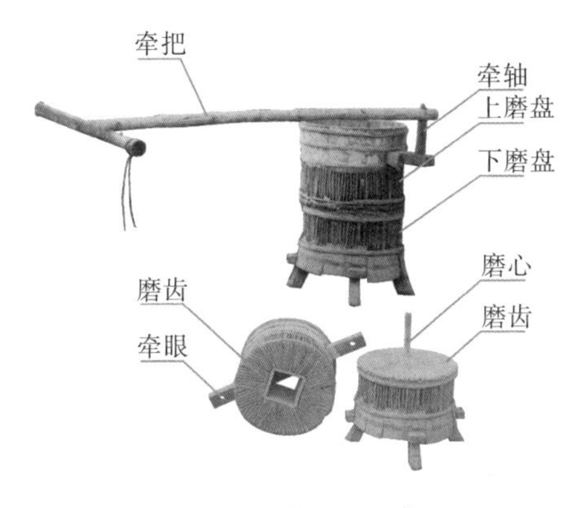

图2-60　砻

图2-61　砻使用方式示意图

砻和磨相似，分为上下两个磨盘，丁字形牵把一端安牵轴，插入盘砻侧横木牵眼中，一端装横木为把，在把手正中处系绳于房梁上。一人双手握横牵把按顺时针方向往前推向后拉，一人向砻里添谷。下磨盘固定，上磨盘旋转，利用磨齿之间的摩擦使稻壳开裂脱离，米粒和谷壳纷纷在两扇磨盘缝隙中飞散开来，再经过手摇风车扇动，米粒和砻糠就各自分开了。

砻，作为磨谷去壳工具，木砻比土砻更加持久耐用，木砻大约可磨米两千石有余，而土砻只能磨米两百石左右，两者相差10倍左右。用砻脱壳，谷物稍有湿度，在研磨过程中因谷物黏结，就会被反复碾磨而成粉状。故上砻

---

① 〔明〕宋应星. 天工开物译注［M］. 潘吉星，译注. 上海古籍出版社，2008：38.

② 徐艺乙. 中国民间美术全集：器用编·工具卷［M］. 济南：山东教育出版社，济南：山东友谊出版社，1994.

之前，务必将谷物晒干燥。

（三）碓

碓，是在杵臼的基础上发展而来，主要用于为谷物去壳，也用于造纸、制陶等工序中的粉碎研磨。杵臼研磨全靠臂力，费力且功效低，而碓的发明改用脚踏、水力或畜力驱动，省力且见功快。利用脚踏驱动称为脚碓，利用水力驱动称为水碓，利用畜力驱动的称为畜力碓。

脚碓，主要由碓架、碓杆、碓头、石臼构成。碓架，是在一个基座上安装两根立柱，上方架一圆木扶手，下方与碓架垂直方向有一碓杆固定于碓架的横轴上。碓头装以锥形杵，在其正下方放一只石臼，碓尾则是脚踏施力的位置。以广东客家民俗博物馆藏脚碓为例（见图谱编号193），碓架长约125厘米，宽约80厘米，高约103厘米；臼高约30厘米，底部直径约为24.4厘米，口部直径约为33.6厘米。

脚碓利用的是杠杆原理，当脚踏碓尾时，碓头围绕横轴自动翘起，松开脚时，碓头则自动回落以此舂米。脚踩的力度越大，碓杆抬的就越高，舂米就越有力。用脚连续踩踏，碓头上的杵就一起一落，臼中的谷物便被去掉粗糙的外壳或表皮；若是大米便会变成细细的黏性极好的米粉。杵上有时还会绑有生铁坨或石块加重，以增加舂打的力度。脚碓是一种使用广泛的研磨工具，能有效地提高劳动生产效率，宋代《太平御览》就曾有记载："后世加巧，因延力借身重以践碓，而利十倍。"

水碓，主要由立式水轮、轮轴和碓杆三大构件组成。立式水轮，是水碓的动力装置，用于收集水能。水轮及水轮上的板叶与轮轴均为固定结构，故流动的水通过对水轮上装有的若干板叶冲击带动水轮转动产生动能。轮轴上安装了一些彼此错开的拨板，这些拨板与碓杆装置一一对应，即一个碓杆有两个拨板，拨板交替打击用以拨动碓杆产生舂碓的动力。碓杆装置是由碓杆和碓头组成，在碓杆尾部是由一节木柱与之连在一起，形成轴心旋转的动态。碓杆的另一端即碓石处则装有石块，其装置方法是，碓杆连接的圆木碓头中间挖洞嵌入坚硬石块并用铁圈固定，这样便可依靠碓头的动力加速度对置放在石臼里的谷物或其他待加工的原料进行舂碓，使其加工非常省力。

水碓的设计特点在于巧妙地利用水能产生的动力来加工各种谷物及材料，其水能动力又是通过水碓的各种机械装置逐级传递到碓头产生作用力而工作，是一种有效的巧妙合理的利用自然资源的机械装置。

畜力碓，在明代众多农书中，几乎未见涉及，但东汉桓谭在《新论》一书中提到“复设机关，用驴、骡、牛、马及役水而舂”，用驴、骡、牛、马而舂米，实际就是畜力碓，说明当时已有畜力碓的使用。利用牲畜牵引而舂米，必定用到立式和卧式齿轮、转轴，而牲畜做重复的回转运动，将畜力通过卧式齿轮传递到立式齿轮，再通过立式齿轮传递到碓杆，以使得碓杆做连续的升落运动。

四、小型加工手持农器设计

（一）杵臼

杵臼，由杵、臼两个构件组成，又称舂米桶、捣药罐，是用来舂捣粮食或药物等的研磨工具。杵臼最早是地臼，即在地上挖一个坑，铺上兽皮或麻布，倒进谷物用木棍舂打。后来演变为木臼，即在砍下大树以后的树桩上挖一个圆坑，倒进粮食用木杵舂打，随后出现了由石头或金属制成的杵臼。作为一种粮食加工工具，杵臼有上千年的使用史，汉代时已较为普遍，宋代以后基本定型。

杵臼在使用时，操作者手握杵杆，上下往复舂碓臼中谷粒，借助杵杆的冲击以使杵、谷粒、臼相互之间摩擦，达到使谷物脱壳或粉碎的效果。杵臼还被用于药材的碾磨，只是其形制要比用于粮食加工的要小很多。用于粮食加工的杵臼，通常杵杆长约100厘米，臼高约60厘米直径约50厘米；而用于药材碾磨的杵臼，通常杵杆长约25厘米，臼高约15厘米直径约12厘米。用于粮食加工的杵杆都需双手握持，而用于药材碾磨的通常只需单手操作。

杵臼，作为一种简单的舂米工具，替代了以前比较笨重的石磨棒捣砸谷物的方法，提高了谷物加工的能力和水平。作为一种制药工具，杵臼捣药比起先前用牙齿咬碎药材煎药的过程要方便得多，通过研磨也能更多地发挥出药材的药性，这样，杵臼大大减轻了医生的劳动强度，为中医的加速发展提供了条件。

杵臼，造型结构简单，是较为原始的粮食加工农器，使用也相对费力，但却是许多大型粮食加工农器的雏形或前身，正是杵臼的发明，人们才可能得到去壳的大米。如上文机械加工工具中的砻、碓、碾等，都是在杵臼的基础上发展而来。

（二）簸箕

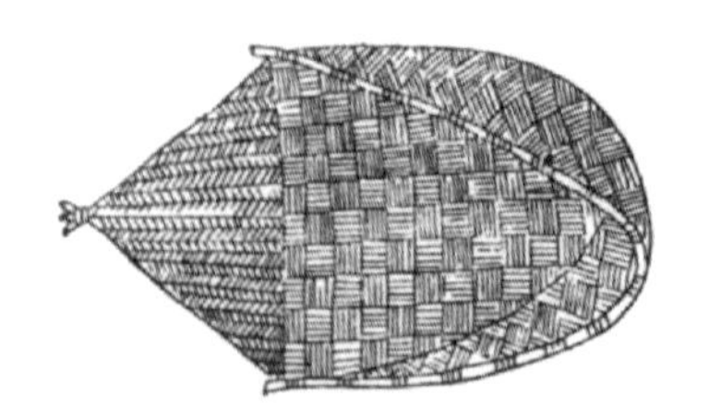
图2-62 簸箕

谷物稻米收割、去壳精加工后，还需去杂取精，其方法大概有三种，分别是用簸箕簸扬、木锨抛扬、风扇车扇扬。风扇车上文已加以论述，这里主要介绍簸箕和木锨。

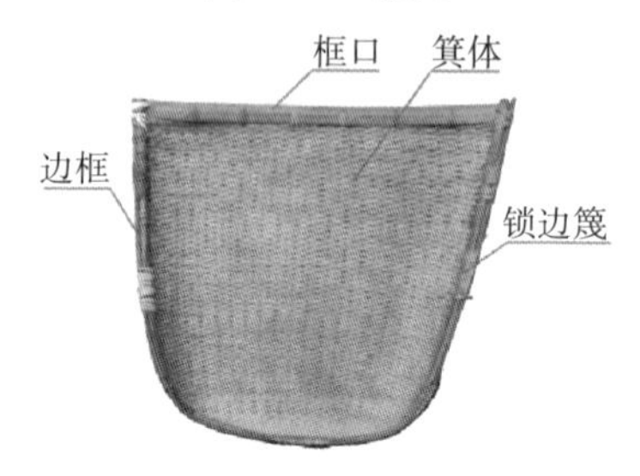

图2-63 簸箕名称指示图

簸箕的使用历史十分久远，我国早有历史记载。明徐光启《农政全书》载："簸，簸箕也。《说文》云：簸，扬米去糠也。《庄子》云：箕之簸物，虽去粗留精，然要其终，皆有所除是也。然北人用柳，南人用竹，制虽不同，用则一也。……故箕皆有舌，易播物也。谚云：箕星好风，谓主簸扬。农家所以资其用也。"图2-63所示簸箕长约70厘米，宽约68厘米，高约13厘米，收集于江苏盐都民间。

簸箕的整体结构由支撑框架、箕体两部分构成，本书簸箕支撑框架由加工的较为光滑的粗宽竹条制成，箕体则用细圆柳条密排编制而成。其整体形态与《农政全书》中的箕大致相同，图2-63的簸箕比其少"舌"，《农政全书》中讲有"舌"的原因是更易于簸扬。簸箕是分拣小颗粒农作物的工具，使用时先将需分拣的谷物放在簸箕内，两手执住簸箕边缘，轻轻上下抖动簸箕，借助风力使糠秕从谷物中自然分离。

簸箕和收获相关，清代帝王常有许多赞美簸箕的咏唱，康熙诗曰："作苦三月用力深，簸扬偏爱近风林。须知白粲流匙滑，费尽农夫百种心。"雍正诗曰："乾来风色好，箕宿应维南。敢借翻飞力，宁教糠秕添。"乾隆诗曰："郭外人家峁舍深，门前扬簸趁风林。莫令飘堕成狼戾，辜负耕夫力作心。"簸箕相传了数千年，直到今天仍然是农家的重要农器之一。

（三）木锨

木锨，是一种手工扬谷农器。明沈榜《宛署杂记》曾记载："木锨五把，价一钱五分。"木锨用于谷物扬场时，将谷物扬于空中，借助风力，去除谷物中的谷壳。本书图示木锨收集于云南省潞西市（今为芒市）法帕乡，现藏于中国农业博物馆，总长约150厘米，前端宽约50厘米，后端圆木棍直径约为3

厘米。

木锨扬场时，操作者双手持锨，将物料铲入木锨头部，向空中抛扬。籽粒等重物先落下来，谷壳、灰尘和杂物等轻物在缓慢下落中随风飘走，从而达到将谷壳、灰尘及杂质与谷物分离的效果。木锨扬场分为“扬有风”和“扬无风”两种。“扬有风”是等起风时扬场。迎着风向，将谷物一掀一掀地向空中抛，利用高抛的力量将谷物散开，由于谷物和糠秕等杂物的重量不等，受到的重力作用不同，较沉重的谷物就是“一字”形落在扬掀人身边，较轻的糠秕等杂质即随风飘到较远的地方，以此起到取精去糟的目的；“扬无风”是指在没有风的情况下扬场，这就要很有技巧，抛出去的谷物要成“月亮弯”型，才能使谷物与杂物自然分开。

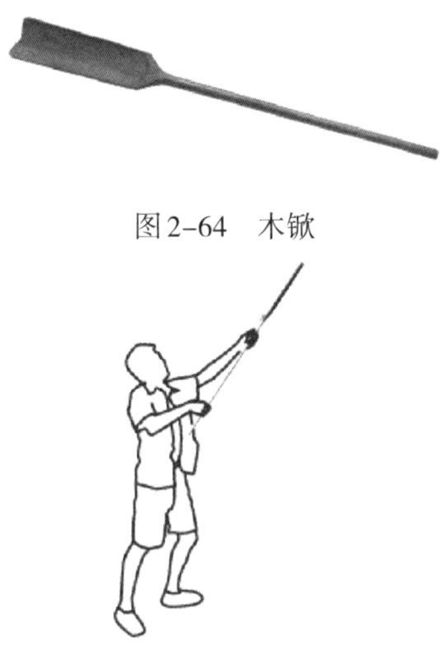

图2-64　木锨

图2-65　木锨使用方式示意图

木锨用木料制成，其利在于质轻，便于使用者长时间轻便地抛扬，也不会轻易地带起地上的泥土。木锨采用一体化设计，没有拼接之处，使之使用寿命得到很大程度的延长。与双手接触的地方采用长近一米、直径为3厘米的圆柱，方便人的抓握和姿势的调整，其表面做刨光处理，再经过长期使用，手柄已经光滑顺溜，丝毫不会刮伤使用者。最重要的地方当属于木锨的头部，此木锨头部采用长喇叭形弧面设计，有其独特之处，喇叭形前宽后窄，便于将谷物兜到木锨之中；掀头弧面设计，两边高中间低，谷物轻易不会泼洒到外面去；长长的喇叭形状（约50厘米）使得人在抛撒谷物时，很轻易地将谷物均匀地分散开来，将谷物中的杂质最大限度地清除。木锨是古人简约设计思想的极致体现，是先辈们实践与智慧的结晶。木锨现在在全国众多地区仍有广泛的使用，形式上略有不同，有些木锨头部呈矩形等。

（四）谷筛

谷筛，是用来筛选谷物、面粉等的去粗取精的竹制工具。谷筛整体形状呈圆形，内有方形小孔，故在《农政全书》中载“筛，竹器，内方外圆，用筛谷物”。谷筛根据方孔的不同，形制有疏密大小之分，但功能相似。以江苏盐都民间谷筛为例（见图谱编号215），直径约为47厘米，高约为7厘米。

谷筛的操作方式简便，即把需要筛选的谷物、面粉等倾倒于筛网之上，双手握住谷筛的边缘，来回往复不停地摇动，谷物、面粉等不停地从筛网的方形小孔中掉落，而杂质等就此留于筛网之上。此筛边缘高约7厘米，适合于一般成年人的手掌抓握，符合人机工程学原理。筛子由竹条、竹篾编制而成。竹材是制作谷筛的理想材料，其取材广泛易得，价格低廉，由竹篾编织成的筛子较为轻便，减轻了操作者双臂长期悬空来回摆动时的劳动强度。筛网采用宽度略窄的竹篾，以经纬方式编织，筛网要求有小孔，因此其编织方式与竹席等有一定的区别，经向（或纬向）之间的两根竹篾留有一定的距离。谷筛底部则采用宽度略宽的竹条，以三个方向交错编织，形成一个个三角形提高谷筛篾条间的稳定性。篾条在编织过程中构成的经纬交替的规则几何纹形式，具有一定的形式美感。谷筛制作成本低廉，材料易得，结构简单合理，轻巧易于操作，至今在民间广为使用。

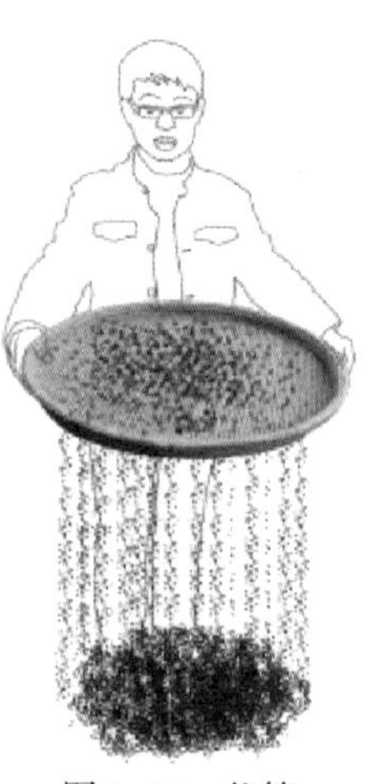
图2-66　谷筛使用示意图

图2-67　筛谷箉

第三章

明代手工业生产中的农器设计与应用

中国是农业社会，原始农业的兴起使人们摆脱了居无定所的游牧生活，使定居成为可能。稻谷的培育给人们提供了固定的食物来源，不再饥肠辘辘；藤麻的种植为纺织提供了大量的原材料，使人们不再衣不遮体；稻草秸秆和黄泥土盖成的房屋，为人们提供了遮风挡雨的住处；牛羊驴马的驯养，为载物运输、人们的出行提供了更加快捷的方式。当人们可以获得稳定的食物来源，且食物有剩余之后，一部分人开始从原始农业生产中分离出来，专门从事最初的手工业的生产。这时候手工业发挥的作用越来越重要，其地位仅次于原来的粮食作物的生产。[①]

古代农学研究中的农业范畴，是指大农业，不只是水稻、小麦等粮食作物的种植，还包括麻、桑、漆等经济作物的栽培，及与农林渔牧等相关的后期加工和生产的手工百业。明代农耕经济孕育下的农业生产和农器设计，深刻影响了明代手工百业。明代发达的大农业和先进农器，提供、衍生、延展了同时期所有手工产业的材料、工艺、形态等设计条件与设计手段。本章根据手工业行业的不同，选取各行业中代表性农器作为研究的突破口，研究织造业、烧造业、髹造业、木作业、畜牧业与皮作业、纸作业六大行业中的农器设计。

第一节　明代织造业与农器设计

一、桑农生产与农器设计

自古有“农桑并举”“男耕女织”的说法，其中的“农”“耕”指粮食作物的栽种，解决的是吃饭问题，此类作物也称为农作物；而其中的“桑”“织”指栽桑养蚕、缫丝织绸、棉麻种植、纺纱织布等，解决的是穿衣问题，此类作物又称为经济作物。桑农生产大概可分两大环节，即前期的栽桑养蚕，后期的缫丝织绸。桑树栽培前期的环节如种植、整治、除害等所用农器，与粮食作物大致相同，有些直接互相通用。但是，涉及桑树后期修剪、采收、存放、加工等环节所用工具，在粮食作物栽培中几乎没有，故这里仅针对这

① [美]菲利普·李·拉尔夫，等. 世界文明史[M]. 赵丰，等译. 北京：商务印书馆，2001.

部分农器做研究。桑农修剪的工具主要有桑剪（关于桑剪，本书第二章中的“培植类农事与农器设计”小节，已对其进行分析，这里不再赘述），采收的工具有桑斧、劚刀、桑锯，存放桑叶的工具有桑笼、桑网，加工桑叶的工具有桑砧、桑夹等。另外，为了修剪采收高处桑叶，还用到辅助登高工具如桑几、桑梯、桑钩等。

（一）桑叶采收工具

1. 桑斧

很早以前，斧子就已运用到农业生产，用来砍柴伐木，只是用于砍柴的樵斧和桑斧形制有所不同。用于砍柴的樵斧，其刃狭长而背厚，整体造型粗重；桑斧，刃阔而背薄，整体造型纤细。斧形制的不同，是由操作对象和使用方式的不同所决定的。樵斧，用于砍伐成年圆木或劈裂柴木，这些木料质地相对坚硬，砍斫所需气力也较大，通常需针对性地对木料某一处进行反复砍斫，才能使得木材断裂。桑斧，主要用来砍斫桑树枝条，其直径比成年圆木或柴木的直径、硬度都要小很多。在砍斫桑树枝条时，还可将离得较近的一些枝条同时挽在手中，一起砍断，省时省力。樵斧狭长、背厚，以使斧刃自身重量加大，提高斧头抡起时产生的惯性，借用斧刃惯性砍伐；桑斧砍伐枝条，主要利用的是锋利的斧刃，故其背薄，可以降低手举斧头的劳动强度，减缓劳动疲劳。

图3-1　樵斧

图3-2　桑斧

2. 劚刀

北方人斫桑多用斧，而南方人斫桑多用劚刀。劚刀和农家砍柴的柴刀比较相似，只是劚刀刀刃更长，这和桑斧的刀刃比樵斧更阔一个道理。《农政全书》所载劚刀插图显示，刀刃整体呈狭长三角形，刃体从底部到顶部逐渐变宽。刃口并非一条流畅弧线，其底部呈波浪形内凹造型，到刃体上部逐渐才顺滑流畅。这种刃体造型的设计，非常具有特点。在现代园林剪的设计中，也常会出现刃口有凹形缺口的设计，这与劚刀波浪线内凹的设计目的一样，都是为避免在砍斫过程中枝条因自身弹性从刃口滑出。砍斫操作时，可用劚刀底部波浪形部位来回拉锯切割细小枝条，遇有相对较粗枝条，再用劚刀上部用力砍伐。由此可知，不同部位砍斫时的操作方式也不尽相同，刃口底部适合拉锯切割，刃口上部适合用力砍斫，这也是为什么刃体底部相对较细，而上部较粗的原因。上部较粗自身重量就大，产生的动量、惯性就大，也更为省事。

3. 桑锯

大概在明代嘉湖地区出现了桑锯。①桑锯的出现，对于那些粗硬树干或砍斫费力的枝条残桩的砍伐就方便得多了。桑锯主要由锯条、锯弓、手柄三部分组成。锯条长约30~40厘米，宽约2厘米，厚约0.15厘米。锯齿等距有序排列，且“左右钳开”，使得锯缝较宽，利于木屑排出，不致木屑堵住锯齿无法拉动桑锯，这与木作工具中框锯锯齿的设计是一个道理。

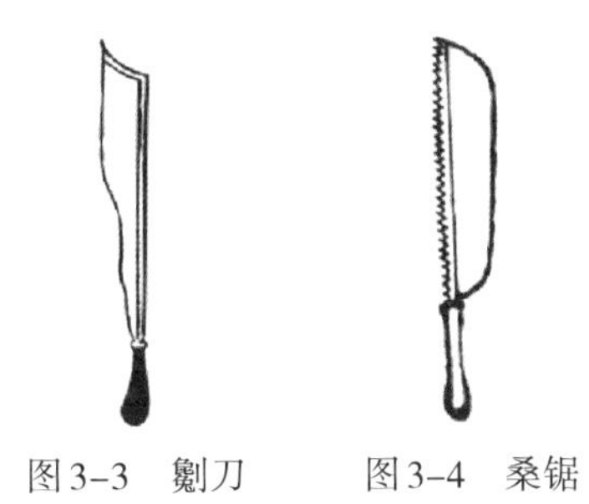

图3-3　劖刀　　图3-4　桑锯

（二）桑叶储藏工具

采摘后的桑叶需运回农户家中，这就用到临时性储藏工具。桑叶临时储藏工具和茶叶采摘储藏工具一样，不仅要具备简单的储藏功能，还需方便携带、运输，更重要的是还需具备通风透气的特点，避免新采摘的桑叶萎蔫。北方桑叶采摘后喜欢放在桑网中，而南方更多的是选择用桑笼储藏、运输。

1. 桑笼

其实就是有绳系的筐、篮。蚕较小时，吃桑叶不多，就可直接提着筐、篮到桑树林采摘桑叶，而随着蚕宝宝的长大，桑叶需求量加大，就需要用容量更大的桑笼来存放采摘的桑叶。桑笼的结构也比较简单，即在桶形竹编竹笼口沿系上绳索即可，也有在竹笼口沿装上木质提手的。通常，一个桑笼可存放三四十斤桑叶，而两个桑笼约七八十斤，正好可以用扁担一肩挑起，方便又省事。

2. 桑网

北方用的桑网，就更加方便省事了。桑网其实就是一个网兜，兜口用木圈结口，兜底用绳索结住。使用时，将采摘的桑叶从兜口放入，运回家中后，只要将兜底的绳结解开，倒出桑叶即可。桑网的优点在于，体积小、重量轻，便于携带。同时，运输也比较方便，无需额外挑具，只需将装满桑叶的网兜背在

图3-5　桑网

① 章楷.中国古代农机具[M].北京:人民出版社,1985:98.

肩上，手拽着兜口即可。但是，桑网也有个缺点，就是网兜本无固定形制，装在其中的桑叶容易被挤压折断，降低桑叶的新鲜品质。

（三）桑叶加工工具

桑叶采摘喂食给蚕前，需将桑叶切成碎片、细丝，用到的工具主要有桑夹、切刀、桑砧。桑夹，即是切割桑叶的简易工具，其结构原理和北方农家铡刀（本章“围栏与牧场类农器设计”一节有铡刀的专门分析）比较相似。桑夹的主要构件有铡刀、叉木、底板等。用木板做切叶垫板，在垫板中间架设两根叉木，在砧板的一端固定一圆轴，铡刀穿行于圆轴，可绕圆轴旋转。使用时，将桑叶放入叉木中间，摁下铡刀即可切叶。使用的原理和农家铡刀一个原理，即杠杆原理。

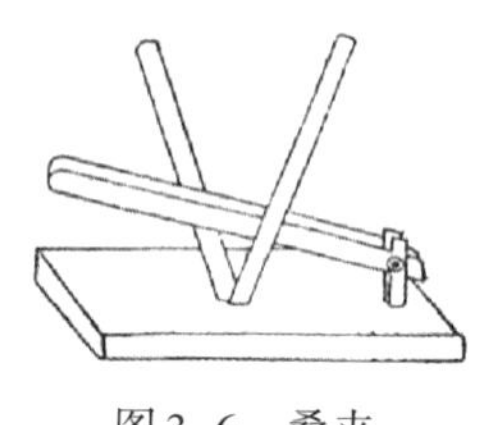

图3-6　桑夹

切割桑叶，也有直接用砧板和切刀的。切桑叶所用砧板，与厨房用砧板功能相似。首先，都是为切割提供平整的摆放平台；其次，保护刀具刃口，不致受损。明代南方桑农切割桑叶所用砧板，通常用料为麦秸或稻草，除去枯叶，整理齐整后用篾箍紧，两头截平。麦秸、稻草制成的砧板属于废物的再利用，取材方便，满足桑叶切割需求的同时，又不会损伤刀口，延长了切刀的使用寿命。

（四）辅助登高工具

为了能够采摘到高处桑叶，又不至于伤害桑树，桑农将日常生活中的几案、木梯作为登高工具。这类几案、木梯分别称为桑几、桑梯。另外，桑农也可用带钩的树杈，将高处的桑枝挑钩至人手可触及的高度，这类带钩工具称为桑钩。

二、麻农生产与农器设计

种麻织麻是中国人的传统，在元明之前，棉花尚未得到大范围种植，麻是中国人编织最主要的长纤维植物。人们日常使用的绳索是用麻编制的，至今仍在使用，即麻绳。人们日常制衣的布匹，是用麻纤维编织的，即是麻布服装。虽然棉花的大量种植、化学纤维的发明等因素导致麻布在制衣方面不再是主要的原材料了，但至今在中国的丧葬礼俗中仍然有披麻戴孝的风俗，体现了麻布仍然应用于国人生活中。

麻农生产用到的主要工具有刈刀、苎刮刀、沤池、纺车、蟠车、梭子、絍车、绳车、纫车、旋椎等。这里对一些具有代表性的麻农生产工具做一些研究分析，至于纺车、梭子等就留到农家纺织器具设计一节再做研究。

（一）刈刀

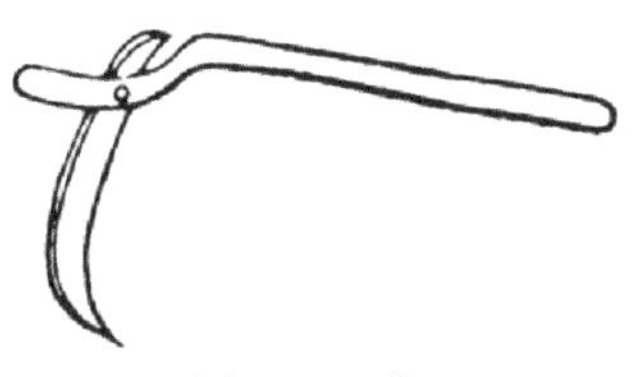
图3-7　刈刀

刈刀，是用于收割麻纤维植物的工具，《王祯农书》载："获麻刃也，或作两刃，但用镰柌，旋插其刃。俯身控刈，取其平稳便易。"其造型和普通镰刀相似，由刃体和手柄两个部分组成，但是其刃体相对镰刀更窄，手柄更长。刈刀刃口还可制成双刃。手柄和刃体的连接方式，刈刀和镰刀也有所不同，镰刀通常是在其刃体后部留有銎孔以便于插入木柄，而刈刀是在木柄顶端留有开口，以便于刀体插入，并通过铁制插销固定刀体。刈刀的使用主要流行于北方，而南方人一般直接用手拔取。使用刈刀时，操作者单手握持，弯腰屈膝，挥刀割麻。使用刈刀收麻的优点是操作更加便利、快捷。

（二）苎刮刀

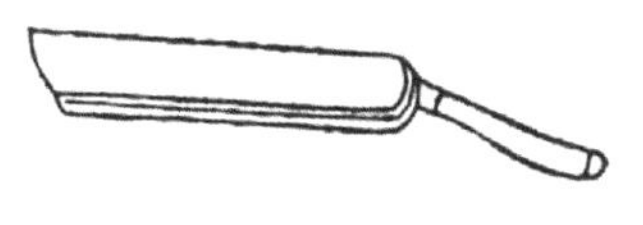
图3-8　苎刮刀

收获得到的麻纤维植物，剥开麻皮后，还需对其进行刮削，所用刮削工具，即是苎刮刀。苎刮刀，从名称分析，与竹编工具刮刀有相似之处，都属于刮削功能类刀具，只是由于所刮削对象的不同，其形制自然也有所差异。《王祯农书》载："刮苎皮刃也。锻铁为之，长三寸许，卷成小槽，内插短柄。"刮苎刀，刃体长约10厘米，刃口处卷成小槽，刃顶部插入短柄。苎刮刀的刃口，有两刃，中间内凹，刃口横截面呈人字形。使用时，把苎刮刀仰握在手中，将已剥开的麻皮横盖在刀刃上，用拇指摁下麻皮，使外皮断裂。如此，再刮麻皮，麻皮的外壳就很容易脱落露出里面的纤维。麻纤维质坚，使用其编织前，还需经过沤煮。

（三）沤池

麻农生产，离不开水源，因麻纤维不易软化，故需经水沤制。麻农通常临近水源治麻，要不就是人工挖一个水池，砖石垒砌，用于储水沤麻，一般将这样的水池称为沤池。苎麻沤制，也有把生石灰加入水池，生石灰遇水自然沸腾，有助于苎麻纤维的软化。

（四）紴车

经沤制、拍打等工序得到麻纤维后，还需要把众多零散的麻纤维续接成一根根连续的、绷紧的长纤维才可用作打绳等用途。这里用到的工具，即是紴车。紴车主要由竖立支架、横轴和軖轂等构件组成。使用时，操作者事先在軖轂上绕系一些制成的麻线，拨动軖轂使之转动，左手不断牵动手中的麻线随着軖轂转动，右手续接麻纤维到左手的麻线上，并捻紧，使之不断绕到軖轂上。当軖轂上饶满紴缕时，即可从紴车上脱开，交付绳车打绳或作其他用途。

图3-9　紴车

紴车的造型、结构原理和纺织络车中的篗子比较相似。只是紴车的形制要大得多，两个竖立支架高约六七十厘米，中间架有横轴，横轴穿进軖轂中。支架六七十厘米的高度，与成年男子坐立时肘部离地的平均高度67厘米[①]比较接近，符合人机工程学原理，便于双手操作。

（五）绳车

经紴车工序绕制而得的紴缕，再用绳车绞合既得麻绳。绳车主要由以下构件组成：车架、横板、掉拐、瓜木等。车架，是用于支撑横板、穿行麻纤维的主要支撑构件。两个车架对立而置，一个固定在地面，不可移动；另一个可以根据麻绳编制的长度自行调节位置的远近。车架高度大约齐腰，便于人手操作。车架上分别架有横板，横板长可达150厘米，宽可达15厘米，横板上打有六孔或

图3-10　绳车

① 成年男子坐立时肘部离地平均高度67厘米，是根据丁玉兰编著的《人机工程学》第22页“坐姿人体尺寸”表计算得到。

八孔。各孔内安有掉拐，用材为铁或木，不过造型都为牛角状。掉拐是用于扣系麻纤维，起到固定纤维两端的作用。瓜木，形似细腰葫芦，中间开有纵孔，用以约束紴缕。

绳车操作时，需两人配合协作。两人各立于一个车架旁，将麻纤维的两端分系于掉拐尾部，分别搅转掉拐，以绷紧纤维。待紴缕匀紧，将三股或四股麻纤维撮合成一股，各系于掉拐的尾部，预备打制成两条绳子。然后，将撮合在一起的紴纤维顶端套入瓜木，再次搅紧掉拐，使紴纤维紧成麻绳。利用搅紧的麻绳，自动将瓜木朝前推移，当瓜木到达对面车架时，一根麻绳就已制成。

绳车制绳效率甚高。农村也有徒手制绳的，直接将两条麻纤维系于大门铁制门环上，人站于远处，双手将两股纤维交错撮合在一起，直到交错的股节行进到人手边时，麻绳也搓成了。但是，这种编制麻绳的方式毕竟效率低，长时间地操作，手也会疼。故想要高效、大量编制麻绳还是绳车较为省时、省力。

（六）旋椎

旋椎，用来打制细麻绳或麻线的工具，结构比较简单，主要由椎体和钩䉶两部分组成。《王祯农书》载："掉麻紴具也。截木长可六寸，头径三寸许，两间斫细，样如腰鼓。中作小窍，插一钩䉶，长可四寸，用系麻皮于下。"可知，旋椎椎体长约20厘米，椎头直径约为10厘米，钩䉶高约14厘米。椎体由长约20厘米的圆木制成，两端斫细，形似腰鼓。锥体中间开有小孔，用于插挂上端带有弯钩的榫轴，即钩䉶。使用方式是，麻纤维通过弯钩伸出钩䉶，左手捻住伸出的麻纤维顶端，将旋椎悬于空中，右手拨动椎体旋转，麻纤维跟着旋转，自然旋紧。根据旋椎的形制和使用方式分析，其与某些农村地区仍然在使用的麻绳锤极为相似，应为同一功能的物件。

（七）麻绳锤

麻绳锤，是打麻绳的手工工具。多用于打麻绳，也可用于打棉线。一般，麻绳锤用兽骨或木棒做底，在中间安上铁丝钩或竹钩。本书图3-12所示为江苏盐都民间骨制麻绳锤，总长19厘米，总宽7厘米，高7.5厘米。这个尺寸关系，与《农政全书》中记载的旋椎（椎体长约20厘米，椎头直径约为10厘米，钩䉶高约14厘米）也比较相似，都是物件主体偏长形，且都在20厘米左右，物件的宽度和高度比较接近，且小于物件的长度。

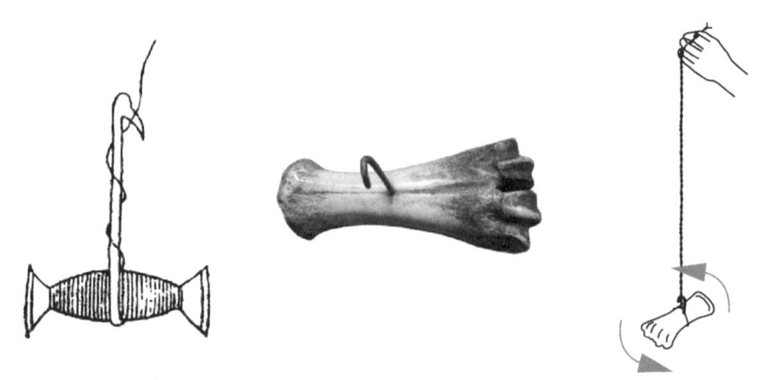

图3-11　旋椎　　图3-12　麻绳锤　　图3-13　麻绳锤使用方式图

江苏盐都民间骨制麻绳锤是用牛腿骨打磨而成，选材比较方便，结构也相对简单，制作容易。牛腿骨两头大，中间略窄，在牛腿骨的中间安上铁丝钩。打麻绳时，把麻纤维捆绑在牛腿骨的中间，通过铁丝钩固定，再用手吊起麻纤维的另一端，拨动牛腿骨，使其旋转，即可把麻纤维纺成麻绳。牛腿骨两头大中间窄，形似一个小哑铃，这种结构，利于打麻绳时的旋转。而且，牛腿骨的重量刚好适合纺线之用，太轻了，旋转打绳线时，麻绳会飘；太重了，麻绳会断。牛腿骨整体光滑，坚硬耐磨，不会钩断麻纤维。在农村，由于麻绳锤结构简单，制作容易，使用方便，基本各家各户都会有一两个，有大的有小的。至今，有些地区仍然在使用麻绳锤纺麻绳，或把单股的线打成几股更粗的绳子。

三、棉农生产与农器设计

棉花和蚕丝是制作衣服被褥的重要原料，我国栽种棉花的历史比较久远，但最初只限于华南及西南、西北等部分地区，产量也有限。直到南宋之后，棉花种植才在长江流域和黄河流域推广种植。到明代，棉花种植已经相当普及。自从棉花栽培在长江和黄河流域推广，棉花在许多地方取代了蚕丝，成为最为普及的衣被原料。

棉花栽培在其耕垦、播种、中耕除草等过程中所用农器与麦、大豆等旱地作物的农器基本通用，但是，棉花采摘后的加工工具与这些农作物的收获、加工工具有所不同，棉花加工主要有轧花、弹花、纺纱、织布等工序。

（一）轧花机

轧花，即轧去棉花中的棉籽取得棉花絮。明代已发明了轧花机，又称搅车。较早的轧花机是在两根立柱之间平行地装上两根轴，两轴之间留下狭小的缝隙，两轴顶端各装以手柄。此类轧花机需三人操作，各执一手柄以相反方向摇动，另一人不断向两轴之间的狭缝中喂送棉花，两轴对向滚动，棉籽被挤出，棉絮和棉籽自然分离。这种轧花机需三人操作，浪费人工。到明以后，棉农对轧花机进行了改进，使得一人即可操作。改进后的轧花机仍有两轴，下面一轴不改，上面一轴用铁制，并在其出头一端装一十字形木架，木架四端各固定一重木，使得木架起到飞轮的功效。在木架底部挂以连轴踏板，供脚踩。轧花时，棉农右手摇手柄，左脚踩踏板，使十字形木架带动铁轴转动，利用飞轮惯性不停旋转，同时左手喂棉花。改进后的轧花机，只需一人操作，大大节约了劳动力，降低了人工成本。

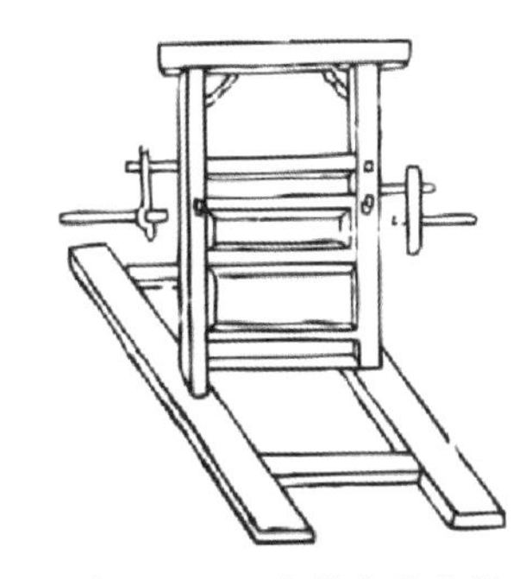

图3-14　三人操作轧花机

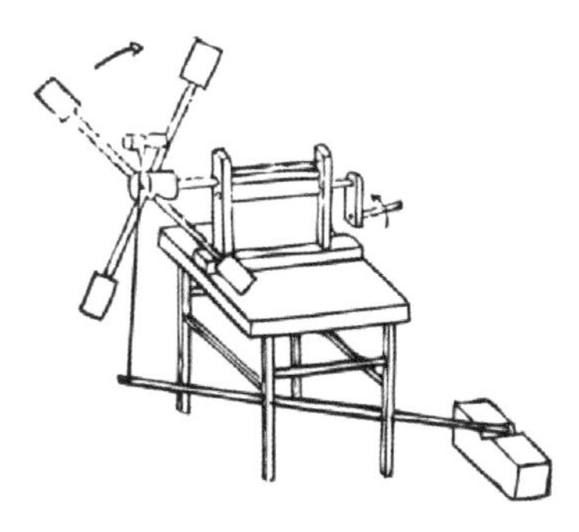

图3-15　单人操作轧花机

（二）弹花弓

弹花弓为弹棉花所用，俗称弹弓，是我国一种古老的棉絮加工工具。本书图3-16所示弹花弓收集于江苏省盐都民间，弓长约160厘米，宽约40厘米，厚约6厘米；弹棰直径约10厘米，长约26厘米；背弓扁长约160厘米，宽6厘米。

弹花弓整体结构由弹弓、弹棰和背弓扁等部件组成，其中弹弓为最主要部件，由弓、弦及一些固定和调节弦的装置构成。弹弓制作用材讲究：弓是用香椿木做成；传统弓弦是用弹性较好的羚羊肠子或者牛筋做成，现代有时也用钢丝代替；背弓扁采用弹性优良的竹子制作；弹棰一般用枣木或檀木制作，弓形蜂腰，要求具有一定的重量。“檀木榔头，杉木梢；金鸡叫，雪花飘。”这是人们对弹花弓用材以及弹花过程的描述提炼。操作时，先把竹篾铺在门板上，在铺满纵横交叉的纱线后放上拟弹松的皮棉，身背悬篾（背弓扁），左手握弓，弦朝怀里，弯腰使弦紧贴棉花，右手持弹棰弹打弓弦，弓弦的上下跳动使棉花蓬松起来，弓弦上下跳动的大小决定皮棉蓬松的程度。其次，还需在放置棉胎的案板四周插上许多小的竹竿，竹竿的顶部勾连纱线在这些小竹竿之间穿行，编织成网覆盖在棉胎上。此外，弹好的棉花还要经过磙、压等工序才能完工。

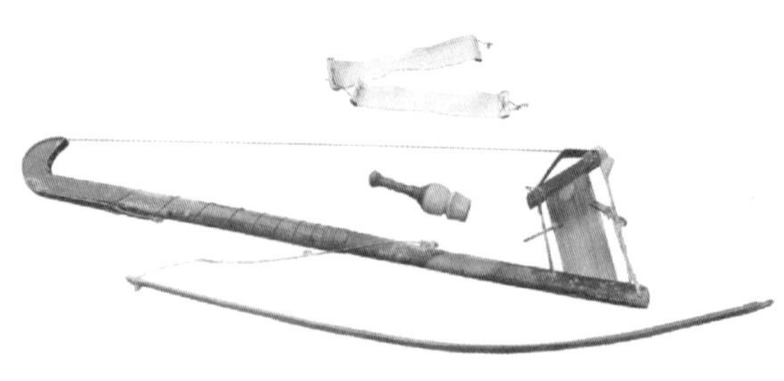

图3–16　弹花弓

据《天工开物·乃服》记载："去子取花，悬弓弹化。"描述的就是轧花机和弹花弓。打击弓弦发出的"嘭嘭、啪啪、嘭嘭啪啪……"是弹棉花的标志性声响。弹花弓无论是在功能、用材还是造型上都显示出其是一个性能优良的器具，特别是在人机工学方面都是值得现代设计借鉴的。

四、毛织生产与农器设计

毛织主要是用动物的毛纤维织造生活日用品，属于织造业的一个重要分支。尤其在明代以前，动物毛纤维是仅次于丝麻的重要纺织原料。我国的毛纺织历史和丝麻纺织历史一样悠久，同时毛织工具和丝麻纺织工具有很多共通之处，互相借鉴共同发展。

我国用于毛纺织原料的动物毛纤维主要来源于羊毛、山羊绒、牦牛毛、鸵鸟毛、兔毛、羽毛等。其中羊毛直至今日仍然是主要的毛纺原料，使用量最多，普及面也最广，例如毛毯、毛衫、毛毡等。我国古代饲养的羊群分为绵羊和山羊两大类，绵羊的毛纤维有众多优良特性，如有良好的弹性、保暖性，质地柔软且具牢性，同时绵羊毛的光泽感也比较柔和，比较利于纺织。明代，绵羊种类主要有蒙古种、西藏种及哈萨克种，主要饲养地区也在今华北、东北、西北等地，因为这些地区的气候、地理环境较为适合饲养，所以我国的毛毯等毛织生产在这些地区发展也较为普及。山羊毛外毛不是很长，但是内毛却细而柔软，可用于织绒毛布。这种山羊唐代从西域传到甘肃，明代兰州地区养山羊比较多，兰州出的绒毛布最多，因此又叫兰绒。

获得毛纤维的主要工序是采毛、净毛、弹毛。毛织主要原料是绵羊毛和山羊毛，由于不同品种的羊群生活习性及所生活地区的气候条件、饲养条件不同，所以羊群的毛纤维特性不同，其采毛的方式也有所不同。采毛，即从羊身上取得毛料的过程。《天工开物·乃服》载："凡绵羊有二种。一曰蓑衣羊……此种自徐、淮以北州郡无不繁生，南方唯湖郡饲畜绵羊。一岁三剪毛（夏季稀革不生）。每羊一只，岁得绒袜料三双。生羔牝牡合数得二羔，故北方家畜绵羊百只，则岁入计百金云。"由此文字可知，绵羊的采毛工具是剪刀，并且一年采毛三次，一只羊每年所产的毛绒可做毛绒袜三双，说明当时的毛料采集效能不是很高。三次采毛时间还得注意，都需在每年八月前完成，否则天气渐冷，毛没长成时，羊群易受冻。一般第一次剪毛是在春天，此时羊即将脱去冬毛；第二次剪毛在五月，羊将再次脱毛；到了八月就是第三次。但是，在北方由于冬季时间偏长，每年剪毛只有两次，八月那次就不再剪毛了。

剪羊毛的剪刀，在西北少数民族地区又称为撒剪，与本书中已经提到的交股剪、支轴剪、桑剪等有所不同。撒剪，由两个铁片打制而成，实际上是两把刀，在刀的尾部通过凹、凸枢纽构件连接。使用时，将两把刀合起，通过末端固定，即可剪毛；不用时，可以拆卸叠放保存，极为方便。操作时，一手拽起绵羊毛，一手握着撒剪，将撒剪手柄末端抵住掌心，拇指和食指分别扶着两片剪刃背部进行挤压剪毛。

图 3–17　撒剪

关于山羊绒毛的采集，《天工开物·乃服》有载："山羊毳绒亦分两等，一曰挡绒，用梳栉挡下，打线织帛，曰褐子、把子诸名色。一曰拔绒，乃毳毛精细者，以两指甲逐茎挦下，打线织绒褐。此褐织成，揩面如丝帛滑腻。每人穷日之力打线，只得一钱重，费半载工夫方成匹帛之料。若挡绒打线，日多拔绒数倍。凡打褐绒线，冶铅为锤，坠于绪端，两手宛转搓成。"由此可知，山羊绒的采毛方法有两种，一种是用梳篦从羊身上梳下来；另外一种是直接用手指从羊身上拔下，没有工具。但是，两者的效率和所织成布的手感完全不同，直接用手指拔羊毛比用梳篦梳羊毛的效率低，但是用此法拔下的毛织成的成品更加光滑细腻。

净毛是指除去原毛中油脂和杂质，一般采集下的羊毛会夹杂着各种杂质，不能直接用于纺纱或其他加工，这道工序就相当于棉纺中除去棉籽的轧花工序。净毛质量的高低，直接影响弹毛、纺纱等后面工序的好坏。依古文献分析，可能净毛主要是用溶液洗涤。

弹毛，即用弓弦将洗净晒干后的羊毛弹松、弹蓬，以供纺纱。用于弹毛的弓弦与弹棉的弹花弓形状基本相同，只是，毛纤维的长度、强度、弹力都要比棉纤维要长、要大，故弹毛弓的形制可能比弹花弓要大。[①]

采得的羊毛，还需经过打线即纺纱，才能用于纺织之用。《天工开物》里提到纺纱的工具“冶铅为锤”，其实即是用铅制得的纺锤。纺锤，是用来纺纱、线或细麻绳的手工工具。除了宋应星提到的可以用铅制得之外，还可用小骨棒或小木棒，将之中间安上铁钩或竹钩制成。把羊绒毛固定在钩上，吊起纺锤，拨其旋转。纺锤旋转时，依靠自身重力使得羊绒毛的纤维牵伸拉细。两手不停地搓动羊绒毛，使绒纤维拈成麻花状。在纺锤不断旋转中，毛纤维的牵伸和加拈的力不断沿着纺锤的垂直方向向上传递，搓捻的过程中继续添加羊绒毛，当纺锤停止转动时，将纺得的羊绒线绕起即可。这个羊毛纺锤和上文提到的麻绳锤原理基本相同。

五、农家纺织器具设计

关于农家纺织器具，本书主要就丝绸纺织中的缫车、络车，棉纺中的纺轮、纺车，以及织布中的梭子从设计角度进行分析研究。

（一）缫车

缫丝是一种将蚕茧抽出蚕丝的工艺，是制丝过程的一个重要工序，而缫车则是专门用于缫丝工艺的工具。缫丝必须先将茧煮熟，然后经过索绪、理绪、集绪、捻鞘、络绞、卷取、干燥等多道工序。《天工开物·乃服》详细记载了缫丝的过程：“凡茧滚沸时，以竹签拨动水面，丝绪自见。提绪入手，引入竹针眼，先绕星丁头（以竹棍做成，如香筒样），然后由送丝竿勾挂，以登大关车。”

缫车至唐代才出现，唐宋之际出现了脚踏缫车，是在手摇缫车的基础上发展而来，明代已普遍使用。本书图3-18所示脚踏缫车根据《天工开物》复原而得，其尺寸据相关资料推测而来，车身长约132厘米，宽约130厘米，高约62厘米，丝框长约80厘米，轴直径约12厘米。使用手摇缫车时，一人投茧索绪添绪，另一人手摇丝轮，必须两人合作。而脚踏缫车在丝框的曲柄处

---

① 赵翰生.中国古代纺织与印染[M].北京：中国国际广播出版社，2010：76—85.

图3-18 脚踏缫车复原图

图3-19 浙江湖州缫车实物

接上连杆并和脚踏杆相连。用脚踏动踏杆做上下往复运动，通过连杆使丝框曲柄作回转运动。利用丝框回转时的惯性，使其能连续回转，带动整台缫车运动。[①]这样索绪、添绪和回转丝框就可以由同一个人分别用手和脚来进行了，使得缫丝的劳动生产率大大提高。脚踏缫车是对手工缫丝机器革新的成果，体现了中国古代丝绸工艺的先进性。脚踏缫车的出现，解放了操作者的双手，代表了生产力水平的提高。

（二）络车

络车，是调丝的工具，是将铰装的丝线原料缠绕到篗子上的过程。根据调篗取丝的方式不同，又分为南络车和北络车，南络车以手抛篗，而北络车转篗采取了机械助力，而非手工。因此，北络车调篗取丝时的张力较均匀平稳，生产效率也较高。

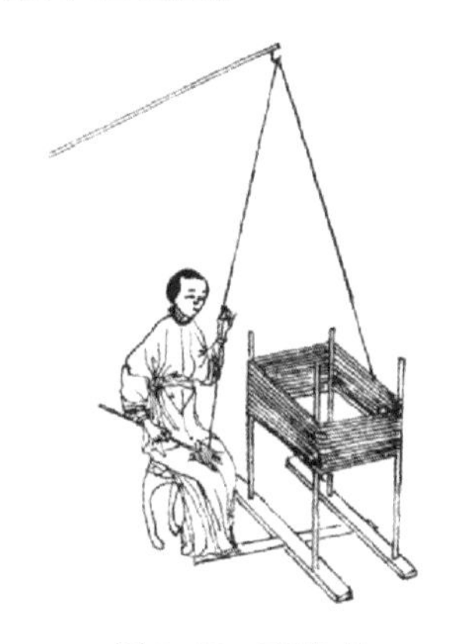
图3-20 南络车

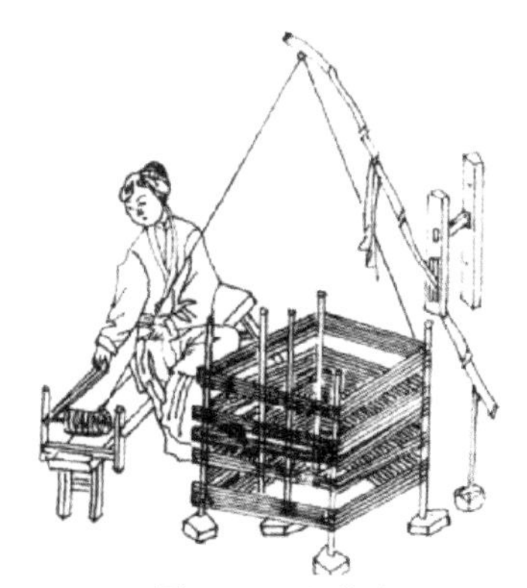
图3-21 北络车

① 李强.中国古代美术作品中的纺织技术研究[D].上海:东华大学,2011.

北络车主要由套丝框架、调丝凳以及篗子组成。套丝框架由六根光滑铰杆及六块带有孔洞的中间可插入铰杆的砖块构成。每根光滑铰杆分别插于每块砖的洞内，并在洞内塞入小木楔，以确保铰杆牢牢插入砖块中央。六根绞杆中的四根组成一个四边形，将绞丝撑起，另外两根绞杆用以固定绞丝上的绞套。调丝凳，在一张凳子的一头加上一个工字形的小装置，把篗子插入工字形装置中。篗子，用四根或六根竹箸并经短幅交互连成。

络车的操作是丝线经过丝框，直接通过丝钩到达篗子上，调丝的张力大小由手工来调节。调丝时，操作者右手的中指和无名指夹住调丝绳做前后往复运动，调丝绳和调丝杆相连，以此带动篗子的转动，使得丝线绕于篗子上；操作者右手的大拇指和食指夹住丝线，调节丝线在篗子上绕行的位置和松紧。操作者的左手拉动丝框最上面的丝线，保证丝线松弛有度，利于丝线从丝框脱离，为丝线绕上篗子做好充分的准备。

（三）纺轮

纺轮是较为原始的纺纱工具，主要由缚盘和缚杆组成，缚盘中间有一圆孔，用于插缚杆。制作纺轮的常用材料有石质、骨质、陶质、玉质和木质，以陶纺轮为最多。其形状有圆形、球形、锥形、台形、蘑菇形和齿轮形，以圆形为最多。新石器时代早期纺轮多用石片或陶片打磨而成，也有木质的，外径较大，偏于厚重，最重可达150克，最小的不足50克，平均为80克。后来，纺轮大都是用黏土专门烧制，外径逐渐缩小，偏于轻薄，最重的约60克，最小的重18.4克。本书图3-22所示木质纺轮出自江苏省盐都民间，缚盘呈扁矮的“馒头”状，其直径为4厘米，底部直径为2厘米，厚2.5厘米，中心开圆孔，孔径为0.6厘米，缚杆长为27厘米。

纺轮使用时，操作者用力捻动缚杆上端，使纺轮转动起来。系于缚杆上端的线头也随之从众多纤维中被不断地向外拉伸，缚盘依赖自身旋转产生的惯性使得线纤维被捻成麻花状。当纺轮旋转的速度明显下降时，操作者再次用力捻动缚杆使之旋转，如此循环反复。木质纺轮的工作原理是利用缚盘旋转时产生的自身惯性进行工作，为了降低旋转中产生的空气阻力，故将缚盘外围设计成圆润的弧形，以提高单次旋转的次数。缚杆为一长形短杆，在农村

图3-22　纺轮

也可用木筷代替，只需在木筷顶端挖一凹槽然后插入缚盘中部的圆孔中，这样的设计简单又方便。

（四）纺车

纺车是用于纺纱的一种传统工具，据推测出现年代应在汉代以前，汉代时期已十分普及。本书图3-23所示手摇纺车，藏于甘肃省天水市南宅子民俗博物馆。底座呈“工”字形，长约66厘米，上横木长约30厘米，下横木长约65厘米，下横木上两根立柱距底座约35厘米，绳轮辐条长约50厘米，共8条，两端各4条。

图3-23　纺车

图3-24　汉墓壁画上的纺车图

手摇纺车主要由木架、绳轮、锭子和手柄四部分组成。锭子与转轮各设左右两边，以纱线相连，手柄设于转轮处。摇动手柄，绳轮随即跟着转动，从而带动锭子转动，就可以自动加捻。通常绳轮直径是锭子直径的十倍或数十倍，所以通过绳轮转动的圈数就可以得知锭子转动的圈数，即加捻的圈数，因此便于操作者控制转动速度。从材质方面来说，木质手摇柄的应用增加了人手把持的舒适性，绳轮的应用以绳子柔软的材质特性保证了纱与其接触不会有磨损。虽然手摇纺车的结构比较简单，但比起之前的纺轮纺纱，它的生产效率要高得多。

（五）梭子

梭子，是织机上载有纡子并引导纬纱进入梭道的机件。[①]在战国到汉代之际即已使用梭子，它的出现为引纬开创了一个新方法，极大地提高了纺织效率。梭子的出现过程是织布者长期经验积累的过程。起初，在织布时，织者

① 杨丽.近代中原地区手工棉纺织工具与技术考察研究[D].郑州:郑州大学,2012.

是以手指分开经线将单股纬线编入，该方法费时费力，织出的布质量和外观也不好。而后，在实践中，织者则以针或竹片之类的器物分开并压牢经线，这样会使得纬线可以绕成一团直接穿过经线，从某种程度上讲此方法提高了织布的速度。再后，不断地积累经验，织者们将线绕于一细木棍来穿纬纱，这样就使得线团会缩小，也不太容易发生乱线的现象。在经历一段时间的改良后，织者们发现将绕于细木棒的线团放在另外一器具之中使用会更加方便快捷，这样梭子也就诞生了。梭子发明后也经历了许多次的变化，每次变化基本都会使得织布效率提高。

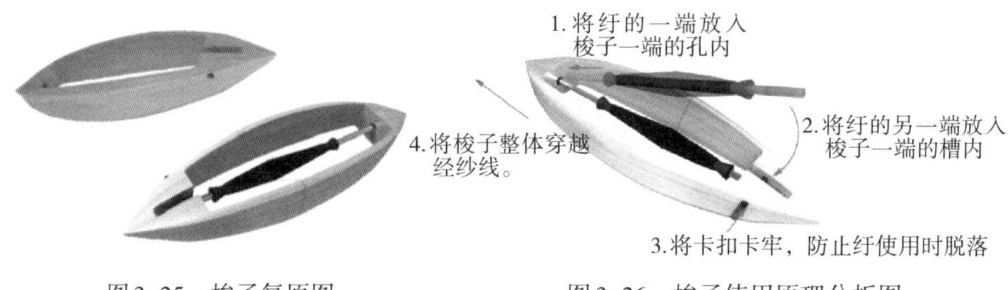

图3-25　梭子复原图　　图3-26　梭子使用原理分析图

本书图3-25所示梭子收集于陕西省华阴市庙前村，长约21厘米，最大宽度约4厘米。在造型方面，此梭子整体呈一橄榄球状，体态比较饱满，由于长期使用，表面光滑，握于手中十分舒适；两头微尖，但很圆滑，操作者在穿纬线时轻松快捷。在结构方面，该梭子也合理独特，腹部位置开了一个方形孔，以供安放纡子和纬线，方孔比较大，能容纳更多的线纱。方孔内侧一端开圆孔，以供纡子插入其中并固定，方孔另一侧开一槽以供纡子的另一端置入，在槽的一侧也开一孔，用一器具卡入以防止梭在使用时纡子滑出槽外。此案例完美地诠释了功能第一的设计原则，在功能符合要求的基础上，对梭子的造型也有一定的塑造。

梭子的产生是织布史上的一次重大的飞跃，它的出现极大地降低了穿纬纱线烦琐纷杂的操作难度，提高了纺织者的工作效率，从而使纺织业生产力大大提高。

六、农家刺绣器具设计

刺绣，是在丝绸、麻布等织物底料上用绣线构成图案的手工技艺。刺绣通常是妇女所做，所以也称为女工、女红等。刺绣的发展与社会文明的进步息息相关。人们从采集渔猎进入农业社会之后，生活和生产活动工具、环境在不断的发展，在此过程中，刺绣技艺和器具也在不断地提高和改进。刺绣在宫廷使用中称为宫廷绣，在富庶人家为闺阁绣。在普通老百姓家中为日用绣，即日常生活使用绣品。到明代中后期，资本主义萌芽出现后，刺绣也逐渐成为商品流通货物，此时的刺绣又称为商品绣。[①]

明代手工艺极为发达，刺绣在继承宋代刺绣技艺的基础上表现出了自己的特色。此时，刺绣用途广泛，品类繁多，是我国刺绣史上较为鼎盛的时期。尤其是为普通百姓所用的日用绣，材料得以改进，绣女技艺娴熟洗练，品质普遍得到提高。明代的顾绣，在当时名噪一时，其构思讲究、用料精巧、绣工善美。在材料的使用上，刺绣原本以丝线为原料，明代开始有人尝试用新的材料，如用头发代替绣线在织物上勾画，即称为发绣，同时还出现了透绣、纸绣、贴绒绣、戳沙绣、平金绣等等。明代中期还新创了洒线绣，以方目纱[②]为底，用无彩丝拈线大面积铺绣而成。

明代资本主义萌芽，全国出现了众多商品性生产的专业刺绣作坊，官作刺绣逐渐衰落，但却促进了民间手工业的发展，逐渐出现了专业化的生产，手工刺绣技艺得到前所未有的活力和发展，达到空前的繁荣，进入中国传统刺绣的鼎盛时期。

目前，我国相继出土了一些刺绣工具，如1959年甘肃武威磨嘴子出土的东汉织锦刺绣针黹箧，长33厘米，宽20厘米，高17.5厘米。针黹即所谓的针线盒，现藏于甘肃省博物馆。针黹箧由盖和盒组成，外面包裱云气纹锦，中间则缝缀绢地卷草纹刺绣。色彩鲜艳，花纹富丽精细，是具有极高价值的绣品，保存至今已两千年，仍完好如新，足见其珍贵与难得。针黹箧出土时，箧内装有丝带、丝线、刺绣花边、铜针、线锭等女红用品。[③]宋代黄升墓也出土了缠线板和丝线等。通过出土的文物可知，当时的绣女对于刺绣所用的绣具和绣材都已十分讲究。

明代在刺绣技术发展的同时，刺绣器具也得以发展，刺绣工具主要有绣针、剪刀、绷框、绷架、搁手板凳。

---

① 林锡旦.苏州刺绣[M].南京:江苏人民出版社,2009:1.

② 方目纱:古纺织物名,即一种细而薄的方孔纱。

③ 常沙娜.中国织绣服饰全集:刺绣卷[M].天津:天津人民美术出版社,2004:57.

（一）绣针

绣针，又称绣花针，大概是刺绣器具里知名度最高的绣具。俗语“铁棒磨成绣花针”比喻做事要有决心、恒心，肯下功夫，多难的事都可以成功，这也从侧面反映了绣花针的细小及社会的普及度之高。关于绣针的锤造，《天工开物・锤锻》中也有相关记载：“凡针，先锤铁为细条，用铁尺一根，锥成线眼，抽过条铁成线，逐寸剪断为针。先镂其末成颖，用小槌敲扁其本，刚锥穿鼻，复镂其外。然后入釜，慢火炒熬。炒后，以土末入松木、火矢、豆豉三物罨盖，下用火蒸。留针二三口插于其外，以试火候。其外针入手捻成粉碎，则其下针火候皆足。然后开封，入水健之。凡引线成衣与刺绣者，其质皆刚；惟马尾刺工为冠者，则用柳条软针。分别之妙，在于水火健法云。”①

从宋应星的描述中可知，绣针和缝衣针都是质地坚硬的钢针，只有福建马尾镇做帽子的才用柳条软针。“逐寸剪断为针”说明针的长度在三四厘米左右，一头锉尖，另外一头即针鼻扁平，针鼻钝并锉光，不易伤手。总结绣针的锤造，有如下工序：（1）制作模具；（2）锤铁成条；（3）拉条成丝；（4）剪断为针；（5）打磨两端；（6）钢锥穿孔；（7）渗碳成钢；（8）开封淬火。

现在的绣针针身匀圆，针尖锐而针鼻钝，这和宋应星所描述的针的形制基本相同。其实，从新石器时代自针发明到如今，其基本形制都未发生太大变化，只是其材料从原来的兽骨发展成了现在的钢铁，大小也比骨针稍短而细。这样的变化，是和当时所处社会的冶炼技术水平、缝制衣服的材料、缝线的粗细有直接关系。新石器时代，大多以兽皮、树叶遮体，此时的缝制只是用线简单粗糙地把几块兽皮连接在一起，兽皮之间的缝线很大，缝线之间的间隙也很宽，冷风容易吹进衣内，这样缝制的衣服保暖效果不是很好。铁针的出现，以及丝线、棉线的纺制，使得缝衣刺绣这样更加精细的手工成为可能，衣服更加保暖，绣品也得以出现。从骨针到铁针再到绣花针，无论材质、大小等如何变化，主要形态、比例关系一直沿袭，体现了古人最初发明针时对其功能、形态的高度概括能力。

---

①〔明〕宋应星．天工开物译注［M］．潘吉星，译注．上海：上海古籍出版社，2008（2012重印）：182—183.

（二）剪刀

剪刀，是农家刺绣中非常重要的一个工具，常用来剪断线头。正是由于刺绣中用到的剪刀主要用于剪断线头，故所用剪刀力度不是太大，但必须非常锋利，故农家刺绣中的剪刀比普通剪刀形制要小一点，更为称手，剪刀刃口也相对较短。至于剪刀的结构原理和使用方式与其他支轴剪都是一样的，故这里不再赘述。

（三）绷架

绷架，是用于绣制稍微大型绣品的工具，绣制小型绣品主要用绷框。绷架主要构件有绷轴、绷闩、嵌条、绷钉、绷凳、绷布等。绷轴，是一个中间呈圆柱形，两端呈四方条形的木杆。圆柱形部位中间开有线槽，称为嵌槽，用于嵌入绷布；方形部位开有长方形的孔两个，用于插入绷闩，故长方形孔又称为闩眼。绷闩，是一个宽度和厚度与闩眼一致的扁长形木条，一端微微凸起，另一端有间距约为3厘米的两排小孔。嵌条，即一般麻绳两根，粗细以正好插入嵌槽为佳。绷钉，一般的竹木钉、铁钉皆可。绷布，就是连接绣品底料的布块。绷轴、绷闩各有两个，通过闩眼相连，组成一个封闭的四边形，称为绷子。绷凳，即三角的凳子一副，用以搁放绷子。①绷框，又称绷箍或手绷，通常是圆形的，也有长方形的。圆形绷框，用两片竹片弯曲成圆形绷架，适用于农家绣制小型绣品。

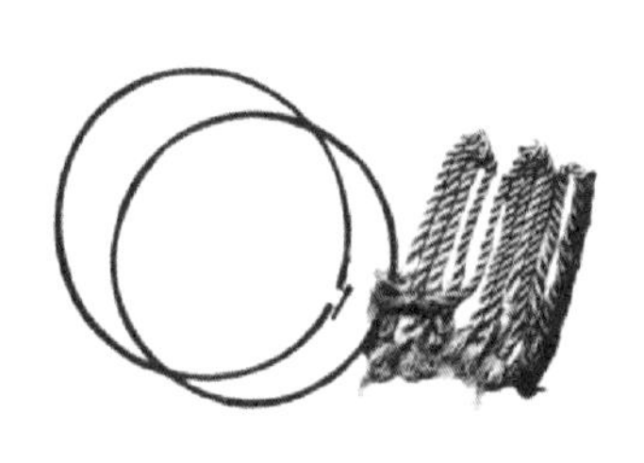
图3-27　圆绷

图3-28　绷架

绷架设计非常巧妙，利用两根绷轴和两根绷闩构成了绣工的一方天地，绷闩一端留出一定长度，用以插入闩眼，留出的长度比绷轴方头稍长。向内

① 路甬祥；钱小萍.中国传统工艺全集：丝绸织染[M].郑州：大象出版社，2005：226.

有一段微微凸起部位，起到很好的固定绷闩的作用，绷闩另一端有小孔若干，用以插入绷钉。绷钉插入哪个小孔由绣品的大小决定，绣品越大选择的孔位离绷闩外端就越近，反之越远。

将刺绣底料绷紧到绷架的过程，称为上绷。上绷，虽然看似简单，但是比较繁琐。首先，将绷布分别缝制到底料的两端，连成一块整布，分别将两端绷布嵌入两根绷轴，再将绷轴放入圆柱形的嵌槽里，再用嵌条嵌紧，转动绷轴将底料卷在绷轴上，中间留出底料的空间，以供刺绣。然后，再将两根绷闩分别插入绷轴两端的闩眼中，纵向将底料拉直，并用绷钉插入绷闩小孔中。最后，在底料两侧边用棉线来回缝制成交叉线条，每针间隔约3厘米，注意拉紧缠到绷闩上，这个过程必须把底料拉紧，以免发皱。①

刺绣时，将绣线穿入针眼，在线的一端打个小圈，将针穿入圈内抽紧，以防止线从针眼脱落。线的另一端打个结，以免起针时将线头从绣面滑出。刺绣时，绣工一只手在绷子上面称为上手，另一只手在绷子下面称为下手，下手将针自下而上刺出绣面，上手再将针自上而下刺下去，如此上下往复穿刺，直到绣成完整图案纹样。

七、农家印染器具设计

传统印染中将先织后染称为织文，先染后织称为织锦。对于丝和织物的染色工艺技术基本相同，染色方式均以手工操作的“一缸二棒”为主，但在操作要求和所用器具方面略有差异。印染工序大概可分为染色、印花和印染整理三大工序。

（一）染色

有关印染工具，古代发展缓慢，变化不大。一般，因印染用水量大，古代染坊会临水而建，方便取水也利于流水漂洗。传统染料来源主要有矿物染料和植物染料两大类，矿物染料主要用于印花，而染色工艺基本用植物染料。用矿物染料给布匹染色，通常称为石染；用植物染料给布匹染色，称为草染。矿物染料与织物纤维之间不能发生化学反应，其染色是通过物理性的沾染附着，而植物染料可以与织物纤维发生化学作用，相对染色更加牢固。矿物染料的出现，要远远早于植物染料，但是，由于植物染料资源丰富，色相丰富，

① 林锡旦．中国传统刺绣［M］//潘嘉来．中国传统手工艺文化书系．北京：人民美术出版社，2005：82—85.

且色坚牢度强于矿物染料，所以植物染料成为主要染料，草染也成为主要的染色方法。为了提高颜色深度，通常草染也要经过多次浸染。

图3-29 染绸设施及操作示意图

图3-30 印染作坊一角

染色用到的传统工具通常概括为“一缸两棒”，具体说来有染灶、大铁锅、木甑、染缸、挑棒、拧绞棍等。染灶，即是普通的泥砖土灶，用稻草、麦秆或木柴等生火。大铁锅，用于加热蒸煮染料，后将丝或织物淹没进染料中。木甑，是无底的锥形木桶，放置在铁锅上，可增加一次性印染丝或织物的容量。使用时，桶沿与锅沿贴合，为防止染液漏出，此处还要做密封处理。染缸，即陶制大缸，形制较为普通，但是却是印染业中不可或缺的主要盛具。挑棒，又称“竹替手”，从其名就知其作用是手的延伸，用来翻动或撑起丝或织物，以保证均匀印染。拧绞棍，比挑棒短，用来拧绞丝或织物，以挤出多余水分或染液。

（二）印花

明代主要的印花技术有蜡染、夹染、扎染。蜡染、夹染、扎染都属于防染印花。蜡染是蜡防，因蜡属于油脂，有蜡油处水性染料无法渗透染色；夹染是板防，借用雕版夹住坯布，阻止染料与坯布充分接触而在其他镂空区域染色；扎染是结防，通过扎结缝制等方式，使坯布部分料块不能充分与染料接触，以此染色。

1. 蜡染

又称为蜡缬，蜡染中用到的主要工具是特制的大小不同的蜡刀，其由两片三角形的铜片制成，铜片间留有空隙，以便于盛蜡液。蜡刀的使用，先将黄蜡经加热融化，用蜡刀蘸取蜡液，在布上作画，可用竹签帮助点蜡。由于蜡刀不能很精确的勾画图案，故蜡染适合大型花纹，不适小型图案。相对而言蜡染的花纹边缘粗糙，不够精细，但其优点是印染速度快，可量化生产，在我国西南少数民族聚居地仍有流传。

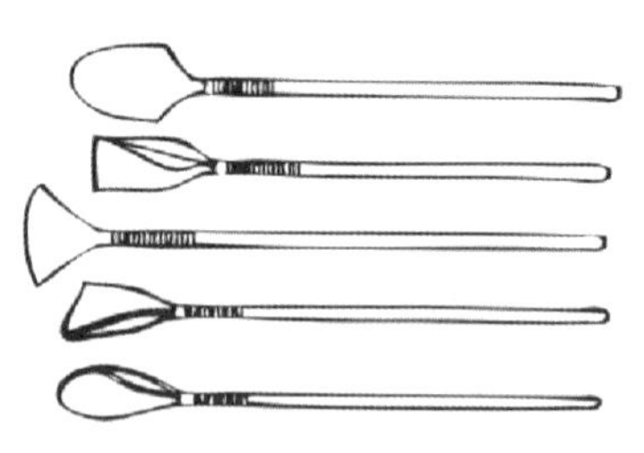
图3-31　蜡刀

2. 夹染

又称为夹缬，是用雕花版（也称为夹缬版）夹布印染的方式。宋代印刷业的发展，带动了雕版印花技术的繁荣。由于应用印花技术可大量生产，蜡染需求逐渐减少。夹染工艺，是将坯布对折后夹在两块纹样完全相同的雕花版中间，然后将其置于染料浸染，染出花纹完全对称。因此，夹染主要适用于花纹对称的图案印染，而对称图案也迎合了一定时期内的审美需求。

图3-32　夹缬版

3. 扎染

又称为绞缬，是通过折、叠、缝、扎等方式，进行印染的方法。操作方式是按照预想图案，将坯布进行折叠、缝扎、捆绑、打结或以其他器具辅助捆扎，然后将坯布放入清水中浸泡，浸泡目的有两个，一是布匹浸泡后更利于吸附染料；另外，坯布吸水后膨胀，可使扎结更紧不至于脱落。扎染不仅适用于丝绸或棉布，还可应用于毛织物的印染。

传统植物染料制作较为繁琐，且一些染料在使用后，还可多次利用。故染坊会想尽办法节约染料，收集浸染后的布匹中的余液，这就用到一个器具沥架。沥架，是木条制成的长方形木框，中间有横档，木框长度要长于染缸。操作时，将沥架搁放在染缸缸口上，把带染液的丝或织物放置在沥架上，余液自然回落到染缸中。有些染过坯布的染液还可再次利用，故这样起到节约染料的作用。在沥架上加装一根短木棍，左右两侧以斜木条卯榫固定，这样的构件，又称为沥马。沥马是用于绞尽丝或织物中余液

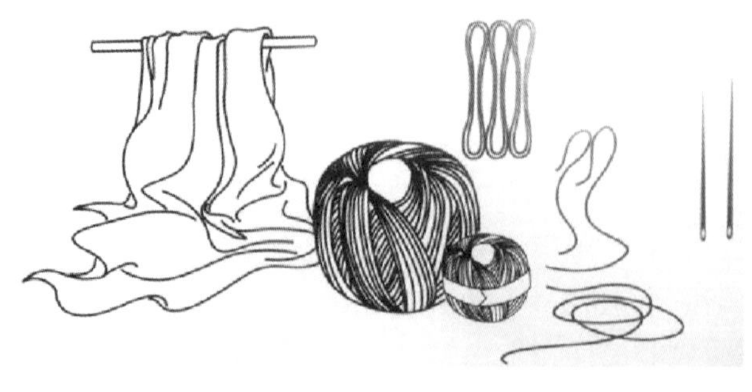
图3-33　扎染工具

的工具，使用时将丝或织物一端套在沥马上，另一端插入拧绞棍用力旋拧。

（三）脱水

布匹或丝在染料中浸泡后会带有多余的杂质，并有未完全与织物纤维结合的浮色，故染色后还需经水洗涤。可将织物或丝置于流水中经甩、打、挤等方式进行漂洗，也可在陶制的大缸中清洗，再用千斤担、拧绞砧或撬马等脱水工具来去除丝或织物中的水分。千斤担，又称撬担，是将一石柱固定在地里，石柱上端打一通孔，通孔中插入一根两端细中间粗的圆形木棍，整体呈“丁”字形。拧绞砧，是在圆饼型基座中间打一圆孔，将一圆柱形木棍插入圆孔，使用方式与沥马相同。撬马，是在平地立起一根木柱，在其顶端安装有铁制羊角形构件，使用时用羊角构件套着丝或织物一端，用撬棒套着丝或织物的另一端。

图3-34　沥马　　图3-35　千斤担　　图3-36　拧绞砧　　图3-37　撬马

无论是丝还是织物，其水洗方式没有差别，但脱水稍有不同。对于织物的脱水，先将含水的织物码成绳圈形，一端套在石墩桩的直型木桩上或撬马的“羊角”上，作为织物的依托，另一端套入撬棒即短竹木棍中，进行用力拧绞挤出水分。对于丝的脱水，将需去水的丝放置在“千斤担”上，用撬棒以同样方式拧绞去水。

（四）晾干

脱水后的丝或织物，还需经晾晒，一般是整理后悬挂于竹竿上，自然晾干，因为染料刚与纤维作用，为防止结合不牢、褪色或变色，需避免阳光直接暴晒。

（五）印染整理

经过印染后的丝或织物，需经后期整理，才可使得手感更加柔顺舒服，光感更加亮泽。汉代开始，已有使用熨斗对染好的织物进行熨烫整理的现象，历代相传，并发展出卷轴定型的整理方法。战国以后出现的研光整理，使织物表面更加光洁，到清代发展为应用大型踹石整理。

熨斗，东汉已有，至清代以前几乎都是炭火加热，由铜或铁等金属制成，造型像碗，圆腹，平底，宽口沿，有柄。使用时，将已经点燃的木炭搁放在熨斗中，通过热传递的作用，木炭的热度传递到熨斗底部，对织物进行熨烫，使得织物伸展平滑、整齐。但是，熨斗有一定的局限性，只能对少量、小型织物进行熨烫，遇有大量织物就费时费工，效率还低。

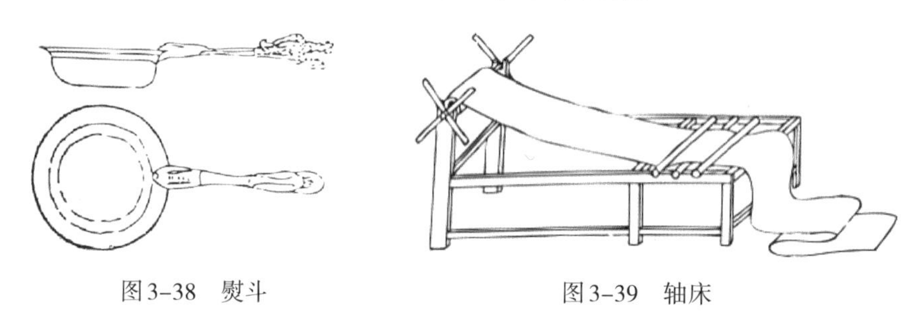

图3-38　熨斗　　　图3-39　轴床

到明清时期，由于纺织业和印染业的快速发展，无论是产业规模还是产量都扩大了，使得熨斗熨烫整理的效率已经远远低于生产所需，所以出现了专门用于织物整理的木质器具——轴床。轴床，因其形似床故得名，床头有一卷轴，床尾有三根木棍。轴床，实际就是一个卷织物的轴，在绕卷过程中，利用床尾三根木棍压平修整织物的器具。使用时，要保持织物具有一定的湿度，操作者立于轴床床尾，将织物平铺有序地穿过三根木棍，织物悬盖于中间木棍上，置于两边木棍下，然后，将织物引入卷轴。操作者双手绷紧织物，保证织物平挺，利用肘部或足膝推动连接卷轴的十字形把手，慢慢推动卷轴转动，这样在卷动卷轴时，利用三根木棍夹起织物，起到自动修整的作用，织物也平整地被卷于卷轴上。当织物卷满后，从轴床卸下，至于太阳下晒干，织物自然就定型。卷轴的优点是可以大批量的整理印染织物，提高效率，节约人工成本。

第二节 明代烧造业与农器设计

一、农家酿造与农器设计

我国的传统酿造工艺，已有几千年的历史。仰韶文化时期，先民就已开始用谷芽、麦芽生产谷芽酒，这是一种以谷芽为糖化剂进行单发酵的酒。后来，北方先民用粟米饭制成的米曲酿酒，逐步取代了单发酵酒，形成了以曲为糖化剂进行复式发酵的酒。与此同时，南方河姆渡文化时期的先民也开始了稻作农业，利用生大米粉制成了以根霉为主的饼曲酒。再后来，北方又将米曲霉的蛋白分解功能应用于蒸熟的大豆或小麦上，创造出了多种调味品，如酱、酱油、豆豉、食醋等，形成了以酒为主、调味品为辅的酿造业。[①]元代以前，我国酿造的酒的酒精浓度不高，制酒过程中所产生的糟要用压榨法除去，故称为压榨酒，也称酿造酒。绍兴黄酒是压榨酒中的佼佼者，也是压榨酒的代表。在元代，出现了蒸馏酒，即通常所说的白酒，是通过蒸馏工艺将酒精蒸发再冷凝提取制成的，由此法制成的酒精浓度较高，甚至可以燃烧，故又称为烧酒。本书主要对明代酿造中的瓦缸、甑、木榨、煎壶、蒸馏器等酿酒工具的设计做分析研究。

（一）瓦缸

传统黄酒酿造技术非常复杂，大致需要经过浸米、蒸饭、摊饭、落缸、发酵、开耙、灌坛、压榨、煎酒等近十道工序。而瓦缸是酿造中，使用最多的浸米或发酵容器。瓦缸的造型呈现倒锥形，通常其缸底直径是缸口直径的一半左右。一般，用于浸米的缸容量略大于用于发酵的缸。瓦缸是用陶土制成坯，里外均匀涂上釉料烧制而成。用于酿造前，先要将瓦缸用清水洗净，然后在外面均匀涂上一层石灰浆。这既可以观察瓦缸是否有裂缝，又可以起到灭菌的效果。瓦缸是酿造中最为常见的工具，这和农家印染离不开瓦缸一样。

① 路甬祥;包启安,周嘉华.中国传统工艺全集:酿造[M].郑州:大象出版社,2007:1.

与瓦缸配套使用的还有草制的缸盖，通常南方缸盖用稻草编制而成。南方如绍兴以种水稻为主，脱完粒的稻秸秆是很好的燃料，农家将一部分稻草用于灶台生火，一部分稻草用于编制日常生活用具，这就包括草制的缸盖。用稻草编制的缸盖，盖在发酵缸上，起到保温防尘的作用。通常，缸盖的直径比瓦缸直径略大10~20厘米。如，发酵缸的高约80厘米，口径约100厘米，底径约55厘米，而缸盖直径可在110~120厘米，厚度约5厘米。①

（二）甑

农家在印染上色染布、造纸蒸煮皮料时都会用到甑。酿造制酒中的甑，因用于蒸煮米饭，又称为蒸饭甑。蒸饭甑与印染和造纸中用到的甑形制和结构基本相同，都是由圆形木框、箅子两大构件组成。圆形框造型基本相同，根据需要有口径比底径大的，也有口径比底径小的。箅子，有用竹匾代替的，使用时在甑底装一井字形木质托架，再将箅子放在木托架上。为防止米饭漏出，要在箅子上铺一层棕制圆形衬底，再将米倒在其上。蒸饭甑使用时，将其置于灶台大铁锅上，铁锅里盛满水，灶台生火，通过铁锅中的沸水产生的蒸汽蒸煮大米。

（三）木榨

制作传统压榨酒（俗称黄酒）时，还需将发酵后的酒糟通过木榨除去，得到成品酒。木榨式样很多，但使用原理基本都属于杠杆原理，一般形制较大，大者总高可达300厘米左右，所以会在木榨旁配一木梯。通常，木榨髹涂成大红色，整体用料宽厚敦实，给人以强烈的稳定和厚重感，主要由支脚、引流口、底板、支架、横木、榨框、盖板、枕木、压杆、拉杆、短木、加压架等构件组成。

图3-40　木榨

支脚前两足相对后足微低、略细，底

① 路甬祥；包启安，周嘉华. 中国传统工艺全集：酿造［M］. 郑州：大象出版社，2007：213.

板下引流口前倾后高，呈斜坡状，便于压榨出的酒流入酒缸，支脚后两足明显比前足更加宽大、厚实。压榨时，为使酒液从糟中压榨流出，后足将承受着巨大的压力，故后足通过增加宽度、厚度以提高抗压能力，增加木榨牢固度。底板内凹，长、宽要比榨框略宽，目的是盛接从榨框间渗漏出来的酒液。支架起到固定榨框的作用，更重要的是支架不同高度处，分别列有多个横木，用来抵住压榨时压杆前端翘起产生的强大力量。横木中间有一方形凹口，凹口深度和宽度正好比压杆前端略大一点，压榨时，压杆前端正好放入凹口内，可以有效防止压杆滑动。榨框，形似一个个抽屉叠放在一起，每个榨框高度不一，下层的榨框较高，上层的榨框较矮。这样的设计，考虑了实际操作的方便，因木榨较高，如果上层榨框太高大，不便于上下木梯来回搬运。同时，从力学角度而言，下层的榨框高大稳健，上层的榨框矮小可靠，如此叠放在一起受力时才能不易倾斜，更加牢固。为了方便起见，农家还会在每个榨框顶端写上标记“一、二、三……”，不至于叠放混乱。榨框可以根据所需压榨酒糟混合液的多少，选择具体叠放几层。相应的，不同层节处都有与之高度相匹配的横木，这也是榨框必须固定层级位置的一个原因。盖板，是盖于最上层榨框内的工具，其外围尺寸应比榨框内侧长宽略小一点，其上直接放置枕木，是压杆传递过来的压力的直接受力构件，也是酒糟混合液直接受力的来源。压杆，属于木榨的施力构件，也是整个木榨的杠杆，比较粗，在其尾端开有方形通孔，用于插入拉杆。拉杆是连接压杆和加压架的中间构件，拉杆底端固定于加压架的中间，上端不同高度开有众多通孔，通孔用来插入短木，用此拉动压杆。加压架，前端通过圆轴固定于支脚后足间，可绕圆轴上下活动，后端悬空，用来承放石块。

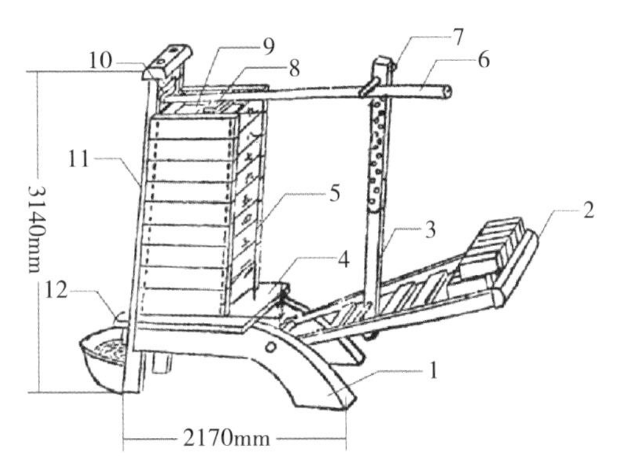

1. 支脚 2. 加压架 3. 拉杆 4. 底板 5. 榨框 6. 压杆
7. 短木 8. 枕木 9. 盖板 10. 横木 11. 支架 12. 引流口

图 3–41　木榨名称指示图

木榨使用时，将酒糟混合液倒入层层叠放的榨框中，盖上盖板根据实际情况垫上合适数量的枕木，然后将压杆前端置于支架横木的凹槽中，压杆中部架在枕木上，后端压到合适的高度，将短木插入拉杆上的通孔中，保证短木正好压住压杆后端不松动。最后，将事先准备的条状石块叠放到加压架上，从酒糟中压榨出的酒液就会源源不断地从引流口流入下面的酒缸中。

木榨是使用杠杆原理，将枕木作为支点，压杆作为杠杆，支架横木和加压架分别作为阻力和动力来源，支架横木和加压架到枕木之间的距离分别构成阻力臂和动力臂。根据杠杆原理，在阻力臂和阻力不变的情况下，动力臂越长，所需动力就越小。古人很聪明，运用了这一原理，通过拉杆和加压架的联合构件，巧妙地将动力臂延长，使得压榨更加省力。由此分析可知，加压架除了提供动力来源的同时，还起到延长动力臂的作用，实在机巧。同时，榨框设计放置于支架旁边，将阻力臂减小到最小，也使得压榨更加轻松。

木榨用材，以樟木为佳，其次是檀木等硬木。这些木材的纹理呈长圆形圈状，一圈围着一圈，没有纵向直纹。在压榨施力时，不易断裂。木榨的设计，各个构件完全可以灵活拆分，便于闲时储藏，也便于清洗清洁，保持干净卫生。从结构原理分析，木榨和榨汁凳极为相似，只是木榨比榨汁凳要大得多，构件也更为复杂，可以说木榨是榨汁凳的升级版。传统的榨取类工具，还有油榨和糖榨，只是其结构原理与木榨不同。

木榨压榨黄酒的缺点是出酒效率低，现代的机械压榨采用螺旋压榨装置，出酒速度上要快很多；同时，木榨受到压力的限制，出酒率也低。但是，木榨的优点是其采用木质材料制成，利用的是酒液的压力作用自然析出酒液，对黄酒的品质没有造成影响。而现代机械压榨多用不锈钢等金属制成容器，螺旋压榨装置压力巨大，容易使得黄酒酒温升高，影响成品黄酒品质。

（四）煎壶

用木榨压榨得到的酒液还需经过高温煎煮灭菌，方可进行保存储藏。常用煎煮工具有煎壶，用纯锡制成。壶的中间有一Y形通道，增加了壶体的受热面积，起到节约燃料，加快煎煮速度的作用。酒精的沸点较低，易于蒸发，为了避免煎煮灭菌时，酒液的损失，在壶口会盖上一冷却器。冷却器，造型和普通壶盖很相似，只是

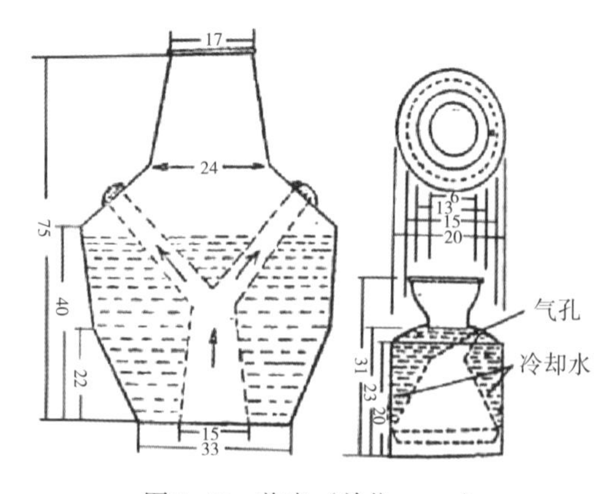

图3-42　煎壶（单位：mm）

内部有一锥形中空结构，中空部分与冷却器外壁构成环形空间，这个环形空间可装入冷却水，当酒液经高温蒸发上流到锥形空间时，遇到带有冷却水内壁的环形空间即会快速冷凝成水珠回落到壶中。锥形空间顶部有一小孔，酒液沸腾后一部分未来得及冷凝的气体会从此流出，并发出叫声，所以煎壶又称为叫壶。锥形空间的设计非常巧妙，上部倾斜、逐渐收口，可以延长酒液蒸汽在冷却器中停留的时间，也提高了冷却蒸汽的体量，减少了酒液的蒸发。

煎壶的设计，在满足煎煮灭菌这一最基本功能要求的同时，尽量追求燃料的节约、时间的快捷、酒液蒸发的减少这几个效果。这种设计比较成功，值得借鉴学习。当煎煮结束后，可用常规壶盖取替冷却器。

（五）蒸馏酒器

白酒（也称蒸馏酒或烧酒）的制作，前期工艺流程和黄酒等酿造酒比较相似，即原料粉碎、蒸煮、冷却、拌曲、糖化发酵等，后期工艺黄酒是通过压榨的方式将酒液从酒糟中挤压出来，而白酒是通过蒸馏的方式将酒精从酒液中蒸馏出来。为了提高白酒的酿酒产量，通常还需对酒糟进行反复蒸馏，蒸馏用到的工具即统称为蒸馏器。

明代李时珍的《本草纲目》有记载：“烧酒，非古法也，自元时始创。其法用浓酒和糟入甑，蒸令气上，用器承取滴露。”这里明确指出烧酒的制造工艺是高温蒸馏。元代无名氏所撰《居家必用事类全集》也对蒸馏器的使用记载如下：“南番烧酒法……装八分一甏，上斜放一空甏，二口相对，先于空甏边穴一窍，安以竹管作嘴，下再安一空甏，其口盛住上竹嘴子。向二甏口边以白磁碗碟片遮掩令密，或瓦片亦可。以纸筋捣石灰厚封四指，入新大缸内坐定。以纸灰实满，灰内埋烧熟硬木炭火二三斤许下于甏边，令甏内酒沸，其汗腾上空甏中。就空甏中竹管内却溜下所盛空甏内。其色甚白，与清水无异，酸者味辛，甜淡者味甘，可得三分之一好酒。此法腊煮等酒皆可烧。”日本学者菅间诚之助根据上文的记载，对蒸馏器进行了复原（见下图3-43）。

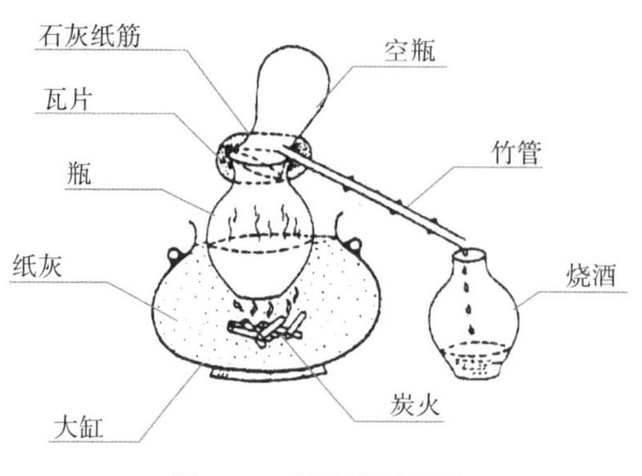

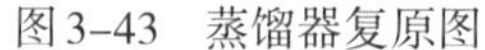
图3-43　蒸馏器复原图

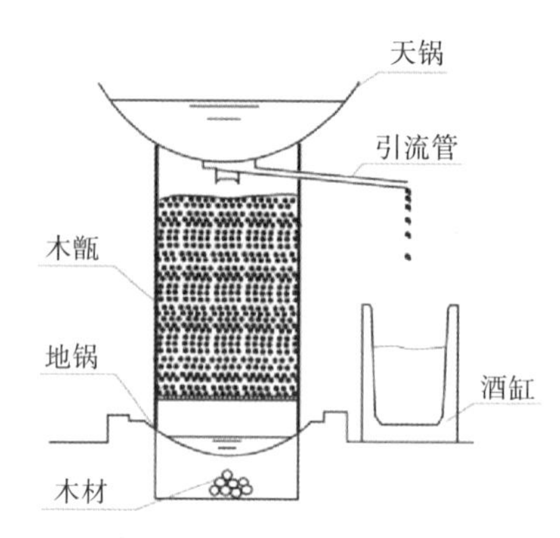

图3-44　天锅甑使用原理图

传统白酒酿造的蒸馏器，通常是天锅甑①，主要由天锅、甑、地锅、引流管等构件组成。天锅，形似普通大铁锅，里面装满冷却水，是蒸馏器的冷却装置。甑，即和上文提到的蒸饭甑一样，用于装填已发酵的酒糟。地锅，即普通铁锅，与灶台配合使用。引流管，是盛接冷凝液并导出的装置。

天锅甑使用时，要注意将糟子装填到甑中时，不能太满，要留有二三厘米的空间，便于蒸馏气体的上升。地锅下面生火加热，产生的热量透过木甑的箅子传入糟子，糟子受热蒸出的酒气顺着木甑上升，触及加有冷却水的天锅底部时快速冷凝成液滴，顺着圆滑的锅底流入引流管滴入甑外的酒缸。

天锅甑和煎壶冷却器的冷却原理是一样的，只是其结构和造型不同。天锅甑因天锅而得名，天锅弧形的底部利于液滴受重力作用顺着锅底流到锅底的正中间位置，再落入引流管，使用非常方便。许多农家直接用日常灶台所用大铁锅作为天锅，而木甑也可用蒸饭甑，只需在其上端开孔添加导流管。也就是说天锅甑大部分构件，都可和蒸煮环节所用工具通用，无需额外添置工具，大为降低了酿造成本。

二、农家制茶与农器设计

古代茶书体系中，明代茶书数量最多，说明茶叶生产在明代非常繁荣，成就极高。明代也是我国茶叶加工的重要变革时期，唐宋以来的团茶、饼茶等紧压茶的加工方式，被明代盛行的芽茶、叶茶等散茶的加工方式所取代。同时，饮茶方式也发生变化，唐煎宋点的饮用方式逐渐被明代冲泡法

① 彭明启．古代天锅甑的启迪[J]．酿酒，2005，32(4)：117—119.

所取代。①

明代茶叶加工工艺主要围绕两个目的进行，即干燥和定型，其主要工序包括杀青、揉捻、焙干等。明代茶叶加工技术变革，是从茶叶加工的首道工序杀青开始的，即从蒸青改为炒青。明代锅炒杀青技术的发展，使各种炒青绿茶名品大量涌现，如松萝、珠茶、龙井、瓜片、毛峰等相继出现。

炒青，其目的是除去茶叶鲜叶中的水分，避免茶叶腐烂。炒青时，将刚采的新鲜茶叶投入已加热至高温的茶锅中翻炒。茶锅，通常是铁制，与饭锅相似但无边。茶锅不能与日常炒菜做饭的锅混用，否则茶叶容易混杂异味，影响茶香。如果，铁锅长时期未用生锈，还需先铲除铁锈，用质量稍差的茶叶炒一遍，起到热锅的作用。现在茶叶加工中，会用茶油把炒锅擦亮，也是源于明代。炒青的关键点是既要达到杀青的目的，又要保持茶叶叶片的完整性。我国徽州地区，将专用的茶锅称为五桶锅，意为可以盛放五桶水容量的锅，与普通铁锅不同的是，圆形锅体的一端，伸出一段长方形，类似水壶的“流”，茶叶从长方形部分放入，而翻炒茶叶是在圆形锅身部分进行。②炒青时，通常投入茶叶量约一斤，用双手上下翻炒约五分钟，使茶软如棉，呈翠绿色为佳。而五桶锅有一段长方形的设计，可能是为了有效控制每次入锅炒青的数量，长方形所能容下的茶叶量约为一斤左右，即为单次锅炒最合适的体量。

揉捻，其目的是使茶叶定型，通常在竹编的揉帘或揉茶盘上操作。揉捻时，将炒青后的茶叶用双手紧握快速揉捻，为了防止揉捻后的茶叶结块，还需每隔几分钟将其翻斗一下。茶叶需经过反复揉捻，直至叶片成条后将其摊开置于通风处自然风干。风干的茶叶避免不了浸润空气中的水分，故还需下一道工序用火焙干。明代茶叶加工的各个环节，基本都是采用手工完成，很少使用机械工具的。尤其是揉捻工序，大多采用手揉，而在福建等地还有采用脚踩揉捻的方式，虽然脚踩都会穿上干净的新鞋或洗净双脚裸足踩揉，但总会有不卫生不洁净的感觉。因此，在20世纪30年代，又出现了木制茶叶揉捻机，主要构件有加压揉桶、揉盘、传

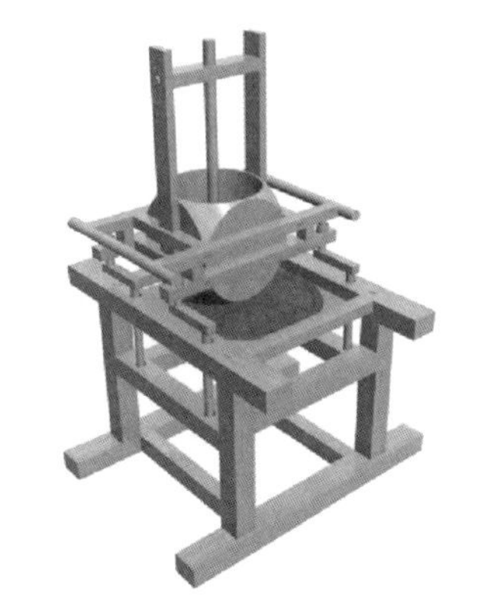
图3-45　揉捻机复原图

① 章传政.明代茶叶科技、贸易、文化研究[D].南京:南京农业大学,2007.
② 邹怡.明清以来徽州茶业及相关问题研究[D].上海:复旦大学历史地理研究中心,2006.

图3-46 揉捻机局部图

动机构、支架等。使用时，将茶叶分散在揉盘上，用揉桶压实，双手推着揉桶在揉盘上做圆周运动，茶叶则在揉盘中顺着揉盘上的射线状揉纹运动，同时受到挤压和揉搓，很快便会被揉搓成条索。

焙干，其目的和炒青一样，是去除茶叶中的水分，起到干燥茶叶，防止茶叶发霉变质的作用。但焙干和炒青所用工具有所不同，炒青是用茶锅，而焙干是用焙笼。焙笼和茶锅的使用方式还有区别，茶锅是置于灶台上加热，茶锅和灶台的位置关系较为固定；而焙笼的使用，首先是在地面挖坑生火或直接用火盆生火，然后将焙笼罩于其上，进行烘焙茶叶，焙笼与火源的位置相对松散，不固定。以中国农业博物馆藏贵州焙笼为例（参考图3-47），焙笼整体呈圆柱体状，扎腰，有三围，上下围大，腰围小，下围口径约43厘米左右，高约62厘米，最大直径约66厘米，盖直径约57厘米，内篾距口沿约6厘米。焙笼主要用竹篾编织而成，材料多为竹子，有的制作粗犷，用粗篾片编织而成；有的制作精细，用细篾条精心编织，甚者编有图案。用焙笼烘焙茶叶时，尤其要注意不能将新竹编制的焙笼直接用于焙烤茶叶，需事先烘焙去掉新竹竹气。否则，茶叶易于吸附竹气，影响茶叶品质。

图3-47 贵州焙笼

图3-48 焙笼焙烤图

三、农家汲水与农器设计

（一）桔槔

桔槔作为传统汲水器具，被广泛用于农家生活日用、农田生产灌溉。其大概创始于商代初期，在春秋时期已相当普遍地被人们使用。将一根横长杆架在一个竖立着的柱子上，就可以组成简单的桔槔。本书图3-49所示桔槔是对《天工开物》中所描述桔槔的复原。

桔槔由竹木加工制成，利用了杠杆原理来工作。以桔槔横杆架在立柱上的点为支点，前端挂桶提水，后端悬挂石头等重物。取水时，将悬挂水桶的一头往下拉，水桶沉入井中打水，而悬挂重物的另一端则翘起；取完水后，将水桶轻轻上提，由于前轻后重，水桶因此可以很轻易地就被提到地面。整个取水过程非常省力，取水下拉竹竿可以依靠人体自身的重量，取完上拉竹竿就是给后端重物一个加速度，因此与完全的人力取水相比，桔槔可以大大减轻劳动者的劳动强度，提高效率。

由于桔槔结构简单，实用性强，成为了古代主要的灌溉农器，被人们广泛使用了数千年，至今，某些农村仍然在用桔槔来取水。桔槔反映了古人对杠杆原理等机械原理的早期应用，并将这个原理继续延伸应用到后来的抛石机上的炮竿、弩机上的扳机等器具当中。

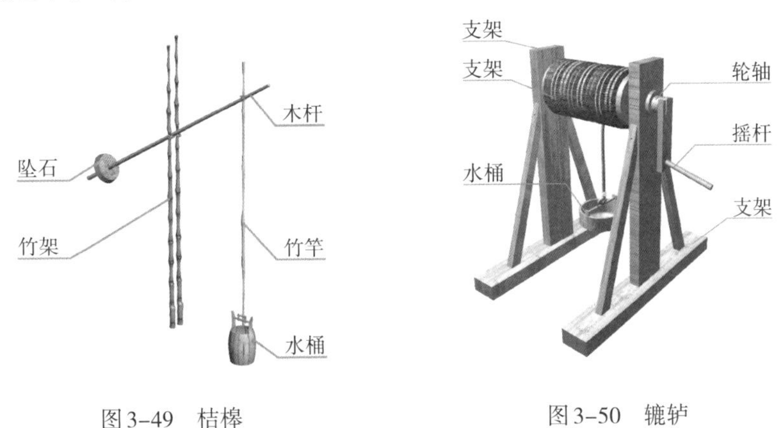

图3-49　桔槔　　图3-50　辘轳

（二）辘轳

辘轳源于周代，主要用于将物体从低处提升至高处，为起重器具之一。农业上用于汲水，工业中用于汲卤和提取矿石。本书图3-50所示辘轳，藏于甘肃省天水市南宅子民俗博物馆。主要结构为三角形木支架和木轮轴。支架高113厘米；外轮轴长54厘米，直径25厘米，内轮轴长77厘米，直径8厘米；L形摇杆分为34厘米长的摇臂和26厘米长的摇把。轮轴上缠绕绳索，下端绳索系吊笆斗或水桶，靠轮轴摇柄控制绳索上下，以达到汲取目的。

辘轳的选材以硬杂木为主，满足稳定性和牢固度的需求，并便于更换部件以增加其使用寿命。辘轳主要是依据杠杆原理设计而成，采用省力费距轮轴。辘轳的构造设计注重实用性。对称设置的三角支架具有较强稳定性；大小轮轴的套装便于顺畅旋转，满足杠杆（轮轴）原理的运动方式；摇杆由摇臂和摇把卯榫组合，延长了轮轴的动力臂，达到汲物时省力作用。辘轳的操持方式是通过手摇辘轳的摇杆，旋转的轮轴带动绳索上下而汲水。

辘轳的设计既省力又便于在深井汲水，提高了汲水效率，弥补了早期汲水工具桔槔的操作不便、占地面积大的功能缺陷。辘轳的出现反映出古人对轮轴原理的早期运用，蕴涵着对杠杆原理的变通性思考。[1] 辘轳的设计原理与现代工程提升和卷扬机械设计有着异曲同工之妙。

四、农家烹饪与农器设计

农家烹饪农器有多种多样，如锅、碗、碟、勺、漏勺、棕刷、砧板、刀、刀架、锅铲、饭甑、米桶、壶、米筛、蒸笼屉、糖盐罐等等。本节以明代铁锅为例加以论述。

釜，古代铁锅的称法，圆敞口，圆底，无足，斜弧腹，釜身或有对称两耳或无耳，固定于灶台上的釜无耳，移动使用的有双耳。釜是日常生活中用于煮、炖、煎、炒等必不可少的烹饪器具，在明代釜与锅基本统一，只是名称叫法不同。《天工开物·冶铸》载："大小无定式，常用者，径口二尺为率，厚约二分。小者径口半之，厚薄不减。"可知明代釜，常用形制口径约60厘米，厚约0.6厘米；小一点的形制口径约30厘米，厚度同样约0.6厘米。

釜的造型设计合理，如敞口造型，利于向釜内倾倒洗净的食材，也利于食物煮熟后用铲勺往盘、碗等器皿中盛放。敞口造型扩大了人的视野范围，以便于观察食物的生熟程度和调整灶膛中的火候。敞口的造型还与圆底、斜弧腹相关，圆形的釜底受热更加均匀，斜弧腹的釜身形态增加了釜的受热面积，还便于将食物摊的更开，食物容易熟，节约柴薪。同时，圆底弧腹造型降低了釜身的重心，使得釜能稳固地搁放。釜身两耳，便于操作时的把持，尤其是当釜身烧热时，两耳隔热操持时的作用更加明显。

釜的制造用料是生铁或废铸铁，故又称铁釜，制造工艺是模范铸造法。西周末年，铁作为造物用材已很常见，随着冶铸技术的进步和推广，到春秋

① 熊伟.浅析辘轳的设计及传承[J].陶瓷科学与艺术，2010(2)：23—25.

时期，铁被普遍应用到生产和生活的各个层面，而我国的铁制烹饪器具大约也在春秋晚期出现。生铁，又称铸铁，是一种含碳量在2%～4.3%的合金，同时还含有硅、锰、硫、磷等少量的元素，在冶炼工艺上生铁只能铸造不可锻造。根据碳存在形态的不同，生铁又分为炼钢生铁（其断面呈白色，又称白口铁）、铸造生铁（其断面呈灰色，又称灰口铁）和球墨铸铁，这几种生铁用途各异，其中白口铁是我国古代使用较早、较为普及的铸铁材质。从铸造角度而言，铁釜属于凹圆形铸件，铸造工艺流程大概可以分为制模、熔铁、浇铸。

根据《天工开物》所载，可将具体步骤分为：（1）塑模：制釜分内外模，内外模之间的空间结构即是釜的造型。先塑内模，待几日干燥之后，再根据要铸造的铁釜形状大小制造用于盖在内模范上的外层模。此道工序要求塑模工匠制作非常精细，哪怕模范只差一点点都不能使用。内模倒扣于平地上，外模盖其上，外模底部留有开孔，用于浇灌铁水，称为浇铸口。（2）捏炉：内外模制成并干燥后，用泥捏塑熔炉，炉内部像锅，圆底弧腹，用于盛生铁。熔炉的背部接通管道用于连接风箱通风，炉的前面捏一炉嘴用于流出铁水。（3）熔铁：将生铁放入熔炉，生铁量不宜过多。一炉生铁的量融化后的铁水可以铸造十口、二十口的铁釜。（4）浇铸：生铁经高温熔化后变成铁水，用垫泥的有柄铁勺从炉嘴接铁水。一勺的量大约可以浇铸一口铁釜，从外模的浇铸口处倒入铁水。不等铁水完全冷却，即打开外模，观察铁釜是否有开裂或未浇铸得到的地方，此时的釜身尚通红未变黑，如有浇铸不到的地方，还可补浇少许铁水，后用湿草片压平，不留补救的痕迹。用生铁首次铸釜，要修补的地方比较多，只有用废弃的破铁釜重新回炉融化铸釜，才没有隙漏。（5）试釜：釜制成后，用木棍轻轻敲击，如果声音像敲击木头一样，就是好釜；如果敲击声有杂音，则是由于铁质还不够纯熟的原因，这种釜使用中容易损坏。①

图3-51　明代苏州府造船厂铁釜

铁釜出现后，逐渐取代了青铜釜，基本形制固定后，一直沿用至今无大的改变，现在仍然是主要的烹饪器具。虽然近代出现了铝锅、不锈钢锅，但铁锅的市场

① 王琥；何晓佑，李立新，夏燕靖．中国传统器具设计研究：卷四[M]．南京：江苏美术出版社，2010：179—188.

占有率仍然较高。铸造技术的发展，使得造铁锅更加方便，这也是铁锅得以推广流传的主要原因。

图3-52　铁锅铸造图

釜还有一种形制较大者，俗称大铁锅，这种锅一般也都用于生产和生活。如寺庙用于给僧人煮饭熬粥的“千僧锅”，口径达一两米，深达约一米，可容水十多担，一次煮米上百斤，可供千人食用。古代军营用的铁锅形制也较大，一般用于煮饭熬粥的锅腹较深，而用于炒菜的锅腹浅，究其原因煮饭熬粥自米入锅后无需翻炒，而我国的烹饪习惯是炒菜要不断翻炒甚至需执锅耳颠炒，腹深不利于操持，也不利于翻炒。关于锅的深浅及在灶台上的安置，《天工开物·膏液》也有记载：“凡炒诸麻、菜子，宜铸平底锅，深止六寸者，投子仁于内，翻拌最勤。若釜底太深，翻拌疏慢，则火候交伤，减丧油质。炒锅亦斜安灶上，与蒸锅大异。”说明明代已有平底锅、炒锅，而且明确指出如果炒锅太深，不利于翻炒，火候不匀，则会损伤食材。还指出蒸锅是平置在灶台上的，而炒锅是斜安在灶上，这是与蒸、炒的烹饪方式有关。蒸锅上还要放置甑，故必须水平安置在灶上，否则甑会倾斜倒塌。而炒锅斜置可让锅的斜弧腹受热，增加受热面积，同时，锅斜置后，翻炒的麻子、菜子到锅的上沿后会自动回落，省时省力。用于生产的大铁锅主要有两种用途，一种是用于煮盐，又称为“牢盆”（此器在下文农家储物与农器设计一节中具体论述）；另一种是用于浸煮竹篾缆绳，又称为“铁浸釜”，是元明造船厂中必备用具。如明代苏州府造船厂的大铁锅，侈口，口径1.8米，高1米，现藏于江苏太仓人民公园内。[①] 明代航海业比较发达，当时航海船舶所用缆绳皆由竹篾制成，将竹篾盘置于铁釜中，以桐油浸煮，使桐油渗入缆绳，这样缆绳可经久耐用，不怕海水侵蚀。

从古至今作为烹饪用的锅，经历了从最初的鼎、鬲到釜、镬的发展，造型从方到圆，从深腹到浅腹，又或平底，都与其烹饪方式、饮食习惯相配套，烹饪用具最终的目的是让人吃到更加安全、可口的饭菜。新石器时期的鼎，有足有耳，作为烹饪器具，烧煮食物时直接在鼎的下方燃薪柴，足的作用就是支撑鼎身主体，留出放置薪柴的空间。器具鬲有袋状三足，其功能也是一样，不过鬲又比鼎更加先进，因鬲的三足为空心，加大了受热面积，但是其

① 王福谆.古代大铁锅和大铁缸[J].铸造设备研究，2007，10(5)：47—54.

缺点就是足中食物残渣难以刷洗。最初人们的烹饪要求不高，只要煮熟即可，所以早期的烹饪器具如鼎、鬲都只是用于蒸煮食物，而随着生产生活水平的提高，人们逐渐发现翻炒类的食物更加有味，更好食用，由此锅就产生了。铁锅与陶釜、陶鬲还不一样，其轻巧、导热快、光滑，使得高温快速爆、炒、煎、炸等烹饪方式成为可能，并快速推广。因此，我国独特的饮食文化和烹饪技术决定了铁锅的使用经久不衰。

作为烹饪器具，“锅”的名称最初是在唐代开始出现，沿至宋辽，“锅”就取代了之前的一系列烹饪器具的叫法，并且形制基本定型，一直沿用，但后世将釜和锅并用的情况也比较普遍，如《天工开物·膏液》中：“榨具已整理，则取诸麻、菜子入釜，文火慢炒……凡炒诸麻、菜子，宜铸平底锅……若釜底太深……炒锅亦斜安灶上，与蒸锅大异。”短短一段文字中“釜”和“锅”频繁切换使用。

五、农家焙烤与农器设计

（一）风箱

风箱，是为炉灶鼓风的器具。其主体部分由一个长方体的木质中空箱和一块可以前后推拉的木质活塞构成，它的作用是通过一个与炉灶底部相连的通风孔向炉灶内鼓入空气，为正在燃烧的燃料提供充足的氧气，以使燃料得以充分燃烧。明代，鼓风用风箱已由简单的木风箱改进为用活塞和活门装置的木风箱。以阜阳民间使用的木质活塞式风箱为例，通长44.2厘米，箱体长40.1厘米，宽15.7厘米，高23.4厘米，把手高14厘米，通风孔向外凸出4.5厘米，孔外端内径3厘米。

风箱外表为黑灰色，其形状呈长方体，长方体的前后两侧下方各设一个圆形活门，前立面的中间部分还有两个方孔，从中伸出木质拉杆，拉杆两端分别连接着活塞与把手。风箱的左侧面居中下方向外伸出一个梯形通风孔，用于连接炉灶通风鼓气。

该件活塞式风箱，可以认为是最早的较为成熟的单缸双动活塞空气泵形式，它是通过推拉杠杆对活塞施以动力，使活塞做前后双向运动，在活塞的运动过程中挤压风箱内的空气而产生气流，同时让气流从一个固定的通风孔进入炉灶，为炉内燃烧的燃料提供更多的氧气，从而达到让燃料充分燃烧的目的。本例风箱主要材料为木质板材，另外在活塞周围粘贴鸡毛，既能避免在拉动活塞时它与箱体木板直接摩擦，又能起到密封作用，还能起到一定的润滑作用，减少推拉时的阻力。连接活塞的拉杆在推拉时与圆孔周围的木板发生的摩擦较多，故选用硬度较高的木质，以延长拉杆的使用寿命。

阜阳风箱在设计上考虑到人在使用时的状态，既可以单臂操作，也可以双臂操作。手柄与连接活塞的拉杆成直角，手握部分呈圆形，都充分考虑到人在使用时的舒适度。推动活塞在箱体内产生气流的方式是一种既简单、省力又见功效的工作方式，至今仍被广泛使用于各种充气方式之中。

（二）水排

水排是古代以水力作为动力的冶铸鼓风装置。水排最初是靠人力驱动，故当时称为人排；也有依靠畜力驱动的，因畜力多选马驱动，故称为马排。直到东汉时改用水力鼓动，即水排。水排早期的鼓风器大都是皮囊，发展到后来更换成了排风扇。明代《农政全书》对水排的功用记载如下："造作水排，铸为农器，用力少而见功多，百姓便之。"还对其结构做了详细的介绍："其制当选湍流之侧，架木立轴，作二卧轮，用水激转下轮，则上轮所周弦索，通激轮前旋鼓掉枝，一例随转。其掉枝所贯行桄因而推挽卧轴左右攀耳以及排前直木，则排随来去，扇冶甚速，过于人力。"水排根据水轮放置方式的不同，分为立轮式和卧轮式两种，但其工作原理是相同的，都是通过轮轴、拉杆及绳索把圆周运动变成直线往复运动，以此达到收缩皮囊、起闭风扇和鼓风的目的。水轮转动一次，风扇或皮囊可以收缩或起闭多次，所以鼓风效能较高。

图3-53　水排复原模型

本书图3-53所示水排是河南博物院复原的水排，水轮直径约310厘米，皮囊厚度约70厘米。此水排动力装置采用立式水轮，鼓风装置则采用皮囊。该水排结构装置在当时来说应该是比较复杂和先进的，运用到了主动轮、从动轮、曲柄、连杆等构件，并且把水轮的圆周运动变为拉杆的直线往复运动。该水排以水力驱动，使皮囊连续收缩，不停地通过皮囊将空气送入冶铁炉中，铸造农器，省力且效率高。在当时来说，此装置是一个极其伟大的发明，其功大于弊，一定程度上，推动了农业、冶金业等行业的快速高效的发展，但该装置有某些不足之处：第一，它受地理条件和气候的影响很大，比如说要临近有一定激流的河，以保证有稳定的水源，且河水不能干涸；第二，对水轮运动的停与动，人们在当时还不能随心所欲地控制，但如果一刻不停地运作会加速该装置的损坏。

（三）火钳

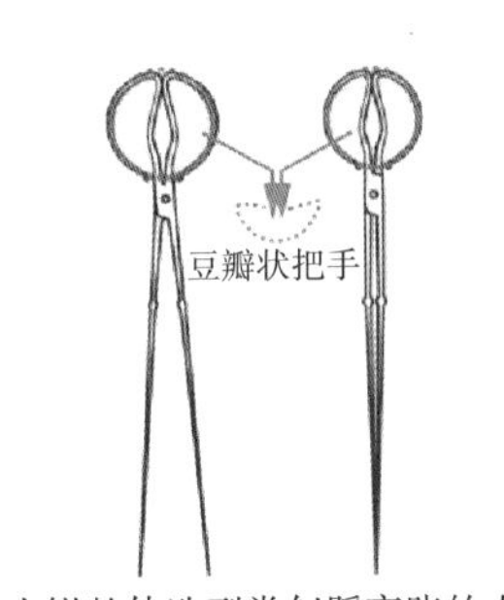

图3-54　火钳造型分析图

图3-55　火钳使用方式示意图

火钳是民间烧灶、打铁时添加木柴或煤炭的工具。火钳的前身是火筴，形似筷子，用来给风炉添加炭火。唐陆羽《茶经》有关于火筴的描述："火筴一名箸，若常用者，圆直一尺三寸，顶平截，无葱台勾锁之属。"本书图3-54所示火钳，收集于浙江杭州民间，长约55厘米，宽约12厘米。

火钳采用对称设计，由对称的两个构件组成，每个构件又可分为手柄、钳肩、钳臂，两个构件在钳肩处相互交叉嵌套活动连接。对称的设计，让使用者在使用火钳时，不分正反，随意拿放，非常方便。火钳和剪刀在外观造型、结构特征方面，有相似之处，都是乌黑的颜色，都有两个豆瓣形的把手，在中间部位固定连接，并可绕着该点灵活旋转。但由于火钳与剪刀在功能上的差别，前端设计有所不同，火钳的顶部被打造成薄薄的圆饼形，便于钳取各类东西。圆饼形增大了与煤炭等的接触面积，既加强了钳取的牢度，又不易损坏煤炭块。火钳的钳臂一般较长（如本书钳臂长约39.5厘米），这样在向火炉添加柴火或者煤炭时，手与火炉可保持一定的安全距离，避免烫伤。

火钳，在烧饼铺也可见其身影，用于从炉膛内壁夹取烘烤好的烧饼。只是其钳臂更长，顶部的圆形打造得更圆更薄。

六、农家储物与农器设计

关于烧造业涉及的储物农器，本节选取制盐中使用的牢盆、制陶瓷中使用的匣钵，以及冶铸中使用的坩埚三个案例加以论述。

（一）牢盆

粮食作物解决了人们的温饱问题，但人每天不仅要食五谷还得食盐，人体每天需摄入一定量的盐分。如果人体缺盐，轻则倦怠乏力，淡漠无神，起立时偶会眩晕；重则恶心呕吐甚至昏迷，血压下降。[①]盐，许慎《说文解字》中解释“天生曰卤，人生曰盐”，说明卤是天然的，盐是人工制成的。《天工开物》：“四海之中，五服而外，为蔬为谷，皆有寂灭之乡，而斥卤则巧生以待。”说明食盐的来源比粮食作物更广。根据产盐来源不同，可分为海盐、池盐、井盐、土盐、崖盐、砂石盐，以及东北地区产的树叶盐、西北地区产的光明盐等，其中海盐产量最高，占我国盐产总量的80%之多。制取海盐的方法，有借助人力也有利用日晒的。借用人力，尤以淋卤煎盐法使用最广，此法早在西周中晚期就已经出现，这种方法制盐得经过种盐、淋洗、煎炼等环节。煎炼盐用的锅，称为“牢盆”，早在汉代就已发明了煎盐的方法，如《平准书》载：“愿募民自给费，因官器作煮盐，官与牢盆。”

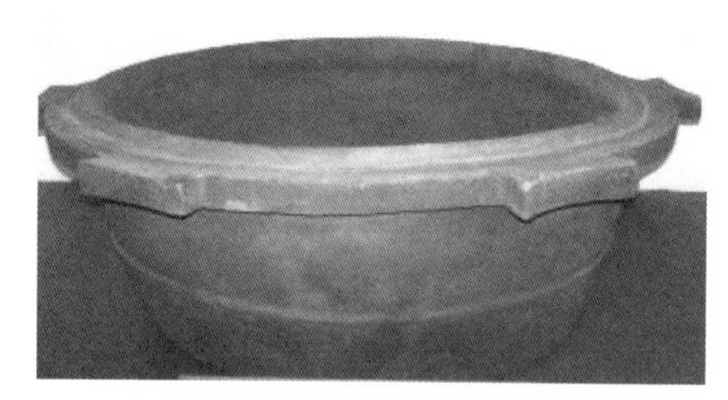
图3-56　牢盆

图3-57　切块盘铁

牢盆有两种形制，一种是铁制的，另一种是竹制的。铁制牢盆圆形，底平如盂，直径3米左右，盆沿高约6厘米。如此大的牢盆不易一次性整块制成，故先制得若干块薄铁片后再拼接而成，铁片之间以铁钉拴链接。具体铁片数量少则四块，多则几十块。铁片之间的缝隙，不需额外处理，一经上灶煮盐，卤汁中的盐凝结成盐结晶自然填满缝隙，永远不会发生隙漏。这些铁

① 宋健华.百味之将——食盐[J].食品与生活,2013(2).

片，俗称盘铁。盘铁大而笨重，有的达数百斤，运输非常不便。早在春秋时代，统治阶层就已将盐作为谋求暴利的工具，对制盐、贩盐进行管制，而在明代，政府颁布了“开中盐法”更加严格禁止私盐的生产和贩卖。平时盘铁被分散在不同盐户家中，只有政府号召盐户开始烧盐时，才凑齐所有盘铁统一举火煮盐，这有效控制了民间私盐的生产。因此，铁制牢盆由数块盘铁链接而非整块铁片铸造，一方面，与当时的冶炼条件有关，铸造小块铁片确实比一次性制成3米直径的大铁锅要容易得多；另一方面，也与当时政府推行盘铁分而储藏，控制民间私盐生产有关。竹制的牢盆，又称盐盆、篾盘，圆形，直径也达3米左右，深达30厘米左右。此类牢盆主要在浙江等南方沿海地区使用，用竹篾编成，盆的背面涂上掺有大量蜃壳的泥巴。一般，竹制的牢盆最多煎盐二十多次，就会损坏，但其制作成本相对盘铁牢盆更低，而且还可避免官府的管控。牢盆的使用，是放置在煮盐专用的灶台上焙烤，这种灶台少者七、八眼灶，多者十二、三眼灶，共同烧火。将已淋洗好的卤水倒入牢盆，盆下灶台点火煮沸卤水。在卤水凝结成结晶前，将皂角研磨成碎粒，与粟米糠混合，在卤水沸腾时投入其中搅拌，盐立刻就结成。皂角结盐，就像石膏点豆腐一样，同时皂角还可使盐更加洁白。关于牢盆煎盐的功效，明代陆容《菽园杂记》中载：“锅盘之中，又各不同，大盘八九尺，小者四五尺，俱用铁铸……然后装盛卤水，用火煎熬，一昼一夜可煎三干，大盘一干，可得盐二百斤以上。”

图3-58 聚团公煎

在牢盆的基础上，明代后期煎盐工具出现了“丿”，丿是小型的煎盐锅，形同铁锅，比锅略浅，又称锅丿，直径约1米，深约10厘米，丿的出现代替了笨重的盘铁牢盆，使得一家一户煮盐成为可能。锅丿的优点是质轻，操作方便，且省工省柴薪。

图3-59 锅丿

制盐业的发展，深入盐户生活方方面面，如盐户中流传的一些歇后语，卤缸里掺水——捣蛋（倒淡）；盐包掉河里——白送。还有以海盐生产工具、场地作为地区地名，如以海盐“场”命名的伍佑场（属盐城亭湖区）；以制盐用“灶”命名的头灶；以煮盐工具“丿”命名的潘丿镇（今属盐城大丰市）、曹丿镇（今属盐城东台市）等。江苏沿海地区，还把神话传说中的盐婆视为盐的发明人，每逢其生日（农历正月初六）进行祭祀。

（二）匣钵

随着烧制工艺的进步和对陶瓷器质量要求的提高，匣钵才得以出现。匣钵，又称匣子，是盛放陶坯、瓷坯等用以在窑中烧造的窑具，其作用是避免烟火、粉尘与坯体直接接触，防止对坯体产生破坏或污损，保持坯件洁净。匣钵形态多样，有筒形、漏斗形、碗形等，其是用耐高温、热稳定性好且有一定的导热性能的粗泥制成。

匣钵由匣壁和匣底组成，制作匣钵大致分为四个过程：（1）准备制作工具；（2）制作匣钵壁；（3）制作匣钵底部，并黏结匣壁和匣底；（4）焙烧匣钵。匣钵的制作工具和下文提到的“瓦筒”相似，一个可调节直径大小的圆竹筒。首先，制得竹片若干，在每个竹片厚度方向的上、中、下分别打三个孔，用绳索顺次穿过每个竹片将竹片相连，并在两头围成圆筒形，内侧用铁圈固定，瓦筒直径想要多大，这个铁圈就制多大直径，外部用绳索捆绑。匣壁的制作和瓦片制作前期过程相似。首先，选取合适匣泥，并加水搅拌成熟泥，制得泥坯。再次，用线弓切削得匣泥条，将其敷于圆竹筒外壁，并用铁片修整好筒壁和端部。放置晾干一段时间后，去掉竹筒内置铁圈，去除竹筒，修整匣钵内壁，再将其置于阴凉处晾干。匣底的制作，先取一个直径不小于匣壁外径的特征铁圈，将炼成的熟泥装填入圈，并压实，稍事晾干后去掉铁圈，匣底即制成。再将已制成的匣壁底部边缘蘸取足够匣泥浆，立于匣底上，继而修整好匣壁与匣底的黏结处。此时，匣钵泥坯已制成，只要将泥坯入窑焙烧后，即可得到匣钵。

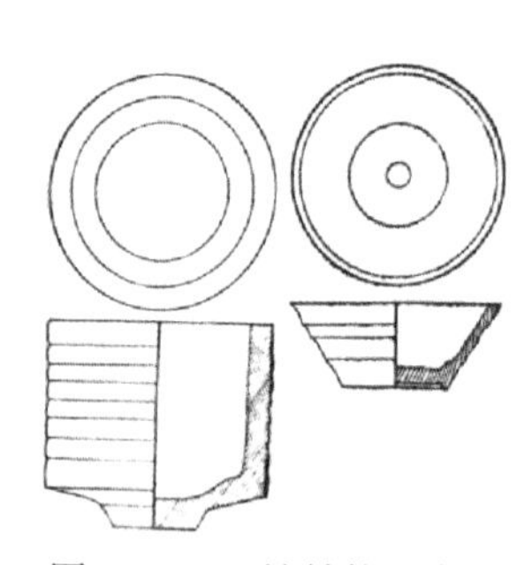

图3-60　匣钵结构示意图

图3-61　匣钵储物示意图

匣钵在使用中，瓷坯器型较大者，单独装入一个匣钵；器型较小者，可以十多个一起装入一个匣钵。瓷坯上釉后装匣更要注意，稍有不慎坯体就会变形。《天工开物·陶埏》载：“凡瓷器经画过釉之后，装入匣钵。（装时手拿微重，后日烧出，即成坳口，不复周正。）”瓷器装匣时，还会在匣钵中垫一块泥饼以托住瓷器，如果瓷器底部空者，会用细沙填实，这是为避免陶瓷器坯体与匣钵烧结在一起。匣钵质量好的，可以装坯烧窑十多次，质量差的烧一两次就坏了。

用匣钵烧瓷有几个优点，首先，刚制成的陶瓷器坯体质软，不可叠放，而匣钵质坚可层层叠放，增加了窑内陶瓷器坯的存放数量；其次，用匣钵将烟火粉尘隔离，可避免窑内燃烧杂质对瓷坯的污染损坏，保持器物的品质；再次，用匣钵隔离火源，使得匣内陶瓷器受热均匀，且使陶瓷器在焙烧或冷却过程中温差变化平稳，不至于因变化太快导致坯体开裂或变形。匣钵的使用和推广，为提高陶瓷器的品质，加大陶瓷器的产量起到了重要作用。

（三）坩埚

坩埚，又称熔化罐，整体呈圆筒形、平口、深腹、底部微收，用于盛放铜、银等金属，是进行高温加热融化金属的焙烧储物工具。《天工开物·冶铸》载：“罐长八寸，口径二寸五分。一罐约载铜、铅十斤。”即罐高约25厘米，口沿直径约8厘米，如此大小的坩埚一次可融化铜、铅十斤。图3-62所示江浙民间所用坩埚形制基本和明代相同，呈倒锥形，平口、深腹、尖底，总高约30厘米，开口直径约25厘米。

坩埚的特点耐高温、坚固、热膨胀系数小且在高温下不易发生化学反应。《天工开物·冶铸》载：“凡铸钱熔铜之罐，以绝细土末（打碎干土砖妙）和炭末为之。”这里的“罐”就是坩埚，制作的材料用非常细的土末（碾碎的干土砖最好）和炭粉混合制成，细土与炭粉的比例以7：3为宜。用炭灰调和的原因是其具有保温功能，与细土调配后易于熔铜等物。

图3-62 坩埚

坩埚的使用是放在一个泥制熔炉中，炉中放上煤炭包裹着坩埚，炉底背面接管连接风箱，点燃煤炭后，一人不停地拉风箱鼓风以供充足氧气，使煤炭充分燃烧。在坩埚中添加固体金属时当根据其容量加料，忌加得太满，以免金属发生热膨胀胀裂坩埚。当铜等金属融化成液体状时，一人用鹰嘴钳夹住坩埚口沿，将坩埚从炉中取出，另一人用铁钳托扶坩埚底部，将金属溶液倒

图3-63 坩埚浇灌方式示意图

入事先准备好的模范中。坩埚偏脆，加热后不可立刻置冷，以避免它因急剧冷却而破裂。倒完溶液后，可将坩埚置于泥制三脚架上自然冷却。

七、农家砖瓦与农器设计

陶器的使用可以追溯到七八千年前的新石器时代，“和土以为器”，这个“器”不仅包括日常使用的饮食器皿，还包括建筑用砖、瓦之器。陶器是人们利用水和火的协调配合作用，将黏土牢固结合烧制而成的。《孟子·告子下》载：“孟子曰：‘万室之国，一人陶，则可乎？’曰：‘不可，器不足用也。’”说明陶器深入生活的各个方面，如若有万户之地，仅一人专业制陶无法满足民间日用陶器的需求。泥瓮坚固，能够存放美酒保持清香。瓦器洁净，可以盛放肉酱以供祭祀。砖瓦盖房，可以遮风避雨。我国砖瓦烧造技术，至晚到宋代就已基本成熟，到明代，砖瓦烧造技术基本定型。

（一）制瓦

明代用瓦主要有民间和官家之分，民间用瓦是青砖瓦，瓦坯先是四片合在一起，再分成单片；官家用瓦是琉璃瓦，有板片形的，也有半圆筒形的，都是用圆竹筒或木块做模骨，逐片成型烧制的。民间用瓦大小向来并无定式，大者纵横可大八九寸，即25~30厘米，小者缩小十分之三，即7~9厘米。民间房屋在其关键位置所用的瓦片，还有特定称谓，如沟瓦、滴水瓦、云瓦、抱同瓦。房顶流水沟，必须用最大形制的瓦，即沟瓦，房顶必经长年累月雨水侵蚀，所有流经房顶的雨水汇聚于沟瓦一并流出，沟瓦所历雨水之量远超其他瓦片，滴水尚能穿石头，故流水用瓦必须采用形制最大、厚度最厚的瓦片。滴水瓦，是垂在房檐端上的瓦片。云瓦，是砌在房脊两边的瓦片。抱同瓦，是覆盖房脊的瓦。这些与普通瓦制作工艺有别，都需单独逐件制作瓦坯后再入窑烧制。

民间所用青瓦制作工艺流程主要有：选土、筛泥、炼泥、成型、切片、围模、脱模、晾干、焙烧、浇水、出窑、检验、成品。选土：造瓦所用黏土需选无沙黏土，通常掘地两尺多深可得。一般情况下，这种无沙黏土在方圆百里内就可以找到。适合炼泥造砖瓦的黏土，要求黏而不散，土质细而无沙为最好。筛泥：此步骤必不可少，通过筛选可得精细的泥料。炼泥：选一块平坦的场地，将黏土堆放成堆，瓦匠们光着脚一层一层地踩黏土，中间再加水调和，一直将泥全部踩完一遍，从下到上把泥翻过来再踩一遍，直到泥呈稠状才算好，这时的泥称为熟泥。也有赶几头牛在泥土上踩踏，直至踩熟的。成型：将熟泥堆成一定体积的长方体，即黏土墩。造砖时需事先准备好一定尺寸的木模子，将熟泥填满木模，用铁线弓做切削工具，削平泥料表面即得规整泥坯。切片：用铁线弓向黏土墩水平切割过去，切出一片黏土，像揭纸一样揭起泥片。围模：将揭得泥片围在圆桶模骨即瓦筒上，并将其首尾黏合牢固。这道工序较难操作，因切得的泥片像豆腐一样柔软，不易捧起且易破。脱模：待泥片稍干之后，抽走瓦筒，这称为脱模，瓦片自动裂成四片制得瓦坯。晾干：将裂得瓦坯放置于没有太阳直射的窑棚里自然阴干。焙烧：干燥之后的瓦坯，堆积在窑中，点火烧柴。或一昼夜或两昼夜，具体焙烧多久根据窑中瓦坯数量多少而定。浇水：待窑中停火时，在窑顶上浇水给窑内降温，将窑内温度降至600摄氏度以下，防止瓦坯中的铁元素二次氧化。出窑、检验：窑内渐渐冷却之后，即可将烧成的瓦片逐件取出。

官家用瓦，以皇家宫殿所用之琉璃瓦最为典型，琉璃瓦是涂上釉料烧制的瓦。琉璃，源于《汉书》，即流光陆离之意。琉璃瓦釉色有绿、蓝、金黄等，堂皇瑰丽，历久如新，是我国特有的一种建筑材料。造琉璃瓦所用黏土是从太平府（今安徽当涂县）船运送达北京。制瓦坯也是单独逐片制成，而不同于普通青瓦由四片裂开而成。其坯、釉在明代多是分两次烧成，分别在上色前后各焙烧一次。用于烧制琉璃瓦的窑，称为琉璃窑，每烧制一百片瓦片，需燃柴薪五千斤。首次焙烧而得的瓦片在冷却之后，取出来挂色，以含二氧化锰、氧化钴的有色矿土、棕榈毛等煎汁涂染在瓦片表面得到绿色瓦，以黛赭石、松香、蒲草等涂在瓦片表面得到黄色瓦。再分别把挂色后的瓦装入另外的窑内烧制，这次焙烧柴薪要减少，以文火烧窑，制得具有绿色、黄色等美丽色彩的琉璃瓦。

（二）瓦筒

瓦筒是一种木质模具，是制作瓦坯的主要工具。以河南省洛阳市民俗博物馆藏瓦筒为例（见图谱编号358），总高约37厘米，直径约17厘米，桶身高约25厘米。瓦筒的主要构件是一个圆柱形竹筒、两个手柄，手柄用以转动瓦筒。圆柱形竹筒外围设有四条竖立的等分的外凸竹条，用以分割瓦片，这样一个瓦筒就可以制得四片瓦。瓦筒的使用方式，是将揭得的泥片紧密围着瓦筒一圈，左手按住瓦筒的柄，右手用弧面瓦刀将盘上的泥片摁实推匀，再沾水光面。接着，将瓦刀放瓦筒上旋转一圈，切去多余的泥，瓦泥变成了一个围绕瓦筒的圆形泥筒。将瓦筒及上面的泥筒一起拎放到平地上稍事晾干，取出活动的瓦筒，把瓦坯排放在窑棚里。待瓦坯自然风干得差不多时，双手抄起瓦坯，轻轻一拍，瓦坯就从等分的四处裂开，得到四块瓦片。拍瓦也是技术活，因瓦筒外侧有四根竹条，故泥筒内侧会有四条线，这即是四个瓦片的分割线，从泥筒外侧双手均匀用力轻拍泥筒，泥筒就会顺着这四条线裂开。力度的把握尤为重要，用力小，拍不开泥筒；用力大，拍碎泥筒。拍得一片片瓦片堆放起来，待干透后，就可以入窑烧制。把瓦坯掰开分成四块的过程，叫“拍瓦筒”，民间有个歌谣“一掌拍，四分开，进龙门，考秀才”，即是指这个过程。“瓦解”一词也是源自对“拍瓦筒”这一过程的描述。

图3-64　瓦筒复原图

图3-65　造瓦坯图

（三）制砖

明代制砖，用于民房遮风雨及城墙做防御，砖的种类有眠砖、侧砖（即空心砖）、方墁砖、楻板砖、刀砖（鞠砖）。眠砖是长方形，实心，此砖制造原料多，成本高，故常用于政府垒砌城墙或建造富家民居的墙壁，一砖接一砖一直砌上去。经济实力稍微一般的农民建房，则是在一层眠砖上面砌两行侧砖，中间用泥土瓦砾之类填实，如此反复交替，达到节约砖料的目的。方墁砖是铺地面的砖，相当于如今的地板砖。由于方墁砖是供人踩踏的地面砖，故其更需结实耐用，因此在制造的过程中比其他砖多了一道工序，即把熟泥盛放入木质方框后，泥上还需盖以平板，两人在上面踩踏捻转，把泥压实，然后烧成的砖密度更大，更耐踩。故同等的泥料制得的方墁砖数量要明显少于墙砖。楻板砖，是屋椽上用于承瓦的砖。刀砖，又称为鞠砖，是用于砌小拱桥、拱门或墓穴的砖。刀砖与其他砖的制造工艺基本相同，但是其使用时是要削窄一边，这样才利于砖与砖之间的紧密排列，方便砌成圆拱形，车马等碾压也不会致其坍塌。不同种类砖的用料多少、工艺繁简决定了其不同的价格，最贵的是方墁砖，价格是墙砖的十倍；最便宜的是楻板砖，价格是墙砖的十分之一；刀砖居中等，价格比墙砖稍微贵一点。官家尤其是皇室用砖最初有副砖、券砖、平身砖、望板砖、斧刃砖、方砖等，后减少了一半，这些砖的造价均高于普通民间用砖。如细料方砖，是用于皇室铺地的“金砖”，又名澄浆砖，青色，北京故宫太和殿、定陵前殿和中殿的地面就用此类砖垒砌。烧制此砖通常先需柴薪焙烧一百来天，后再用桐油浸泡。其优点确实比较显著即耐磨且光滑，但仅一百多天的焙烧已决定了其造价太高，非普通百姓所能用得起。

制砖的工艺和瓦基本相同，选土、炼泥基本一致，成型工艺略有不同，造瓦直接将泥堆成土墩，而造砖事先要准备好一定尺寸的木框模，后将熟泥填进木框中，再用铁线弓修整泥面，脱模就得到了砖坯。砖坯得到后，即可装窑焙烧。焙烧时，如果火候少一成，砖就没有光泽。火候少三成，就烧成嫩火砖，出现原坯土的颜色，日后一旦经历风霜雨雪，就立即松散，变回泥土。如果火候多一成，砖面就会有裂缝。多三成，砖型就会收缩、破裂，弯曲不直，一敲就碎，犹如一堆烂铁，不能用于砌墙。由此可见，砖瓦的烧制，是一门用“火”的艺术，如何把握焙烧火候尤为重要，古人尚未发明各种测温仪器，只能凭经验控制火候，这时窑的设计建造是否合理耐用，直接影响砖瓦焙烧的品质和效能。

（四）铁线弓

铁线弓，用铁线作弓弦，绷在一根弹性的木棍或竹条上，线上留出一定的空隙，线长设置一定尺寸。铁线和木棍或竹片之间的厚度，基本决定了瓦或砖的厚度。《天工开物·陶埏》载“线上空三分”，即说明一般瓦片的厚度在1厘米左右。铁线弓与木作业中的弓形锯造型比较相似，但是工作原理不同，弓形锯弓弦有锯齿，通过来回推拉，利用弓弦上的锯齿与木料产生的摩擦力以解木；铁线弓以铁线做弓弦，弦上无锯齿，弓形木棍通过弹性拉紧铁线，铁线似一把锋利的刀削向黏土。

《天工开物·陶埏》中载有切削瓦坯和砖坯的铁线弓的插图，制瓦坯的铁线弓弓背呈“工”字形，铁线系于“工”字直木两端，弓弦的调节相对生硬，缺少弹性且易松弛。制砖坯的铁线弓弓背呈“弓”形，用弯木或竹条的两端把铁线固定连接，靠材料受力后的弹性势能来拉直、拉紧铁线，弓弦的固定是一种弹性调节，以使铁线弦绷得更紧、更牢固。铁线弓削泥制砖瓦应具备以下几个条件：首先，足够长的铁线，其长度不仅要超过砖瓦的宽度，还要留有足够的操作空间。明代用瓦无定式，大的纵横八九寸，铁线长度至少需

35~40厘米。其次，铁线具备一定的硬度，这是通过控制铁线的粗细来达到，即铁线不能太细。制砖瓦的熟泥成型之后犹如出水的豆腐块，方正且柔软，故只需铁线推切即可成条成块，这也是铁线弓的铁线无需开齿的原因。

（五）砖模

制砖用的木框模具，与造瓦用的瓦筒功能相似，都属模范。瓦筒由竹材或木料制造皆可，而竹料弧面较多，不利于修整成横平竖直的大块面，故砖模框一般用木制。砖模框与泥水接触较多，用木讲究，常选质韧、遇水不易变形变质的杉木为材。

砖模整体呈“井”字长方形，外部略显粗糙，但其内部绝对平整光顺，这点恰恰与明式家具相反，究其主要原因是模范的内表面搭建的空间是其主要功能区域，而家具的外表面是主要功能面。这充分体现了传统“物以致用”的思想，只有产生功能的结构或面才具备装饰的价值，当然这个功能既包括实用也包括审美功能。砖模分为上下两个可以分离的框体，上下框体大小形制相同，可以上下位置互换，框体之间通过框体外侧倾斜的木条咬合固定；而每个框体又可通过卡档及合页等连接，可开可合。框体的内框长宽高尺寸，就是制得砖的整体尺寸。砖模在使用时，需做好前期准备工作，选一块平整木板，在此木板上撒一层细沙，以防止熟泥与木板黏结难以脱模。操作中，将上下框体固定放置在撒过细沙的木板上，然后向框体内填满熟泥，并压实，通常所填泥料要高出框体上沿少许，以供线弓刮平修整。再用线弓沿上下框体结合处切入泥坯，将泥坯切成上下两块，后脱模即得砖坯。

（六）窑

明代烧砖用窑根据燃料的不同，可分为柴薪窑和煤炭窑。用柴薪烧出的砖呈青灰色，用煤烧出的砖呈浅白色。柴薪窑外形呈蒙古包状，封顶，窑体下方设有一开口，用以装填砖坯添加柴薪，窑顶上偏侧凿有三个孔，用于排烟。当柴火添加完毕，窑内火候差不多时，就用泥封住三个孔，然后再往窑顶浇水降低窑内温度。为使窑顶浇的水不至于全部顺势流到地面，在窑顶开一平田，四周稍高一点以蓄水。每烧三千斤砖瓦要浇水四十担。窑顶的平田相当于蓄水池，水从窑顶的土层逐渐渗透到窑内，与窑内的火气相互作用，借助水火的结合，烧制成的砖瓦更加坚固耐用。柴薪窑的焙烧特点是需人工不断添加柴薪，直至火候足矣。

柴薪窑青砖的烧制大概可分三个步骤，首先是焙烧，窑温需达到1000摄氏度到1300摄氏度，由于明代还未发明测温的温度计，故火候的把握，全凭工匠经验的控制。其次是捻烟，焙烧完毕火候纯熟后停止添薪，用泥塞住窑顶偏侧的三个出烟孔。窑内由氧化转入为还原，窑温降至900摄氏度时，高价氧化铁（三氧化二铁，红色）被还原为低价氧化铁（一氧化铁，青色），当继续冷却至700摄氏度以下时，煤气析出炭黑，渗入坯体，这即是捻烟。再次是饮窑，即窑顶浇水转锈。使窑内温度快速下降至600摄氏度以下，以防止低价氧化铁（一氧化铁，青色）被二次氧化，影响砖坯品质。①

煤炭窑比柴薪窑深一倍，顶上圆拱逐渐收缩，外形呈圆锥状，不封顶。窑内所放煤饼一尺五寸左右，每放一层煤饼，就放一层砖坯，底层垫芦苇或柴草以便点火烧窑。煤炭窑自首次点燃发火物料芦苇或柴草后，焙烧过程中无需添加煤炭，更加省事。

第三节　明代髹造业与农器设计

一、漆农种植与农器设计

漆树是一种经济价值很高的经济树种，属于落叶乔木，叶子呈椭圆形。五六月份开花，果实小而扁圆，一般成熟是在十月至十一月间，成穗状垂露于枝梢腋间，表面呈淡黄色，其种子的表层有蜡质，并有薄膜裹外。漆树产品有生漆（俗称大漆、国漆、天然漆等）、漆蜡和漆油，其中，生漆是最主要的产品。生漆是制造漆器的主要原材料，用其髹涂日用器皿、家具和工具等，可保护器物使其耐用持久。

漆树多分布于山区，树干高可达十多米。漆树有野生和家种两种，一般野生的漆树称为大木漆，家种的漆树称为小木漆。漆树的种植，可采用播种、根插或萌芽更新等方式。如果栽培正确，一般六七年即可割漆。播种，主要采用点播，先用手铲在山坡泥土上挖洞，再将种子播入。根插，通常选择生长旺盛未割过漆的壮龄植株作为采根母树，截取长约20厘米、粗约1厘米的

---

① 杨维增.天工开物新注研究[M].南昌:江西科学技术出版社,1987:153.

漆树树根。可以边挖根边插根造漆林，也可在冬季挖根进行沙藏，等来年春天再插根。

漆树是喜光植物，根系树冠发达，栽种不宜过密，一般以五米左右行距为佳，以利于通风采光。漆树一旦成林，里面少有其他耕种，故一年半载后即会变得荆棘密布。生漆采割季节到来前，漆农都需事先砍伐掉一些杂草荆棘，整理出漆树林的道路，并将漆树周围修整光溜，便于生漆采割时漆农上树、采割、收漆、伸展等活动，这又称为修漆路。

根据漆树树龄的不同，对其栽培各有侧重。漆树幼龄阶段，每年需及时中耕除草、施肥、抹芽。漆树壮龄开割后，还要松土施肥。漆树进入衰老期，产量锐减时，要及时更新。可以将漆树主干平地砍去，使其从伐桩上再萌发新株；也可以将伐桩挖掉，让地下侧根萌芽新株。①

二、漆农采割与农器设计

漆液是漆树上的一种分泌物，是其树皮经人为割开，从韧皮部流出的一种黏稠液体。②从漆树上割下来的漆液，开始是乳白色，经过一段时间的放置之后颜色逐渐变为棕红色，最终变成黑色。漆液在一定的分泌间隙中蓄积着，这种分泌间隙，通常称为漆汁道。割漆，实际就是割破漆汁道。树干直径越大，树皮越厚，漆汁道的总断面积也就越大。因此，树干越粗，漆液储量就越大。③割漆，一般用斧头或漆刀割开树皮达到木质层，形成一条斜刀口，使得汁液逐渐流出，用树叶、竹筒或蚌壳等插在刀口下方，盛接留下的漆液，再收集到木桶内，并用油纸紧贴漆面密封。从漆树的种植到漆液的采割，再到生漆的炼制都非常辛苦。因为产量低，所以生漆很珍贵，俗话说“百里千刀一两漆”。

从象形文字“桼”来判断，割漆技术远在文字出现前就已经产生；从出土的漆器实物来看，生漆的采割活动也在河姆渡文化时代之前就已经发生。④随着人类认知水平的提高，生产技术的发展，人们对漆树采割的树龄、季节、时间、割口等多方面要求有了清晰的认识。

---

① 疏兆华.漆树栽培与割漆[J].安徽林业.1998:23.

② 冯茂辉.温州漆器装饰艺术研究[D].乌鲁木齐:新疆师范大学,2011.

③ 乔十光.漆艺[M].杭州:中国美术学院出版社,2004.

④ 张飞龙,张华.中国古代生漆采割与治漆技术[J].中国生漆,2011,30(2):32—43.

（一）采割前的准备

漆农上山割漆，一般会穿专门的漆服，时间长了漆服上被生漆浸染，斑驳一片。一般人会对生漆过敏，而有经验的漆农在采割生漆前会生吞一口生漆，以减少过敏反应，他们说："吃了生漆自己就变成了漆树，不再过敏。"具体这种说法是否有科学依据，不得而知。但《本草纲目》中记载："弘景曰：'生漆毒烈，人以鸡子和服之去虫，犹自啮肠胃也。畏漆人乃致死者。'"

图3-66　绑墩子

图3-67　踩墩割漆

因成年漆树较高，树干高者达十多米，割漆前，还需要在漆树上绑一些墩子以供踩踏上树。方法是用竹篾条将短木棍扎捆在树干上，当季生漆采割结束也不用去解开，来年开春漆树生长，自动会将篾条崩断。这种墩子，又称漆道子，指攀爬漆树的道路。割漆时，用脚先踩稳墩子，稳定好自身，然后再下刀。也有的地方是用漆钉钉入漆树，作为攀爬漆树的梯子。漆钉一般是以栗树等硬木为材，将其锯成九、十厘米的小木料，用斧头砍成小块后，再砍成厚约四五厘米的木钉，通常这个过程称为剁木钉。剁木钉是慢工活，熟练的漆农一天最多也只能制得七八十颗而已，通常一次需要的木钉有三四百颗。木钉砍剁成后，还得经火烤烘干去掉水分，如此得到的木钉坚硬如铁，才能承载人体踩踏上的重量。所有木钉准备好，漆农就要上山开山打木钉。一般打钉前，漆农先要抬腿左右上下比画，寻找舒服的位置下钉，找到合适位置，立刻举斧敲钉入树。敲好一颗钉后，立马伸脚踩踏上去，再找下一颗钉的位置，钉好后，另一只脚再踩踏过去，如此反复。根据漆树树干高低不同，打漆钉的数量有多有少，多者一棵树有五六颗漆钉。

（二）砍割

漆农采割的工具，最初是尖锐石器或骨器，用其划开或割破树皮，漆液流出用树叶、蚌壳等盛器盛接。关于漆农采割古代有文献记载，如晋代崔豹所撰《古今注·草木第六》记载有："漆树，以刚斧斫其皮，开以竹管承之，汁滴管中，既成漆也。"这里描述的采割方式以及所用钢斧、竹管等漆农采割工具，直到近现代在我国部分地区仍然可见，由此推断明代漆农采割漆液时，也会用到此些工具。关于砍削树皮的工具，宋代罗愿《尔雅翼》载："六七月间以斧斫其皮，开以竹管承之汁滴，则为漆。"这里也提到了砍斫树皮的工具是斧。漆液的采割技术，明代徐光启《农政全书》也有载："取用者，以竹筒钉入木中取汁，或以钢斧斫其皮开，以竹管承之，滴汁则为漆也。"说明明代采割的方式有两种，一种是直接将竹筒钉入漆树树干，漆液流入筒内；另一种是用钢斧砍削开树皮，将竹管插入其下，以盛接漆液。两种方式用到的采割工具有竹筒、钢斧、竹管。目前，关于明代采割生漆的工具只见文献记载，暂未发现实物留存，但据近现代采割技术及工具来看，当与之相差不大。

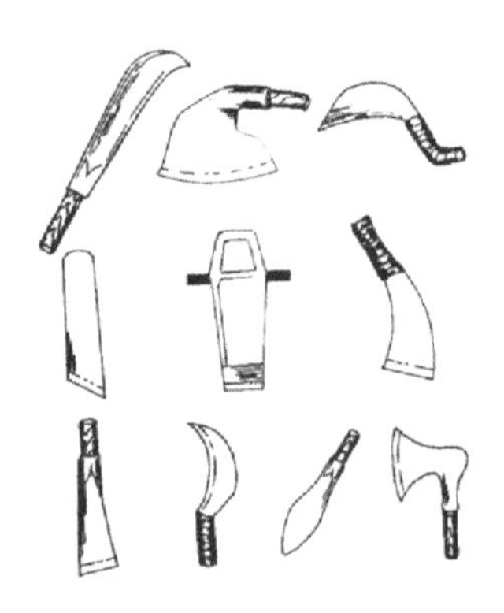
图3-68　多种形制割漆刀

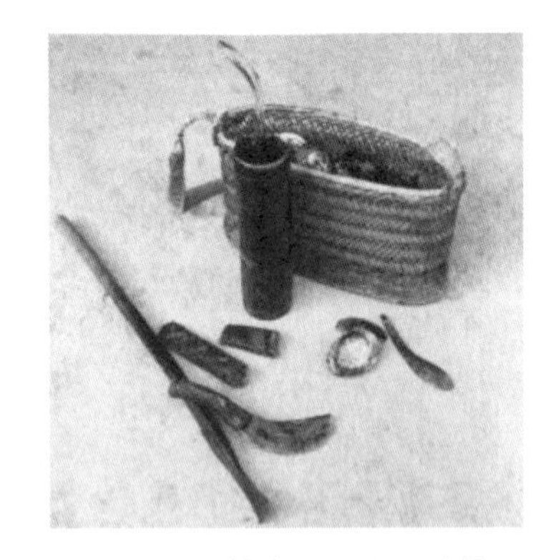
图3-69　割漆工具及工具篮

通常上山割漆时，漆农会背着背篓，里面放着斧或漆刀、竹管或蚌壳、竹筒等工具。漆树砍割时，一般每颗漆树漆农都会光顾两次，割口由左右两道割线组成，先从左边顺着漆汁道向右边砍割，然后再从右边向左边砍割。漆农砍斫树皮时，站在墩子或漆钉上，左手扶树，右手举斧，迅速向漆树砍割下去，下斧时要先上后下，先左后右，均匀用力。斧头刃口要锐利且耐用，下斧要准确到位，干净利落，割口齐整，不补砍，不回砍，斧取皮掉。再急忙从背篓里取出竹筒、蚌壳或树叶，插入割口下方事先砍削好的漆树皮中，这个操作过程动作要快，因为一旦割开漆树皮，漆液会慢慢流出。

（三）收漆

盛接割口流出的漆液盛器，又叫接漆器，有树叶、竹管、蚌壳等。收漆时，要用刮刀刮净漆液到随身携带的竹筒内。

1. 树叶

一般用金刚刺等树的叶子制作盛器，制作盛器的叶子一般要求具备一定的韧性，可折叠成漏斗形，且厚度要适中，太薄的树叶插进漆树皮立不起来。树叶插入漆树皮前，要经过两次对折，形成封闭的漏斗形。用树叶制成的盛器优点是取材方便，无经济成本；缺点是在刮叶子中的漆液到漆筒时会损伤树叶，因此只能使用一次。

2. 蚌壳

蚌壳，又称为“茧子”，一套蚌壳可循环使用，使用长久者可以用几十年，故蚌壳盛接漆液更加耐久，且成本低廉。一般漆农上山采割，会预备约300个蚌壳。蚌壳在使用前，要先用盐水煮泡，然后再用桐油或菜籽油等稍煮，以增加蚌壳的韧度和强度。蚌壳接漆，也有个缺点就是底部低洼，不便刮尽漆液，且蚌壳在北方各省不易筹集。[①]至于竹筒或竹管接漆，早在晋代崔豹所撰《古今注・草木第六》就有记载：“漆树……以竹管承之，汁滴管中，既成漆也。”再到明代徐光启《农政全书》也有载：“取用者……以竹管承之，滴汁则为漆也。”说明竹材经过简单加工后，可能是明代最为普遍的盛接漆液的工具。

图3-70　插“茧”收漆

图3-71　刮漆入筒

① 路甬祥；乔十光.中国传统工艺全集：漆艺[M].郑州：大象出版社，2005：46.

3. 刮刀

刮刀，也称刮片，是收漆时刮净竹管或蚌壳内漆液的工具。一般长约20厘米，宽约3厘米，可用梨树皮或杉树皮压平后裁制，并将一端削成刀口，使其与竹管或蚌壳等接漆器更加贴合，以便刮净漆液。①

收漆时，漆农要攀爬漆树，挨个摘下竹管或蚌壳倒入竹筒，但是为了防止漆液受杂质污染，一般会从下往上收竹筒或蚌壳，这和割漆时从上往下正好相反。人在树上，背篓挂腰间，一手拿着竹筒，同一只手还要拿着接漆器，另外一只手拿刮片将壳中漆液快速刮入筒中，然后将蚌壳扔进背篓。一个漆农忙活一上午，插出去几百个接漆器，大概只能收取五六两生漆，采割生漆费时费力，又脏又累，且上树充满危险，也只有成年男子才能胜任。

（四）储藏漆液

漆液采割后，需集中储藏在木桶或瓮中，桶和瓮的盖子需盖牢固，漆面还需以质地坚密的纸（皮纸）紧贴封严，以防与空气接触漆液固化。因为生漆与空气接触，就会发生氧化，表面变赭色，并渐渐变黑，最后漆液表面会干固硬化，无法使用。直到近现代，许多漆店仍用桶或瓮来藏漆。

三、漆液熬制与农器设计

漆树上采割下来的生漆，还需要加工精炼才可用于髹涂。明黄大成《髹饰录》载："水积，即湿漆。生漆有稠、淳之二等，熟漆有揩光、浓、淡、明膏、光明、黄明之六制。其质兮坎，其力负舟。"明代将生漆和熟漆统称为湿漆，而没有经暴晒或煎熬等工序精炼过的漆又称为生漆，经过炼制后的漆称为熟漆。熟漆分揩光、浓、淡、明膏、光明、黄明六种。生漆的炼制主要分为两个阶段，即净化和炼制，炼制可以是暴晒或煎熬两种方式。

生漆净化又称为滤漆，就是过滤去除刚采割下的生漆中的杂质，为炼制工序做好准备。净化方式主要是"棉滤"，将白棉布先用清水浸湿，摊开放在大碗上，再将生漆倾倒其上，然后将漆液裹好，不得使漆液旁漏。两人配合操作，用两根细木棍分别裹住白布两端边缘，收拢后将布绞紧，在绞的过程中注意将布绷紧，生漆液受挤压而自动滤出，此时白布外会有滤出的漆，另一人用刮刀将生漆刮尽。然后打开白布，再倒入生漆液，反复多次绞滤，原

① 魏朔南.生漆采割技术讲座（Ⅱ）[J].中国生漆，2001(2):46—48.

生漆中的树皮、树叶等杂质即被裹在白布里，生漆净化工序即可完成。也有用白布做成袋子，将生漆倒入布袋，悬于梁上任其自流，或借用竹片将袋中漆液边压边刮出来，或将布袋两头拧紧，旋挤生漆慢慢滤出。

以上净化方式是纯手工，明代还有一种叫“滤车”的工具，专用于生漆净化。《髹饰录》载：“泉涌，即滤车并㯶。高原混混，回流涓涓。”滤漆时，其状如泉水咕咕流出，转动旋轴，漆液流出布面，故曰回流。这里的滤车，又称为绞漆架。关于其造型、尺寸等，清代祝凤喈《与古斋琴谱·材制发微》有载：“用硬木为之。座板厚二寸，阔八寸，长一尺六寸。两头离二寸，各竖扁柱一，厚一寸余，阔六寸，高一尺。柱头离一寸，各开圆孔，径大五六分。另用好麻制绳二，各长一尺，粗如中指。绳头交并，圈转如环，扎紧不脱。将绳圈入柱孔内各半，外另以硬木棍，长一尺，粗如大指者一对，各入柱孔外之绳圈。柱孔内之绳圈，以夏布裹漆，其布头再复缠入绳圈内，即以木棍转旋，逐渐而紧绞之，其漆流出矣。须二人各理一头为便。先是用夏布长二尺阔尺余者，清水浸湿，展放大碗面上，再以漆倾盛布内，然后裹之，使漆不旁泄。裹布两头，各上架柱绳圈。二人随手以棍转旋，渐渐绞紧。其漆滤下，初次用粗夏布先绞去渣，二次用细夏布，加铺薄棉，或铺丝绵，再绞，则漆清净。退光之漆，尤宜绞滤数次，则洁而无蓓蕾细粒之痕。”并附有插图，从其文字及图片资料来看，其造型、结构、尺寸等和目前所用绞漆架（也称滤漆架）基本一致。

一般绞漆架由硬木经木匠加工而成，主要构件是三块木板、两根麻绳和两根短木棍，操作时两人配合绞漆更方便。三块木板即座板和两块扁柱，座板是绞漆架的基座，呈长方形，长约50厘米，宽约25厘米，板厚约6厘米；扁柱长约20厘米，高约30厘米，宽约3厘米，在离柱头约3厘米处开圆孔，孔径约1.5厘米。在座板两端向内约6厘米处，分别固定两扁柱。麻绳要选用质量上等的两根，长约3厘米，粗如中指，分别将两根麻绳端部打结成麻绳圈，将两个麻绳圈分别置于扁柱上端圆孔中，绳圈一半在孔内一半在孔外。短木棍两根，长约30厘米，粗如大拇指，分别将其插入扁柱外的两个麻绳圈内。扁柱内的绳圈，用于缠系布头。绞漆架的整个构件就这么多，但要绞漆还需一块白布裹漆。白布裹漆，布头分别穿入扁柱内侧绳圈并缠牢，两人各站座板两端，分别用力旋拧短木棍，两人旋拧方向相反，逐渐绞紧，漆液受挤压逐渐滤出布面。白布，一般选用长约60厘米，宽约30厘米的夏布，因夏布制作原料主要是苎麻，而苎麻的纤维长度为棉花的6～10倍，拉比是棉花的6~7倍，所以更适合用于绞漆。夏布裹漆的过程，和之前介绍的手工滤漆基本一致。为了提高生漆质量，可以多次绞漆，初次绞漆时，裹布用粗夏布；再次绞漆时又用细夏布，并在其上加铺薄棉布，或丝绵布，再绞得到的生漆几乎无杂质。通常会在绞漆架座板中间，放置一陶制盛器，用于承接从白布滤出的生漆。

绞漆架自从出现一直沿用至今，且基本形制无大的变化，说明其有独特的优点，留给后人改进的空间较少。绞漆架两端的短木棍，直径粗如大拇指，正好适合人手的把握，而且用麻绳圈两端牵系着木棍和夏布，解决了受力问题。因为以往人手直接拧布也可以，但是终归布头不易拽握，且不方便对向旋拧。绞漆架用料以硬木为主，另外麻绳辅助，制作也比较简单，造型比较简洁。

图3–72　绞漆架

经过净化的生漆可用于炼制，炼制的方法根据用漆的要求有暴晒和煎熬两种。刚从漆树上割得的生漆含有一定的水分，脱水后的生漆变得更纯，髹涂器物表面干固形成的漆膜色泽更加纯正，亮度和透明度也更好，并且具有更好的韧度。晒漆用到的工具比较简单，即漆盘和漆挑子。关于明代漆液暴晒炼制，黄大成《髹饰录》载："潮期，即曝漆挑子。鳅尾反转，波涛去来。"这里的"漆挑子"即是将生漆暴晒成熟漆过程中，所用的一种搅拌漆液的工具。近现代晒漆，一般用木棍搅拌。关于漆挑子，目前只有文献记载，未见实物留存，故其具体形状、大小不得而知。但其基本功能，当与近现代木棍翻搅漆液相类似，目的在于帮助漆液与空气充分的接触，保证生漆的氧化聚合。曝晒搅动至"栗壳色"或"其色如酱"，即是"曝熟有佳期"。①晒漆在《圆明园内工现行则例》中也有载："漆匠每百工外加折晒、盘漆、收窨、放风、拌料、漆匠六工。"这里的"折晒盘漆"即指晒漆，提到了晒漆的盛放器具"漆盘"。《髹饰录》又载："海大，即曝漆盘并煎漆锅。其为器也，众水归焉。"由此可知，明代炼制生漆的工具统称为"海大"，而曝漆用盘，煎漆用锅。无论是盘还是锅，通常形制较大，所以用海来比喻炼漆工具，故称海大。曝漆用盘，通常是木制、平底、深约25厘米的大

① 张飞龙，张华.中国古代生漆采割与治漆技术[J].中国生漆，2011，30(2)：32—43.

圆盆，或大的长方形盆。[①]

熟漆有多种，如油漆、推光漆、色漆等，都是在生漆中加入桐油或其他植物油等炼制而成。生漆内加入熟桐油，后澄清为透明的罩漆，只有这样才可调制色漆。推光漆，又称为退光漆，因漆必须拭退而后可生光，故得名。关于推光漆的炼制，明代蒋克谦辑的《琴书大全·琴制》记载："用真桐油半斤，煎令微黑，色将退，以好漆半斤，以绵滤去其渣令净，入灰坯半两，干漆等分，光粉半两，泥矾二钱，重和杂，并煎，取其色光黑新鲜为度。候冷，以藤纸遮盖，候天色晴明上光，再用绵滤过用，诚可造妙矣。"清代祝凤喈《与古斋琴谱·材制发微》也有关于生漆煎熬的记载："光漆不置日晒，以火炖之。用磁盘，盛净生漆，放文火上，时时搅之。一经漆热，即离火，随搅随扇。风冷又复炖热，搅扇如是数次，则其漆色如金，其光亮尤胜于晒者。晒难而炖易成也。"[②]制熟漆用煎制比曝晒来得快，但是，必须时刻关注锅里的漆液，要不停地搅拌，以防止锅底漆液烧焦。而且，漆液一热之后还要离火，用扇子人工降温。因为漆液过热，虽熟但不会干，也不行。这种煎熬生漆的方式在现在的江南一带还在使用。对于朱红、黑光、鳗水等色漆的炼制，古文献也有记载，元末明初陶宗仪《南村辍耕录》有描述："黑光者，用漆斤两若干，煎成膏。再用漆，如上一半，加鸡子清，打匀入在内，日中晒翻，三五度，如栗壳色，入前项煎漆中和匀试，简看紧慢，若紧，再晒，若慢，加生漆，多入触药。触药即铁浆沫，用隔年米醋，煎此物，干为沫，入漆中，名曰黑光……"这种炼漆流程融合了煎熬和曝晒两种方式，也沿用至今。

四、漆农坯制与农器设计

漆农坯制相当于制骨架，制得的坯胎，称为棬榇。《髹饰录》杨明注："质乃器之骨肉，不可不坚实也。"漆农坯制根据坯骨所用材料不同，可以分为木胎、裱胎、皮胎、纸胎、金属胎、竹胎、陶胎等，其制作方式也有所差异。木胎最为常见，制作也最多，本书主要对木胎坯制进行分析。

关于木胎坯制，《髹饰录》载："棬榇，一名胚胎，一名器骨。方器有旋题者、合题者。圆器有屈木者、车旋者。皆要平正、轻薄，否则布灰不厚。布灰不厚，则其器易败，且有露脉之病。" 漆器坯制在战国、西汉时期，大

---

① 沈福文.中国漆艺美术史[M].北京：人民美术出版社，1992：128.

② 张飞龙，张华.中国古代生漆采割与治漆技术[J].中国生漆，2011，30(2)：37.

多都是木胎。为了防止木料破裂，又发展出在木质坯胎外包裹糊布的做法，直到今天，木胎仍然是漆器中最常用的胎骨之一。木材资源丰富且易得，是漆农坯制最主要的材料来源，根据制得坯胎的造型差异，可分为圆器、方器等；根据木胎坯制的方法不同，可分为刳木成型、卷木为胎和镟木为器。

1. 刳木成型

刳木成型是最为原始的木胎制作工艺，即是直接在一整块木料上通过挖、削等手法制成预想的器型。如浙江余姚河姆渡新石器时代遗址发现的朱漆木碗，敛口，腹部为瓜棱形，底部有矮圈足，内外壁涂油朱红色生漆，碗用整段木头镂挖而成，这是我国发现最早的漆器之一，也是刳木成器工艺最早的实物见证。为了使刳制成型的木坯更加牢固，也有在其外壁用竹篾或藤条捆束。刳木成型的缺点，首先，砍斫的难度较大，并且不够精准，浪费木料；其次，制作精度不高，所得木坯厚而笨重。

2. 卷木为胎

卷木为胎是选用木性易于弯曲的木材，先砍斫削制好厚薄均匀的薄木条，长度略微长于器物外壁的周长，木条两端削成斜面，便于黏合，将薄木条烘烤加热变软，卷成圆筒形，连接处可用生漆等黏合剂黏结。底或盖用厚木料制成，与圆筒壁黏结。卷木为胎有个缺点就是只适合制作筒状或圆形器物，其他造型不太适合用此法。但是，卷木为胎又解决了刳木工艺的困难，提高了制坯的精度和效率，同时使得坯体更加美观。

3. 旋木为器

正圆形漆器木坯，如碗、盆、盒、盂等，它们的木质胎骨，除了卷木为胎外，即是用旋床旋制。元末明初陶宗仪《南村辍耕录》载："梓人以脆松劈成薄片，于旋床上胶黏而成，名曰棬�。"对于旋床，明代黄大成《髹饰录》载："天运，即旋床。有余不足，损之补之。"旋制的胎骨通常由一整块木头旋制，如果器型较大，可将几块木料黏合在一起，再放置在镟床上镟削。近代旋床有高矮之分两种，矮旋床主要用于旋制棒杆状物体。漆器用胎一般使用高旋床。明代实物旋床现无实物留存，但著名

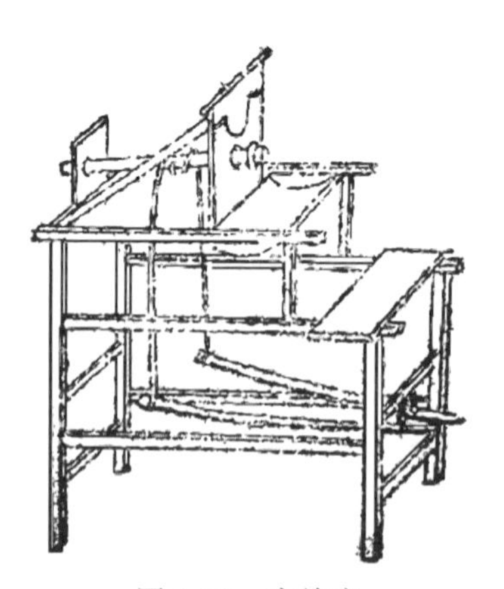

图3-73 高旋床

专家王世襄认为："近代高床子，虽未必与明代所用的完全相同，当相去不远。"高旋床，主要构件有轴辊、转盘、坐板、皮索、踏板等，动力来源主要是踩踏。由于旋床是在木料上用车旋床挖空成型，故还需有刀具配合才可使用，根据车、刨、修、挖、钻等不同操作工艺，所用刀具还有差别。旋床操作方式是将准备好的木料用黏蜡胶黏在旋床轴辊一端的圆形转盘上，轴辊上绕皮制绳索，工匠坐在坐板上，双脚踩踏与皮索相连接的踏板带动轴旋旋转，木料也随之转动，手持刀具迎上去，便可将木料旋削成不同形态的圆形木坯。[①]旋床上用来旋制漆器木坯的刀具，又称削刀，《髹饰录》载："霜挫，即削刀并卷凿。"这种削刀端部一般有两种形制，一种是圭角形，前端呈尖角；另一种是圆头形，前端呈圆弧形。一般刀刃两面不同，一面是平的，一面有斜坡，横断面呈楔形，这种造型设计的目的是使刃口既锋利又持久耐用，不会因刀刃太薄而至崩断。

第四节　明代木作业与农器设计

木作业的发展与农器的发展紧密相连，从石器时代的砍砸器石斧、石锛可知，最初的工具是一器多用，既用于木材砍伐又用来掘地耕种、驱兽自卫。随着技术的发展，木作工具逐渐从狭义的耕种农事工具中脱离出来成为独立的工具门类。木作工具是木料加工中涉及的工具，可按照木料加工工序（即伐木、制材、平木、节点及细部制作）先后分为伐木工具、解析工具、平木工具、穿剔雕刻工具，另外还有辅助测量和定向工具，这些工具一般配套使用，才可提高加工精度，加快木作进度。明代木作工具之间的配套使用已完全成熟并定型，即斧和锯成为主要的伐木工具；框锯是主要的解析工具；平推刨为主要的平木工具，锛和单刀斧为辅助的平木工具；凿和锯的配合使用为穿剔榫卯的主要工具；凿类和刻刀类成为主要的木雕工具；规矩准绳为主要的计量工具。这种主要木作工具配套使用情况在明代形成之后，一直沿用至今。[②]

① 王世襄.髹饰录解说:中国传统漆工艺研究[M].北京:文物出版社,1998:25—26.

② 李浈.中国传统建筑木作工具[M].上海:同济大学出版社,2004:48.

木作按照作业对象和加工精度不同，又可分为建筑大木作和家具细木作，之所以把建筑木作称为“大木作”，是与建筑形制巨大及木料加工相对精度要求宽松而言；把家具木作称为“细木作”，是其相对建筑木作加工精细度要求更高。广义的木作，不仅包括木料加工还包括竹篾编制，故本节从建筑大木作、家具细木作以及竹木农编结三方面着手，分别对其相应的农器进行设计分析。

一、明代建筑大木作与机械农器设计

按照木作工艺对象的不同，木作领域可以分为大木作和细木作，相应的木工即为大木匠和细木匠。大木作加工对象主要是建筑中的梁、柱、檐、拱等结构性构件。中国古代建筑以土木构件为主，大木作是建筑工程各工种之首，其他工种如石作、瓦作等的施工都需先经大木工的允许。伐木、解材是大木作和细木作作业的前提，故将伐木用斧放此一并论述。

（一）斧

俗话说“大木匠的斧，小木匠的锯”，意思是大木作中斧头比较重要，小木作中锯子比较重要。古代斧又称为“柯”或“斧柯”。《周礼·考工记》载：“车人为车，柯长三尺，博三寸，厚一寸有半。五分其长，以其一为之首……斧柯，其柄也。郑司农云柯长三尺，谓斧柯因以为度。”斧头是木作加工的重要工具之一，古代伐木，斧是首选工具。在木作业中，斧头至今仍一器多用，但不同历史年代斧头功能侧重有所不同。在石器时代，斧既用于木作的伐木，又用于木料斫解，有时还用于平木，制作榫头也需借斧头砍削而成。随着技术的发展，尤其是铜、铁等金属工具出现后，加工精度更高的刀锯和凿逐渐代替斧头砍削制榫，斧头制榫的这项功能自然慢慢消亡。在晋代以前，裂解木材主要靠斧和斤配合使用，斤的作用是用来砍削和平木，斧用于细加工前将木材砍斫成型，由此可见斧是当时不可或缺的制材工具。《南齐书·刘善明传》：“善明身长七尺九寸，质素不好声色，所居茅斋斧木而已，床榻几案，不加划削。”由此可见，当时斧头制材虽然粗糙，但是也能基本满足生活所需。到了唐代以后，解木主要用大框锯，框锯解木得到的木料比较平整，可以直接用于平木细加工，由此斧的制材功能也逐渐消失。

但是，斧的砍伐和削斫功能却沿袭至今。[①]斧的形制多样，这里重点要提的是侧銎斧，斧体呈侧梯形，双面弧刃，刃部宽于斧背，背厚而刃薄，斧背呈长方形并伸出斧身较长，便于插柄。这类斧的手柄安装方式是在斧背上开一长方形孔，木柄穿于其中，这种安装方式较之捆绑式更科学、更牢固，而且安装还很简易方便，不易脱榫，提高了劳作效率，是斧器具发展史上重要的进步。所以，这种斧从汉代以后成为斧头的主流形制，明代用斧主要也是此类。

关于斧的基本造型，明《天工开物·锤锻》也有载："凡铁兵，薄者为刀剑，背厚而面薄者为斧斤。"意思是铁制兵器，薄者是刀剑，背厚而刃薄者是斧斤。这里总结了斧背必定厚于刃部的特点，究其原因有两点：首先，斧头砍削除了利用人的臂力之外，也利用斧本身惯性砍伐。如果加大斧本身重量，手提斧头甩出砍木的惯性就大，这样自然人更省力。所以，刀剑薄，而斧斤厚。当然，刀剑与斧斤的薄厚差异，还与其各自所欲达到的砍削深度有关，刀剑只要破皮到骨即达攻击效果，而此厚度一般只有短短几厘米。但斧斤砍削，短则十几厘米，长则八九十厘米，甚至更长，所以刀剑与斧斤所需惯性自然相差甚远。其次，为了砍削方便，斧刃宽于背部，只有加厚背部才能让重心后移，否则，重心偏前，在手举操持中重心不稳影响砍削功效。

明代侧銎斧通常都是弧刃而非直刃，这个造型的改进非常重要。用过菜刀的人都知道要切割硬度稍高的食材，利用离手近的刃部切割较为省力而且利索，这是由于在近手位置更好用力和把握切割角度。但是往往如此用刀，近手位置便坏得快。所以，刃部从平刃向弧刃的改进，解决了"好用"与"废刃"的矛盾，这个矛盾其实就是受力与重心位置不符的矛盾。因为，采用弧刃造型，重心前移，同时砍斫物时最先接触面"强制性"地变成刃的中部，自然省力好用。弧刃还使得砍削角度发生变化，从原平刃的垂直切割变成倾斜方向的划拉，省力的同时提高了功效。[②]

关于斧的制作工艺，明《天工开物·锤锻》载："刀剑绝美者以百炼钢包裹其外，其中仍用无钢铁为骨。若非钢表铁里，则劲力所施，即成折断。其次寻常刀斧，止嵌钢于其面。"这说明明代造斧，主体用熟铁锻造，刃口用钢包裹，这样既保证了斧的硬度，又提高了刃的锋利程度。刃口包钢即是明代

---

① 李浈.大木作与小木作工具的比较[J].古建园林技术.2002:125.

② 王琥;何晓佑,李立新,夏燕靖.中国传统器具设计研究:卷二[M].南京:江苏美术出版社,2006: 4.

冶金技术的重要发展——生铁淋口，在熟铁制得的斧头刃部淋上一层生铁，冷锤、淬火后使斧刃坚硬耐磨。至于斧背中空方形孔的制作，《天工开物·锤锻》也有记载："凡匠斧与椎，其中空管受柄处，皆先打冷铁为骨，名曰羊头。然后热铁包裹，冷者不沾，自成空隙。"意思是制作这样的空腔，得按照空腔大小形态用生铁先做骨架，这种骨架明代称为"羊头"，再用烧红的铁将其包住，冷热铁不粘连，取出羊头，空隙自成。这和铸造金属件，先制相同形制大小的木模一个道理。

（二）三脚马

建筑大木作施工通常是在建筑现场或室外，故一些工具是临时根据需要制作的，通常用完即弃，所制工具虽较为粗糙，但往往构思奇巧，如支料的架子，江南一带俗称"三脚马"，用两根直径20厘米、长约80厘米的圆木交叉捆绑成叉形，再用一根较之更细长，直径约10厘米，长约100厘米的圆木与其斜交于支点捆绑。通常，大木作木料较大时，即可置于三脚马上，木工跨坐木料上进行粗刨圆椽，或斫解木料。三脚马从力学角度分析其三点最稳定，不会因木工作业施力致其摇晃。同时，一对三脚马可以根据木料长短调节间距，以适合加工需要。这类为临时木作所需，制作简易工具的情况，直至现今还很常见，如建筑施工为了粉刷墙壁，会用零头碎料简单钉制成木梯，工程结束木梯即可劈开回收木料。

图3-74　三脚马

（三）规矩准绳

俗话说"大木匠的线，小木匠的料"，即指大木匠的加工对象尺度较大，只有前期的参照线量画准确，才可保证后期木工操作的精确，这里突出强调了大木匠作工中画线的重要性。木工画线有中线、水平线、尺寸线，有了这些施工参照线，工匠才好下锯。所以画线是大木加工及施工作业中极为关键的一环。[①]画线涉及木作工具中的计量类工具——规、矩、准、绳、尺。关于

① 李浈.大木作与小木作工具的比较[J].古建园林技术，2002：39—43.

规，《诗经·小雅·沔水》郑玄笺云："规者，正圆之器也。"规，即圆规、工规之类，属制圆之器；关于矩，《说文》载："巨，规巨也。从工，象手持之。巨，或从木矢。矢者，其中正也。"矩，即量定直角的曲尺，属制方之器；关于准，《释名》："水，准也。准，平物也。"准，即平，如水准仪之类，是较平之具；关于绳，明《事物绀珠·器用》曰："绳，所以为直。"绳，即测量距离、引画直线，如墨斗、悬绳之类，是工匠较直测距之器；关于尺，《说文·尺部》："十寸为尺。尺，所以指尺规矩事也。"尺是测量工具，是度量衡之器。一般情况下，规和矩放在一起配合使用，作为制方画圆之器，在使用中逐渐产生了文化寓意，如俗语"不以规矩，不成方圆"；准和绳又一起配合使用，作为校准测评的工具，因此有"以法律之准绳"的说法。

1. 矩

这里把矩放在规的前面分析，主要是考虑到矩的发明使用在先，规是从矩中发展独立出来的。最初，矩既可以用来画方，又可以用来画圆。《周髀算经》："圆出于方，方出于矩。"即说明矩既可以用来画方又可以用来制圆。关于规矩到底何时创造，现无明确文字记载和考古资料得以辅证，但根据目前发现的一些原始社会如母系氏族中晚期的遗址考察推论，在原始社会很可能已经在使用规、矩之类工具。因为，这类遗址面积巨大，从房屋平面构造看其方、圆误差极小，如没有用到规、矩之类用具似乎很难实现。在大型宫殿建筑施工中，只有借用规、矩、准、绳、尺之类的工具，才能保证建筑的中轴对称、门窗高度一致、卯榫严丝合缝。再有，关于古代制车，《周礼·考工记》中提到"圆者中规，方者中矩，立者中悬，衡者中水，直者如生焉，继者如附焉"。意思是说，圆形部分就要合乎圆规画的路径，方形部分要合乎矩尺的直角，直立的地方要像悬绳一样竖直，横着的构件要和水平面平行，直立的构件要像自身长出来的一样自然，连接的地方要像树干的分支一样顺滑。

矩，最初是无刻度的，所以只能用以量定角度，不能用来测量长度。目前可见实物最早的矩是1933年出土于安徽寿县的战国楚铜矩，现藏于安徽省博物馆。此矩无刻度，两边等长约32厘米，几乎和战国时期的一尺基本吻合。到汉代，出现两边不等长的矩，并且矩和尺已融合起来，矩的柄上开始有刻度，由此矩又多了个测量功能，发展成为锯尺了。山东济宁武梁祠东汉画像石上伏羲手持之器，即是当时的矩，呈L形，两边之间有一斜杆，称之斜尺。矩的两边分别称为尺柄和尺翼，手持的一边称为尺翼，另一边称为尺柄，伏羲手持矩尺的尺翼长于尺柄。这种形制的矩直到现在，很多木匠师傅

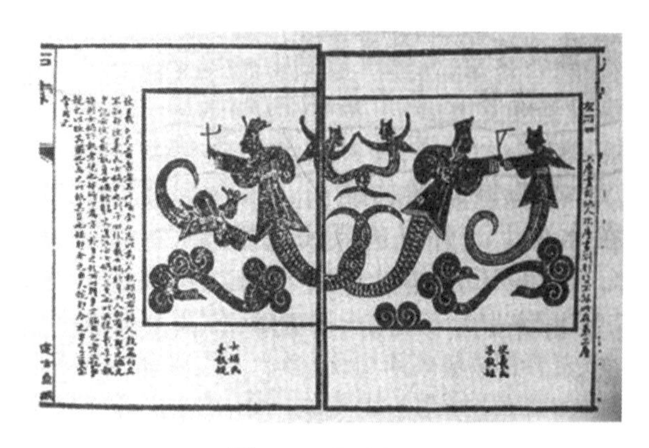

图3-75 规和矩

仍然在使用，由此可以推断，汉以后此类矩尺基本定型。明代木作业中也存在着这种形制的矩。明代《三才图绘》所载矩尺呈L形，尺柄有刻度，无斜尺，尺翼长于尺柄。尺翼和尺柄之间以榫头连接，这从中国历史博物馆藏河北巨鹿出土的北宋木尺可推断出。根据以上分析，明代矩尺，现也称为曲尺，通常呈L形，且尺翼长于尺柄，斜尺根据不同形制时有时无。但是，经分析，矩尺装斜尺的作用是加强稳固，因尺翼和尺柄之间榫头连接，如不加斜尺在使用中榫头很容易松动破损，而且三角形是稳定结构，加固了矩尺。

2. 规

规从矩中独立成专门的画圆工具，并大范围的普及使用，大约是在春秋战国时期。《吕氏春秋·分职》："巧匠为宫室，为圆必以规，为方必以矩，为平直必以准绳。"规有两种基本形制，一种是十字形规，另外一种是二脚规。十字形规，在杆上一端设一小拐，小拐是制圆时作为圆心的基准点，在杆的另一端设有数个小眼，画圆时装画签，根据圆的半径不同，画签插入不同的小眼。二脚规，两脚等长，在尾部固定，和现在的圆规形制、原理基本类似。十字规发明早于二脚规，二脚规至迟在汉代也已发明，故在明代十字规和二脚规均已出现，并都在大范围使用。

用十字规制圆时左手摁着圆规的拐点，以此为圆心，右手拿圆规的另外一脚（或画签）绕圆心画封闭路径，形成的轨迹就是一个正圆。如果要画半径比较大的圆，圆点位置不变，直接用麻绳代替画签的一端，半径多长麻绳就选多长，同理绕圆心画封闭路径即可。这种圆规优点是，既可画家具细木作所需的小圆，又可画建筑大木作方面的大圆。缺点是用此种圆规画小圆，需两只手同时操作，相对麻烦。而用二脚规画圆时，用一脚为圆心支点，另一脚绕着旋转一周即可。这种规的使用优点是可以单手操作，解放了左手，但其缺点是，画圆有大小限制，无法画大圆，适合家具细木作之用。

3. 绳（墨斗）

绳与准的关系也与矩、规类似，先有绳的出现，准是从绳中逐渐独立出来的，故此也把绳置于准的前面论述。绳，最早也是用于木作业的测距、画线和定直、定平的绳子。木作业中用此绳，一般会浸染红色或黑色染料，用以弹绳画线，古称“绳墨”“线墨”。后世发展逐渐定型，用线蘸墨，并制成器，俗称墨斗。墨斗一词在宋代沈括《梦溪笔谈·技艺》中已有明确记载：“耑文象形，如绳木所用墨斗也。”明《三才图绘》也有关于墨斗的图片记载（见图3-76），与近世所用墨斗无异。

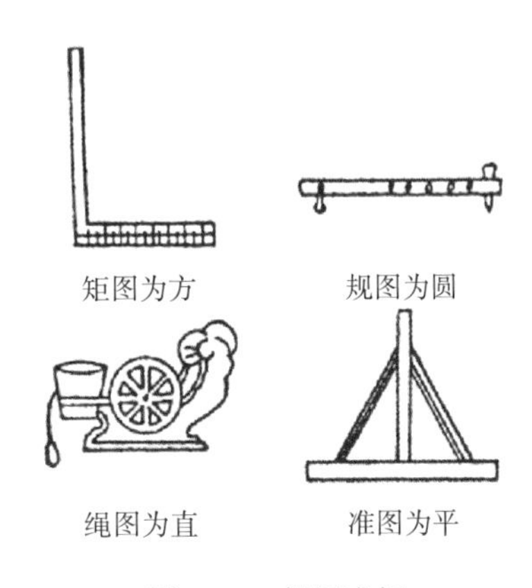

图3-76　规矩准绳

以江西安义古村民间所用墨斗为例[①]（见图谱编号379），其身长约13.5厘米，高约7厘米，墨斗主体构造是墨仓、线轮、手柄、墨线和轮板。墨仓形似一小型圆桶，用以盛墨，当墨线从墨仓穿过时使墨线染色。通常木匠师傅还会在墨仓放置一些棉纱，起到吸附墨汁稳定墨液的作用，防止操作中墨水洒漏。线轮，是用手摇动的滑轮，用以缠绕墨线。滑轮早在战国时期已经发明，汉代已普遍用于汲水、提物、转轮等。线轮外侧设有一圆柱形木杆，用以放线后摇动木杆驱使滑轮转动收回墨线。墨线，通常是以蚕丝为原料做成的细线，也有用棉线替代。墨线的要求是其经过墨仓中墨汁的浸润，出来时需要吸附并保留一定墨汁，用以弹画。在墨线的前端系一线锤，材料通常是铁制或铜制的，作用是用其插入木料表面固定前端墨线。手柄和轮板皆常规构件，是南方墨斗的典型常规构件。以此线轮、墨仓分别独立构件制作，并分别一前一后组合于轮板一侧的式样，称为板柄式，这种式样主要在南方流行。而北方墨斗主要是整体雕饰，即常用一整块木料雕刻成墨斗。因此，北方墨斗略显厚重，南方墨斗更加小巧，这也与北方人粗犷豪爽、南方人精巧细致的性格相吻合。

墨斗用料，常选樟木或乌臼木等不易爆裂的木料。墨斗设计巧妙合理，使用极为方便。画线时，墨线由木轮经墨仓细孔牵出，固定于一端，然后像

① 陈见东. 中国设计全集：第13卷　工具类编·计量篇[M]. 北京：商务印书馆，2012：48—53.

提起琴弦一样将木线弹在要画线的地方，用毕转动线轮将墨线缠回即可。[①]墨斗在使用中逐渐被赋予了文化内涵，具体表现在墨斗的造型丰富多样，如整体造型做成棺材样，寓意升官发财；也有的墨仓制成鱼形，寓意年年有余。此江西安义墨斗整体造型繁简相宜，纹饰美丽，雕刻精致，墨斗轮板外侧以浅浮雕工艺雕龙一只，线条曲直富有韵味，龙体造型活灵活现。

4. 准

古之校平，最初以小面积静止的水面为基准进行水准校平，如唐代李筌《太白阴经》所述“水平”即当时较为先进的水准仪，包括三个部分：水平、照板、度竿，主要原理是在水平中挖三个槽并倒水入其中，再分别立三个有立齿的浮木浮于槽中，由三浮木之间的齿组成的线即是水平基准线。照板上白下黑，黑白交界线是照准线。度竿上有刻度，一般度竿和照板由同一人手持，照板置度竿后面，观测者指挥持度竿的人上线调整照板，使黑白线与水平基准线、观测视线正好在一条线上，再以黑白分界线读取度竿上的读数。[②]这是一种定量测平法。直到宋代，“水平”基本形制没有太大变化，只是测平用水换成了垂绳，宋《武经总要》载有插图（见图3-77）。明代校平工具也多用垂绳。

图3-77　准的使用

明代建筑大木作所用定平工具还有真尺，明《三才图绘》中的真尺插图与宋李诫《营造法式》所描述的真尺基本相同，只是其底端长度略有不同。

① 胡宝华.侗族传统建筑技术文化解读[D].南宁：广西民族大学，2008.
② 李浈.中国传统建筑木作工具[M].上海：同济大学出版社，2004：223.

《营造法式》载："凡定柱础取平，须更用真尺较之。其真尺长一丈八尺，广四寸，厚二寸五分；当心上立表，高四尺（广厚同上）。于立表当心，自上至下施墨线一道，垂绳坠下，令绳对墨线心，则其下地面自平（其真尺身上平处，与立表上墨线两边，亦用曲尺较令方正）。"由此可知，真尺主要由底尺、立表、垂绳等构件组成。立表与底尺以榫头垂直连接，为保证立表与底尺绝对垂直，用曲尺校正直角，并在两边分别架以斜杆形成两个三角形固定立表。垂绳顶端固定于立表上端，下端系一金属坠，由于重力使然自成重垂线。校平时，如垂绳正对墨线心，说明所校平面正好水平；如若垂绳较墨线偏左，说明所校平面左边偏低；相反，所校平面右边偏低。

这种真尺，是用垂绳定性校平的工具，有独到优点。以往用水校平，水槽易受杂物添堵，影响浮木高度，最终影响测平结果。同时，用水校平易洒，携带还不便。垂绳校平，简单方便，无需额外贮水。

二、明代家具细木作与手持农器设计

（一）锯

锯是木作工具中主要用于切割、开截板材的器具，在木作中使用普遍。家具细木作及大木作中的门窗等，都要用到锯。木工用锯子主要分为四大类，即横锯、刀锯、框锯和弓锯，其中尤以框锯使用最多。刀锯是锯的早期形态，有石锯、蚌锯、骨锯等，其形制一直沿用，至今东北仍可见。框锯和弓锯几乎并行发展，南北朝时期是其探索发展时期，据史料可知当时已有弓锯的使用，弓锯是用弯形竹木条连接锯条，靠竹木弯曲后的弹力拉紧锯条。到了南北朝末期至隋唐时期，发明了框锯。框锯依靠杠杆原理，通过摽杆调节拉紧锯条，自框锯发明之后，其形制基本定型沿用至今。

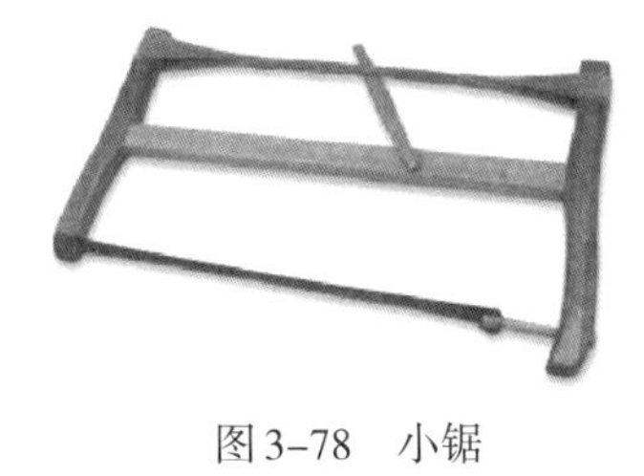

图3-78　小锯

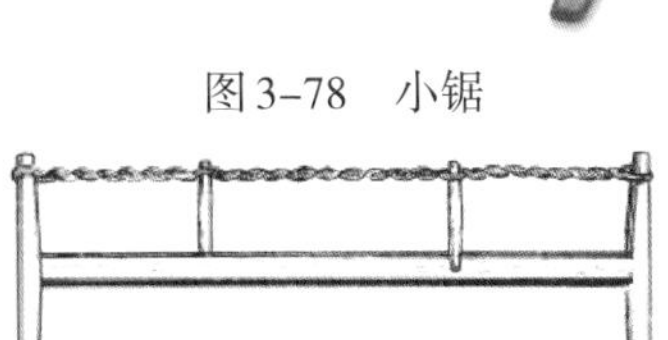

图3-79　大锯

大、细木作所用锯，工作原理基本相同，但形制稍有不同，大木作常用横锯、大锯、粗锯，而细木作常用小锯、中锯、线锯等。细木作小锯一般做成贴拐式，锯条的一端倾斜45度固定在锯拐上，省去一边的锯钮，操作时不易碰坏加工好的木料。[1]大锯，一般用于大木作中斫解板材，锯齿由中间向两端倾斜，由于其尺寸偏大，常用两根摽棍绞紧棕绳使之固定于锯梁上，拧旋方向正好相反，并分列于锯梁两侧。因其形制较长，一人无法掌控，需两人协同操作，故又得名“二人抬”（如图3-79大锯，锯条长约130厘米）。小锯锯条面与锯架的角度约45度，这个角度正适合单人单手持锯解木；而大锯锯条面与锯架角度约为90度，这个角度适合双人双手在锯架两端分别把持推拉。大锯使用时，一般把木料架高，技术熟练的师傅站于料上，俗称“上锯手”，由他来控制锯料节奏，把握锯割线路；技术低的徒弟或站或坐于料下边，俗称“下锯手”，配合协调师傅工作。

图3-80　大锯使用方式图

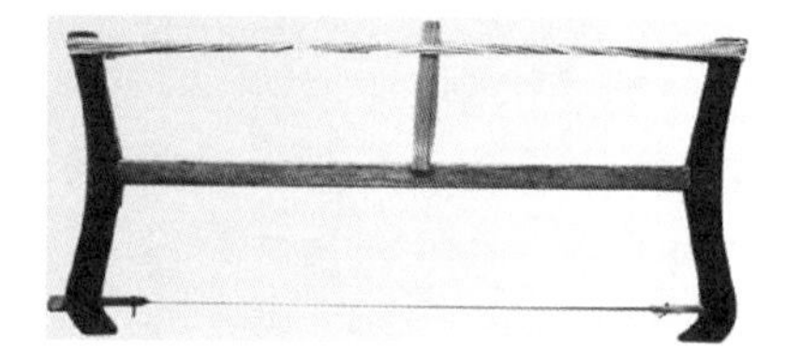
图3-81　框锯

以江苏南通框锯为例（参考图3-81），锯长89厘米，宽38厘米，收集于江苏南通民间。框锯的作用有三：一解材，二断料，三制榫。此锯由锯梁、锯拐、锯条、摽绳及摽棍等部件构成。锯梁，由直木制成，长约73厘米。锯梁的功能是支撑整个锯架，当解木时，锯条的推拉会产生力量，因有锯梁的支撑，锯架不会变形。锯梁在整个框锯中起到骨架的作用，故要选用坚固不易变形的木料制作，常选用杉木为料。杉木的优点是质轻而韧、不易变形，且内含杉脑，抗蛀耐腐。锯拐，因其是框锯力作用的主要部件，易磨损，故用质地较硬的木料制成。手握一侧呈弯曲状，与人的手型契合，方便使用者的把持，操作较为舒适。两个锯拐和一个锯梁正好组成一个“工”字形，保证了锯条用力的均衡和锯身的稳定。锯拐的一侧固定摽绳，另一侧固定锯条。锯条，由熟铁锻造成薄条，而后用锉刀开齿制成。《天工开物·锤锻》载：“凡锯，熟铁锻成薄条，不钢，亦不淬健。出火退烧后，频加冷锤坚性，用锉开齿。”锯条还可根据加工木料的软硬、大小等不同进行更换。同时锯条的角度也可根据需要调节。摽绳及摽棍，摽绳一般采用天然棕绳制得，韧性强且强度大；摽棍由竹篾或木棍制得皆可，其功能是通过摽棍调节摽绳的松紧程度来拉紧锯条，为一种弹性调节方式。

① 李浈.大木作与小木作工具的比较[J].古建园林技术,2002:39—43.

锯条在拉锯的过程中，因木料对锯条的阻力及齿刃与木料之间的摩擦力，使得锯刃部分发热伸长，导致锯条松弛，锯身摆动加大，造成锯割弯曲。此时，一般会再次拧一圈或几圈摽棍使得摽绳更紧，利用杠杆原理再次拉紧锯条。框锯锯条的受力来自沿锯条方向的拉力，这比弓锯要合理耐用。弓锯锯条推拉时，没有受力的支点，锯条容易变形，弓也容易折断，而框锯是弹性调节的，有一定的形变范围，保证了锯条的受力均匀，也使得锯条不易折断。古代设计者充分掌握了材料的性能，通过绞紧一端的“软”棕绳使另一端的锯条始终“不软”，保证了框锯加工所需要的硬度，这种从细节认识材料的设计态度至今都是我们需要学习的典范。

两个锯拐，一个锯梁，一根锯条，一根摽绳及摽棍组合成一个“正”字，不但使该器具的框架构造极为紧凑实用，而且在视觉效果的整体比例上，也大致符合视觉上的“黄金分割”原则。框锯的视觉特点是多种线形变化集约式组合体。直线之锯梁，弧线之锯拐，折线之锯齿，盘旋曲线之摽绳，渐变曲线之摽棍，综合各种线形变化的视觉效果，使本框锯在传统农器中，成为一例极有特色的，集线状变化于统一之中的审美设计生动范例。[①]框锯的整体造型完全对称，既可使操作者单手操作或双手操作，还可以两人同时协同拉锯。

框锯的使用，对明代家具风格的形成具有重要意义。因早期解材困难，家具构件均较大，既笨重也浪费材料。而自隋唐框锯发明之后，既提高了解斫木材的效率，又提高了木材的利用率，节约了木料。框锯解材有三大优点：首先是准确用料，可根据家具、窗棂需要，准确裁切木料，而在此前用斧解材无法做到此点；其次是可视结果，只要在木料上用墨斗弹画好线，锯开的木料就是想要的形状；再次是快速生产，用框锯备料可以非常准确快速地制成同样大小、形状的木料。框锯的在制榫方面，可以保证卯榫准确合缝，使得制榫更加方便耐久。

明代《鲁班经》《碧纱笼》插图中也都有框锯多次出现，所绘形制与近世的框锯基本一致。万历版《鲁班经》框锯解木的插图显示木料斜架在三脚马上，一人坐于木料上拉锯，即“上锯手”；另一人坐在地上，即“下锯手”，互相配合解木。天启版《碧纱笼》中有大锯、小锯的使用图，大锯是由两人

---

① 王琥；何晓佑，李立新，夏燕靖．中国传统器具设计研究：首卷［M］．南京：江苏美术出版社，2004：191—201．

合作使用；小锯由一人操作，其站在地上，一脚踩着木料，一手持锯解料。这些书中在描绘框锯的同时，一般也都提及平推刨，一人坐在长凳上，双手推刨；另外还有其他一些木作工具如钻、凿、斧等。由此可知，在明代，锯、刨、钻、斧等是常规木作配套使用的工具。

细木作中家具、门窗制作，比较注意卯榫结合是否严丝合缝，这不仅体现工匠手艺的高低，更关乎家具品质和使用年限。由此，细木作用锯要准，下锯要不拖泥带水，一些结构复杂的榫接还需多种锯配套作业。木工手艺都是师徒制手手相传，故流传了许多易记易解的口诀，如关于制榫的有："锯半线，留半线，合在一起整一线。"意思是锯榫时锯去墨线宽度的一半，凿眼时也凿去墨线宽度的一半，两个半线合在一起正好是一线的宽度，以此保证卯榫结合严密。①

（二）刨

传统家具细木作中，刨是重要的细平木工具。家具的表面加工精度要求高，故平木工具常用平推刨、线脚刨，这个有别于加工要求不高的大木作中所用的锛。锛也能平木，但其不够精确，表面处理不够光滑，而平推刨就不一样，这是明代普及推广的重要平木工具，正是由于平推刨的推广才使得明代家具成为传统家具典范。大木作平木也有用刨，但一般其切削角度要比细木作小，简而言之，大木作所用刨没有细木作精细。

我国的平木工具的发展演变过程先后经历了由斧到锛（亦称斤），再到平木铲（俗称扁铲）的过程，最终于平木铲之上添加相应附件，如刨柄、刨床、横档等，便构成了今天常见刨的形制。②在刨的发展中起革命性变化的主要有两点，一是其刃部变窄，操作过程中更加省力；二是其出现刨床，利于控制切削角度。平推刨即包含了以上两大特点。平推刨大概在明代中期出现并普及使用。关于平推刨，较早的文字记载有明代《事物绀珠·器用》："推刨，平木器。"明代宋应星《天工开物·锤锻》："凡刨，磨砺嵌钢寸铁，露刃秒忽，斜出木口之面，所以平木。古名曰准。巨者卧准露刃，持木抽削，名曰推刨。圆桶家使之。"关于平推刨，较早的图片记载可见明万历本《鲁班经》。

---

① 李浈.大木作与小木作工具的比较[J].古建园林技术,2002:39—43.

② 王琥;何晓佑,李立新,夏燕靖.中国传统器具设计研究:首卷[M].南京:江苏美术出版社,2004:182—191.

图3-82　苏州刨

图3-83　刨的使用方式图

以苏州民间所用刨为例，长约49厘米，宽约6.5厘米，高约4.5厘米，主要构件有刨床、刨柄、刨刀、木楔和横档等。刨床一般是矩形条状形态，底部光溜平顺，留一槽口，用于露出刨刀刃口；上部前凹后凸，在中间靠后位置有一槽口用于斜插刨刀；两侧笔直，在中后部位留孔槽插入手柄。刨床的形态都是由刨本身的使用功能和操作特点决定的，如刨底光溜平顺留一槽口，用于露出刨刀刃口；是为了使刨与木料的接触更加光顺，减小平木时的阻力。上部前凹后凸的造型，一方面是为了使刨具重心后移置刨刀处，利于平木；另一方面，前低后高结构符合空气动力学原理，推刨过程中降低空气阻力。刨柄，是一扁条形木质构件，四棱皆做倒角处理，这样便于双手长时间握持而不手疼。刨柄插入刨床，左右两端伸出部分等长，且略长于一般手掌宽度，这种长度适合手握，便于推刨平木。刨刀，为包钢的铁片，刃口锋利，是刨的主要功能构件。一个刨有两块刨刀，呈长方形，使用时相互叠放，倾斜插入刨床槽口。刨刀中间留有长形开口，方便调节刨刀露出刨底的长度和角度。因木料材质的不同，需要的刨刃长度也不同。如加工的木材越硬，需要的刨刀安装的倾斜角度就越大，刨刃露出就越小。这样刨出的刨花比较薄，表面处理更加精细，精度更高。硬木一般相对稀缺，价格较高，如此细平木也起到了节约木料的作用；同时硬木硬度较高，刨刃露出越少越可以起到保护刀刃的作用。刨和锯常配合使用，刨刀的顶端右侧有一小口槽，用于校正锯齿的方向和角度，这种跨工具配合校正、维修的设计案例比较经典实用，体现出传统工具设计制造者的思维非常开阔，具备一定的系统设计概念，值得现代设计借鉴。木楔和横档，是用于辅助固定刨的功能构件。木楔侧面呈倒三角，即从下往上逐渐增厚，这种造型可有效阻止刨木过程中刨刀往后退，起到固定刨刀的作用。

刨的用材主要是硬木和钢铁，刨床、刨柄、木楔、横档一般都用硬木制成，硬木质地坚硬，可以保证刨具的持久使用，同时其自身密度较大，故自重也大，可以保证刨料时的精度和操作的稳定性。刨刀刀体一般为生铁制成，刃部为包钢锻造后淬火制得，刨刀是刨具的主要受力功能构件，其刀体的坚固性和刃口的锋利性直接影响刨木的效果和效率。

刨的整体造型流畅、简洁、合理，刨身是整个刨具最大的构件，呈扁平长方形，这个结构完全是由刨的操作方式决定的。刨的操作是使用者双手执柄，前后推拉刨木，推拉过程中刨身前部必先于刨刀触及未刨之地，可以起到“预警”作用。如果木料前方有大的节疤或突然凸起，刨身触及之时，操持者定有感觉，一方面，提醒刨到此处时要更加仔细、用心；另一方面，起到保护刨刀的作用，刨刀是刨具全部构件中最为重要也是磨损最为严重的部件，所以要格外小心保护。由此可知，理论上刨身越长，“预警”长度越长。但是实际制作中，会考虑到人与器的操作尺寸的合理性和舒适性，一般刨身超过50厘米长，前后推拉刨身就有所不便，故一般刨身长约50厘米。刨身和刨柄构成一个“十”字形态，视觉稳定，粗细有序。侧面造型形似一艘远航的巨轮，刨刀就像轮船上的瞭望台，整体给人以稳重、可靠的心理感受。

刨的操作看似简单，实则不然，不懂操持的外行，会拿着刨乱推拉，一会儿手臂就酸了。懂行的木工师傅就知道，推刨不是运用臂力，而是利用整个身体的惯性，发力时腰部不断前后活动推刨，而非前臂伸缩推拉。这种操作方式的改变，可以减轻劳动强度，降低疲劳程度，延长刨木时间，提高平木效率。

刨自明代普遍推广使用以来，发展了多种不同形制的刨，如《天工开物》中载有平木用的推刨，做圆木桶时，木匠师傅常选此类刨；还有专用于细木作的起线刨，刨刀刃口宽约6毫米。另外，还有用于光料的蜈蚣刨，这种刨的特点是刨身装有十多把刨刀，像蜈蚣的足一样，故得名蜈蚣刨。近世还出现了专门用于刨出凹型曲面的凹刨，刨出半圆形曲面的圆刨，以及专门用于开方形小槽的槽刨。这些刨的基本原理和结构与平推刨基本无异，只是其刨身底部有所不同，如凹刨为使刨得凹形弧面，其刨身底部即是凸形弧面；反之，圆刨的底部是凹形的弧面。槽刨的底部，是在刨身底部加一长方形木料，此木料的宽度和厚度，决定了刨得凹槽的宽度和深度。

（三）凿

木作工具除了大木作工具、细木作工具之外，还有一类穿剔及雕刻工具，本书也将其归到家具细木作工具加以论述。穿剔及雕刻工具主要有用于剔槽、凿眼、开洞的凿、锥、钻以及各类刻刀。我国的卯榫结构发展较早，在河姆渡时期的遗址中就已发现木构件带有榫卯结合，虽然制作工艺相对粗糙，但是木作结合原理和结构几乎与后世无异。当时开凿制榫的主要工具以石材为主，如石斧、石凿，还有一些骨器辅助，如骨锥。这类工具器形不大，但使用频繁，制作简单，广为流传。

凿的发展，材质上经历了从新石器的石骨器到春秋战国的铜铁金属器。器型上，整体变化不大，刃部小，顶部大，整体剖面呈锥形或梯形；但其局部细节仍不断演进，如銎形从方形到六边形、八边形再到圆形、椭圆形的变化，这些变化在战国时期基本完成，后世变化甚微。战国以后，木作用凿通常为单面刃，刃体断面为梯形，凿有圆形銎，安以木质圆形柄，刃窄柄宽，锻制。

明代用凿，《天工开物·锤锻》有载："凡凿，熟铁锻成，嵌钢于口，其本空圆，以受木柄。（先打铁骨为模，名曰羊头，杓柄同用。）斧从柄催，入木透眼。其末粗者阔寸许，细者三分而止。需圆眼者，则制成剜凿为之。"这段文字中"凡凿，熟铁锻成，嵌钢于口"说明当时凿刃用熟铁锻造，在其刃口包钢以磨砺。"其本空圆，以受木柄"透露出当时凿的銎形是圆形，并在刃体顶端安以圆形木质手柄。"斧从柄催，入木透眼"说明了凿是刃器，一般不单独使用，需与斧、槌之器配合使用。"其末粗者阔寸许，细者三分而止"描述了凿刃口宽度在1厘米到3厘米不等，这个尺寸与现今木作用凿基本一致。"需圆眼者，则制成剜凿为之"说明当时凿已按照不同功能需求进行细分，一般凿方孔的凿通常称为板凿；用以凿圆孔的称为剜凿，现在又称圆凿；近世还有用于倒棱或剔槽的，俗称斜刃凿。

以江苏盐都木作板凿为例，单面刃，梯形截面，器形细长，凿长约27厘米，刃口宽约2.5厘米，凿柄顶端宽约4厘米，手柄长约13厘米。刃口单面与古制相同，单面刃可以保证入木后凿刻位置准确平整，适合制榫打卯。双面刃入木后易跑偏，不适合凿口打眼，适宜裂解小木料。刃体为梯形截面，这种形态有两个优点，一方面利于嵌入木料；另一方面凿口完成后易于退凿，避免凿体被夹。凿的銎形是圆形，内插有圆形木柄，这是一种弹性调节，当用力将木槌、斧头敲击在木柄上时，可以起到很好的力传递作用。同时由于木质相对金属质地偏软，表面粗糙，起到缓冲冲击力的作用，不使斧头跑偏，故操作更加平稳精准。如没有木柄，直接是金属与金属接触，同样可以起到力传递作用，但是，斧头与凿之间的接触相当生硬，金属与金属之间的接触过于光滑，没有弹性，用力过猛时，斧头还可能从凿上滑开，达不到想要的效能。这也是为什么现代有些锤击类工具，在其锤击接触面固定橡胶等质地坚固且柔软材料的原因。由此可见，我国古人早就发现木料与金属之间材料特性的差异，并将其运用到现实的农器制造中。凿的銎部形状的发展，也是古人不断地选择和思考的过程。我国考古发现的凿，在西周以前，其銎部多为方形、梯形。到西周以后，逐渐出现了六边形、方形、椭圆形、圆形等多种形制。战国以后，圆形、椭圆形明显增多，方形、六边形明显减少。直到近代，凿的銎部几乎也还是圆形、椭圆形。此外形的发展，主要是有两个原因，一是圆形或椭圆形的銎部与圆木柄的截面相同，制作更加方便，而且圆形手柄握持也更加舒服称手；二是战国时代以后，金属铁制凿大量使用，并且銎部多为锻造，圆形相对方形更加容易加工成型。六边形、八边形銎可视作方形向圆形、椭圆形的过渡。[①]江苏盐都木作板凿在其木柄顶端还有一圆形金属箍，其作用是箍住顶端木料，避免木槌敲打过程中木柄顶端木料散开。在我国广州出土的一秦汉时期铁凿，在其柄与凿身交接处，也发现有一铜箍，作用是加强固定柄与槽的结合。

（四）锥

锥，用于钻孔、打眼的工具，除了木作用锥外，古代其他行业如女红、皮作、制车等也必用到锥。如春秋时期《管子·轻重乙》："一女必有一刀一锥一箴一钵，然后成为女。"说明锥是女工必备工具，直到现在农村妇女制作布鞋，仍然离不开锥。《管子·海王篇》："行服连轺辇者必有一斤一锯一锥一凿，若其事立。"说明古代制车除了斤、锯、凿之外，必须还要用锥。

我国古人最初使用的是骨锥、石锥，这类工具盛行于石器时代，考古也多有发现。如出土于陕西省西安市临潼区姜寨遗址的骨锥、骨针，现藏于陕西省历史博物馆。骨锥通高约18厘米，锥头长约9.7厘米，为兽骨所制，圆骨锥体嵌于木质手柄内。锥头部分坚硬锐利，可以想象古人即用此锐器穿孔、剔骨、制作兽皮大衣。商代逐渐出现了青铜锥，这类锥具截面有圆形也有方形、三角形等，锥尖锋利，从出土文物看锥体，通高一般在5到15厘米左右。锥的手柄形式多样，在战国时代逐渐定型，以木制居多。

关于锥的制作，明《天工开物·锤锻》有载："凡锥，熟铁锤成，不入钢

① 李浈.中国传统建筑木作工具[M].上海：同济大学出版社，2004：177—185.

和。”说明了锥是用熟铁锤锻而成，且不必掺钢。锥的用料与其操作方式、操作对象有关，一般用锥钻孔时，右手握锥柄用力顶住需钻孔的薄木料或皮革。用锥钻孔的对象必定是材质相对偏软，孔的直径偏小、深度偏浅的木料或皮料。如果要钻大直径、深孔的眼，需用到钻。

（五）钻

钻，一般是和锥并置，配合使用。最初的钻没有柄，后期为了使用方便安上了木柄，即钻杆。钻的发展经历了从最初的搓钻、驼钻到后期的牵拉钻。至近代牵拉钻在木工作业中仍然常见，足见其器具功能的实用性。不同行业不同工种所用钻的钻头有别，《天工开物·锤锻》对明代用钻做了论述：“治书编之类用圆钻，攻皮革用扁钻。梓人转索通眼、引钉合木者，用蛇头钻。其制：颖上二分许，一面圆，一面剜入，傍起两棱，以便转索。治铜叶用鸡心钻，其通身三棱者，名旋钻。通身四方而末锐者，名打钻。”装订书刊之类的用圆钻，即钻头截面是圆形；皮革打孔用的是扁钻，即钻头截面是扁形；木工打眼，以便入钉（木钉或铁钉）拼合，用蛇头钻。钻头长约0.7厘米，一面为圆弧形，两面挖有空位，旁边有两个棱角，以便于蛇头钻钻孔时更易钻入。钻铜片用的是鸡心钻，其钻身呈三棱形的称为旋钻，钻身呈方形且末端尖锐的称为打钻。“梓人转索通眼”提供了两个细节：首先，明代钻的构件除了有钻杆，还有皮索；其次，操作方式是转拉皮索打眼。据考证可知，明代木作钻有驼钻和牵拉钻，这两种钻都是从搓钻发展演变而来。

搓钻，形制相对简单，由钻头和钻杆两部分组成，使用方式是双手捻搓，让人联想到古人“钻木取火”也是如此。搓钻打眼的力，来源于双手搓捻同时向下的压力。搓钻使用费力，手疼，且效率低，为较原始的木作钻具。

驼钻，基本构件有钻头、绳索、压杆、钻驼，其是利用钻驼旋转过程中的惯性打眼，相对省力。驼钻操作方式是预先将连着压杆的绳索一圈圈缠绕于钻杆上，然后将钻头置于需打孔位置的中心，双手握紧压杆向下压。此时，连着绳索另一头的钻杆及钻驼自动跟着绳索旋转，而钻驼又由于自身重量形成的惯性自动会反方向旋转，如此反复手压压杆、钻驼及钻杆回旋，进行钻孔。由此可见，除了人力，钻驼的重量直接影响其惯性的大小，也影响钻孔人手部用力的多少，故可知，在其他条件同等的情况下，钻驼越大，人越省力。因此，一些驼钻形制普遍较大，钻杆有五六十厘米长，甚至有达一米。操作时，使用者跨步、弯膝、弓腰、双手压杆，钻驼高于头顶约20厘米，钻驼虽为石制圆形钝器，但仍给人以心理的压迫感和不安全感。故后又有工匠在驼钻的基础上发明了牵拉钻。

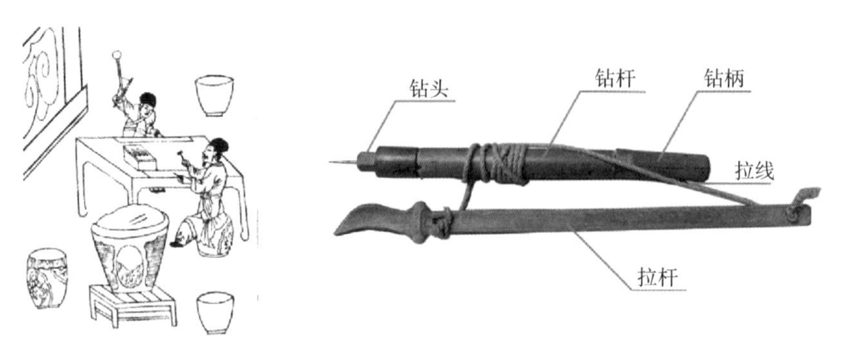

图3-84　驼钻使用方式示意图　　图3-85　牵拉钻

牵拉钻，又称牵钻或拉钻，基本构件有握把、拉杆、钻杆、卡头、钻头、皮索（或麻绳），在钻杆上端按一套筒或套环，用皮索连接钻杆和握把。以江西安义县民间牵拉钻为例，拉杆长约50厘米，钻杆及钻头总长约42 厘米，钻杆直径为3.5 厘米，套筒长约10.4厘米，其是木作工具中主要用于钻孔、打眼的器具，依靠拉杆来回推拉钻杆，带动钻头旋转达到钻木打孔的目的。

操作牵拉钻时，先做好准备工作，在需钻孔的位置上画点或叉做标记，将皮索（或麻绳）依次缠绕在钻杆上，用钻头对准标记位置，保持钻杆与木材面垂直，左手紧握钻柄（即套筒），右手握住拉杆绷紧皮索，保持水平不间断推拉拉杆。钻柄（即套筒）和钻杆以套榫相接，但榫眼和榫头都为圆形，且留有空隙，可以自由转动。[①]钻孔时，手拉拉杆，钻杆转动，钻柄保持不动，这样既可达到固定钻头不移位，又可保持钻杆不停旋转。套筒的使用，可以说是木工用钻重大的革新，具有重要意义。与驼钻相比，有了套筒，牵拉钻打孔更可靠，不会发生孔位的偏移；同时，有了套筒，可以用手握紧套筒并顺着钻杆方向向下用力，钻头更容易打孔。而驼钻为了获得更大的垂直方向的力，只能不断加大石质钻驼的体积和重量，这种力的获得方式是被动的而且是有限的。由于，驼钻的用力需要借助钻驼本身的重力，那驼钻就只能在水平木料上钻孔，否则驼钻的重力与钻杆不在一条直线上，无法借力钻孔。牵拉钻的手柄为内凹外凸的圆弧形，与其他圆形、方形构件形成造型的呼应，线条曲直有序，富有韵律美。手柄长度约为10厘米，宽约3厘米，厚

① 吕九芳.明清古旧家具及其修复与保护的探究[D].南京：南京林业大学，2006.

度约0.8厘米，大小正适合一般成年男子手握比例，符合人机工程学原理，适合人手的握持，操持比较舒服。在操作时手一直握着手柄容易出汗，凹凸的造型可以预防手柄因汗液滑出手掌。皮索是连接拉杆和钻杆的关键构件，近世也有用麻绳连接的，但古人还是用皮制绳索较多。皮料有较好的韧性，并有一定的弹性，利于力的传递，并在拉杆推拉过程中产生一定的自我弹性有助于钻杆的回旋。

牵拉钻用料主要有竹木、铁、皮革，钻杆和套筒一般用硬木制作，木质深重，纹理细密，因长时间的使用散发出红润的光泽。拉杆可以用竹制也可以用木制，在拉杆的两端分别打两个孔，用以穿系皮索。钻头用熟铁锤锻而成，无需包钢，钻木用钻头俗称蛇头钻，一面是圆弧形，另一面挖凹，旁边两个棱。这种造型主要是为了便于打孔，钻头是通过旋转不断深入木料，圆弧的凹形方便钻入木料，并让钻出的木料顺着凹面退出。钻头有两个棱角，棱角之间的长度就是钻孔的直径，棱角的造型有利于加大与木料之间的摩擦力，提高打孔的效率。因此，《天工开物》中就提到，修整书籍用的圆钻没有棱角，书籍纸张质地柔软，锥尖圆滑，穿书孔比较容易，也无需太多用力；缝皮用的扁钻有两个棱角，皮革相对纸张质地坚硬，不易穿破，故用两棱角扁钻；钻木用的蛇头钻有两个棱角，木料纹理细密，板材普遍比皮革要厚很多，为了加大与木料的摩擦力，用两棱凹凸蛇头钻；钻铜片用的是鸡心钻、旋钻，有三个棱角，铜片质地更加坚固，故打孔用三个棱角，甚至会用四个棱角的打钻。由此可见，钻（锥）的头部从圆形到两棱角再到三棱角、四棱角的变化，是根据加工材料硬度的不同（从纸张、皮革到木料再到铜片）而变化的。钻头是其主要功能构件，通常磨损较大，故古代工匠又设计了可更换的牵拉钻钻头，一方面，方便更换磨损的钻头；另一方面，根据孔位直径要求的不同更换不同直径的钻头。

传统的木工工具如牵拉钻等，基本都是木匠自制的，自己怎么使用舒服怎么制作，适合木匠本人使用，甚至有师父给徒弟布置的出师考试的题目就是制作一套自己的木作工具，合格即可出师，不合格继续学习。木作工具虽为私人制作自己使用，但在一定的时空条件下，木作工具还是呈现了一定的趋同性，如在材料的选择、内部的结构、外部的形态、制作的工艺、操持的方式等方面都有所体现。

三、竹农、林农种植与编结农器设计

竹子和林木都属于重要的森林资源之一。世界竹子地理分布，可以分为三大竹区，即亚太竹区、美洲竹区和非洲竹区。[①]其中亚太竹区是最大的竹区，而中国又是亚太竹区主要的产竹国家，自古以来中国竹子种植较为广泛，也带动了编结工艺的发展，本节挑选了编结类农器中的几个农器进行分析研究。

（一）刮刀

刮刀，俗称刮子，横刃双口，状如弯月，两边有手柄，用于刮削竹筒使之光滑，也用于刮削圆木。明万历本《鲁班经》绘有刮刀刮平圆木图，其形制与近世所用基本相同，操作也无异，说明刮刀经过几百年的发展也未有多大变化。本书图3-86所示刮刀收集于浙江民间，现藏于中国刀剪剑博物馆，总长约59厘米，总宽约15厘米，是刮竹制篾的专用工具。竹制品在我国有着广泛的应用，刮刀在竹制品生产过程中发挥着重要的作用。

刮刀全部采用铁锻造，两侧各有一圆形手柄，外粗内细，粗端直径约3厘米，中间为空心，其空心部分由粗端向细端逐渐变小直至消失。空心的设计从某种程度上减轻了该器具的重量，使用起来更轻便、省力，此设计在形制上也添加了一些变化，不至于呆板笨重，从心理上也产生减轻重量的效果，另外，还节省了材料。两柄之间为刮刀主体受力部位，形似弯月，月牙内侧为刀刃，薄如细丝，刀刃中间处最为锋利，刃口向手柄两端则逐渐变钝，这是因为用刮刀刮竹时主要使用的是刀刃的中间部位。同时，刃口离手越近处越钝，起到保护手的作用，防止操作中手柄不小心滑出手掌而致手划破。刃体厚度由月牙内侧向外侧逐渐增加，这样的造型在保证刃口轻薄的同时，又可使刃体具有一定

图3-86　刮刀

图3-87　刮刀使用方式示意图

① 李煊星.湖南主要竹资源纤维形态的比较研究[D].长沙:湖南农业大学,2006.

的重量以保证惯性，刮平竹筒遇到竹节时，可把刮刀甩出，利用惯性铲平竹节，既省力又方便。

刮刀整体外形类似一条弧线，手柄与刀刃过渡自然，两刀柄并没有保持在同一条直线上，而是存在一定的角度，这就使得劳作者在使用该工具时，握住刀柄的双手处在一个很自然的状态，用力也很顺畅，长期使用不至于两手过度的劳累。体现了劳动者朴素的力学智慧。使用刮刀时，操作者跨坐于凳上，双足垂地，弯腰，双手握着手柄，从后往前推刮刀。

刮刀的使用，使得竹篾表面处理可以更加精细、光滑，厚薄更加均匀，为传统竹制品的后期编织提供更好的原材料。刮刀与木作业中的蜈蚣刨虽然结构不同，但其功能比较类似，都属于平竹（木）光料工具；整体造型也比较接近，一刃，双柄；操作方式也比较接近，双手操持，由后向前推进。关于蜈蚣刨，《天工开物·锤锻》载：“又刮木使极光者，名蜈蚣刨，一木之上，衔十余小刀，如蜈蚣之足。”这也是为什么有学者把刮刀归到木作业的工具中，认为刨是从刮刀发展独立出来的原因。

（二）篾刀

从古至今，竹制产品一直是人们生产生活中重要的产品种类。竹制工具、竹质建材、竹编生活用品、竹编艺术品等，涉及生活的方方面面，而篾刀一直是竹编艺人的主要工具之一，在刮削、剖竹、起间、分丝等工序中都起到举足轻重的作用。迄今为止，篾刀最早发现于广西壮族自治区平乐县银山岭、武鸣区马头乡等地战国墓中，广东广宁铜鼓岗战国墓也有发现。

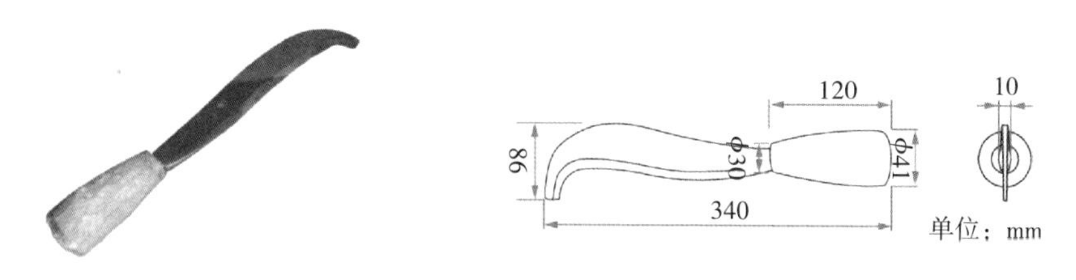

图3-88　篾刀　　　　图3-89　篾刀尺寸图

以中国刀剪剑博物馆藏篾刀为例，总长约为34厘米，手柄长约为12厘米，其最大直径约为4.1厘米，最小约为3厘米，刀背最薄处不到0.5厘米。此刀整体呈竹叶形，器身略往上曲翘，背有脊，刀刃自手柄向前聚成尖锋，锋利无比，刀刃顺着刀背的走势，逐渐趋于平直，直至末梢，出现90度角的弧形转弯，但刀刃锋利依旧不减。该器具从功能设计的角度讲，堪称完美。靠近手柄处的刀刃钝化强，与整个刀背不相伯仲。此设计有它的优点：首先，钝化的刀刃对操作者构成不了伤害；再者，当在制篾过程中需要用大力时，操作者可以用手握住钝化的刀刃，这样就减小了力矩，从一定程度上说也节省了人的力气。刀刃到中前部分突然变薄，这是因为使用篾刀的整个过程中只用到篾刀的中前部。此案例的刀背都比其他手工类的刀背要厚得多，最厚处竟达到了1厘米，这是由于在使用过程中经常会用两手着力于刀背使力。该刀美中不足的地方就是刀柄比较简陋、粗糙，显然是使用者就地取材，随手而为，但仍然不影响对篾刀这类工具的认识，透过它依然能够了解该器具的设计优良之处。

第五节 明代畜牧业与皮作业农器设计

一、围栏与牧场类农器设计

（一）羊栅栏

围栏的作用是使牲畜与周围环境隔开，隔开有两种方式，一种是将牲畜围在栅栏的里面；另一种是将牲畜隔离在栅栏的外面。通常我们说的围栏是指前者，而古代养羊也会用到后者。《齐民要术》载："积茭之法：于高燥之处，竖桑棘木作两圆栅，各五六步许。积茭着栅中，高一丈亦无嫌。"[①]这里提到了，古代牧民为了越冬，提前备些羊可食的干草，并用桑木或棘木做成两个圆形的栅栏，每个栅栏直径有五六步的长度，将干草堆积在栅栏里，堆到一丈多高也没有关系。给羊喂草时，根本不要烦心，直接将羊群赶到两个圆形栅栏处，任凭羊绕着栅栏抽取干草咀食，经常白天黑夜不停地有羊前来抽草吃。这样一个冬天过去后，羊群没有一个不又肥又壮的。如果冬天来临之前，事先没有搭建好这些栅栏，仅将干草裸露堆放在一处供羊群抽食，即使有千斤干草，也不够十头羊过冬。因为，羊群在抽食时，会互相挤来挤去

---

①〔北朝〕贾思勰.齐民要术译注[M].缪启愉，缪桂龙，译注.上海：上海古籍出版社，2006：422—423.

的，最后可能一根草料都没吃到，而草料已经被全部践踏完了。

这种围栏的设计，完全跳出了思维的定式，是从围栏出现的根本目的着手的。这里用于堆放干草的圆形围栏，其出现的根本目的是为了更好、更经济、更节约地让羊群可以吃到干草越冬。越冬食物的储备，对于羊群非常重要，稍有不慎，会导致整个羊群灭绝。这个设计，充分考虑了羊群在一起觅食会互相挤来挤去抢食的特点，如果羊群能够“文明有序”地吃草，围栏就没有出现的必要了。由此，对现代设计应当是个启发，做设计应当考虑到受众的特点，为受众服务。古代在农器的设计上面，早就考虑到了设计受众的特点，即羊群觅食特性。

（二）食槽

牛羊马猪驴的饲养，都是牧养和舍养相结合，舍养喂食时，需用到食槽。食槽，一般用料是木材或石材，制作方式较为原始，直接在长方形的整块石材或木材上挖凿条形槽，不挖通，留平底，以供盛饲料。如是木质食槽，往往还会在一端钉以铁制把手，用于固定食槽，防止被牲畜拱翻。马食槽与其他牲畜有别，不能与猪混用，不能用石灰泥制成。这点在《齐民要术》有载：“凡以猪槽饲马，以石灰泥马槽，马汗系着门：此三事，皆令马落驹。”①

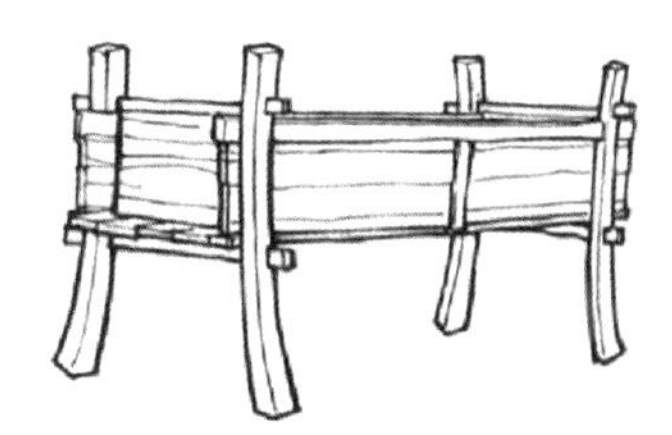

图3-90　马槽

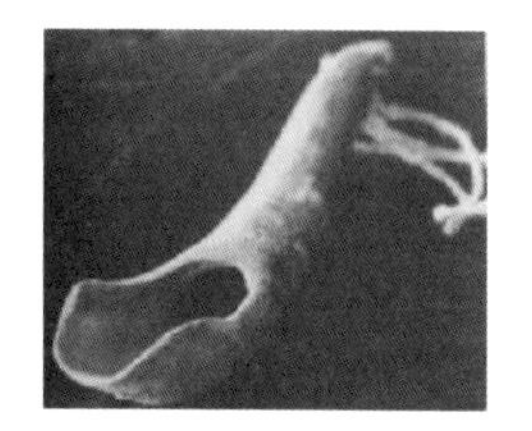

图3-91　灌角

（三）灌角

牛羊马猪驴在饲养中，也会生病，治疗中也会用到一些简单的工具，如灌角。灌角，又称为药勺，是给牲口灌药的工具，用牛角制成，一般长约15厘米，粗口端开有凹形口，目的为在灌药时，方便牛羊舌头舔食，另外也方便将药水倾倒入牲畜口中；细端为把手，既可用来撮药，也可用来碾磨药粉。灌角用牛角制作的原因有两方面，一是牛角性质稳定，不易使药变质；二是牛角易得，且易于长久使用不易损坏。至今在西南某些地区，还有用灌角给牛羊灌药。牛角的细端尺寸，正好也适合人手的握持，方便操作。

① 〔北朝〕贾思勰. 齐民要术译注［M］. 缪启愉，缪桂龙，译注. 上海：上海古籍出版社，2006：400.

《齐民要术》载："羊脓鼻眼不净者，皆以中水治方：以汤和盐，用杓研之极咸，涂之为佳。更待冷，接取清，以小角受一鸡子者，灌两鼻各一角，非直水瘥，永息去虫。"使用时，需两人协作，一人帮忙稳住羊头；另一人手握灌角细端，将粗口端伸进鼻中，不断翻动灌角将药液全部灌进。灌角也可用于给马喂药，只是病因不一样，是灌鼻还是灌口有所差别，如《齐民要术》："治马汗凌方：取美豉一升，好酒一升，夏着日中，冬则温热，浸豉使液，以手搦之，绞去滓，以汁灌口。汗出，则愈矣。"牛羊等牲畜在喂药时，一般不会很配合，都需强行灌药，因此灌角就成了牧场不可或缺的必备工具。

（四）铡刀

铡刀，一般是在底座上安一把刀，一端固定，另一端有手柄，可以上下活动进行切割，是用于切草或者切割其他物料的一种农器具，现今在我国农村地区仍有用其铡切牲畜的青干饲料的现象。明徐光启《农政全书》中载："凡造铡，先锻铁为铡背，厚可指许。内嵌铡刃，形如半月而长。下带铁袴，以插木柄。截木作砧，长可三尺有余，广可四五寸。砧首置木簨，高可三五寸，穿其中，以受铡。"本书图3-92所示铡刀收集于青海民间，现藏于青海省西宁市马步芳公馆，长约60厘米，宽约16厘米。

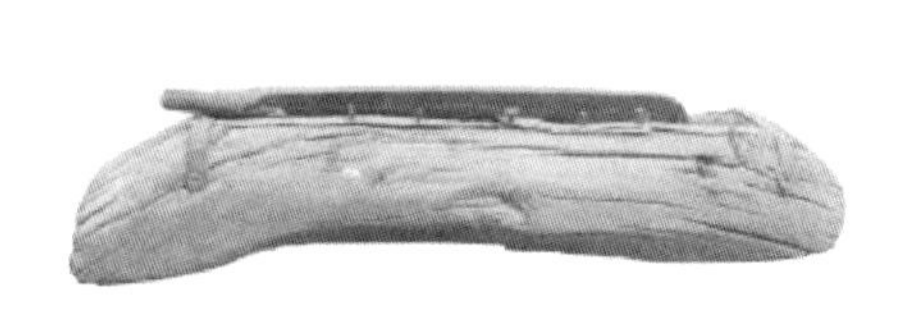

图3-92　铡刀

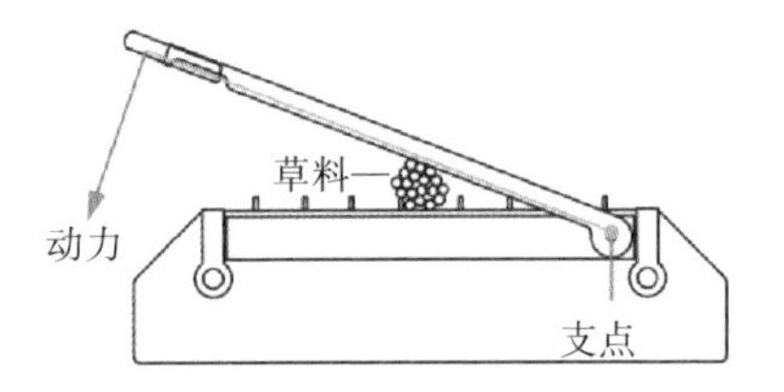

图3-93　铡刀受力分析图

图示铡刀构造很简单，由两部分组成。一部分是底座，相当于砧板，将厚重的长方形木料中间挖槽制成；另一部分是带有手柄的生铁刀，刀尖部位固定在木槽底座上，刀背较厚。此铡刀刀刃长直，与《农政全书》中所描述的"形如半月而长"有别。铡刀是专门用来给牲畜铡草料的，铡草时，一人把成捆的草料散开平铺在底座的木铡板上，另一人则握住刀柄向下用力进行切割，刀入槽中，草料就被整齐地切断了。依次再往上续草，直至把草料全部切割成细细的草段。《齐民要术》载："剉草粗，虽足豆谷，亦不肥充；细剉无节，簁去土而食之者，令马肥不咥，自然好矣。"这里也强调了，草料要铡得尽量的细，才能膘肥马壮。农谚"寸草铡三刀，无料也上膘"说的也是这个道理，由此可见铡刀在畜牧业中具有重要的作用。

铡刀切草的工作过程运用的是杠杆原理。以刀与木槽底座的固定点为支点，以手握刀柄向下的力为动力，此到支点的距离为动力臂；草料对刀刃有阻力作用，这个力到支点的距离为阻力臂。由杠杆原理“动力×动力臂=阻力×阻力臂”可得知，动力臂越长则越省力，因此铡刀属于省力杠杆，草料放置位置离铡刀固定点越近，切草料越省力。铡刀工作原理虽然十分简单，但是却能节省大量劳动力，可以一次切碎大量草料，提高工作效率。铡刀是古人智慧的结晶，同时也展现了早期人们对杠杆原理的创造性运用，至今铡刀的工作原理还在一些机床的刀具设计中被广为应用。

二、畜棚类农器设计

（一）牛棚

牛，是最适合农田耕种需求的家畜，要想它繁殖旺盛，卖力耕种运输，就要好心饲养。“视牛之饥渴，犹己之饥渴；视牛之困苦羸瘠，犹己之困苦羸瘠；视牛之疫疠，若己之有疾；视牛之字育，若己之有子也。” 古人早就发现了，牛的气血和人相似，酷暑怕热，严寒怕冷，即“今夫牛之为畜，其气血与人均也，勿犯寒暑。” 故天热时把牛赶到水塘里，以降温；天凉时，让牛住在牛棚里，以避寒。俗话说“养牛，夏要水塘，冬要牛衣和暖房”，就是这个道理。一般，牛棚坐北朝南向阳而造，以木料搭建，内外还需用泥涂墁，冬天天干物燥，要防止意外火灾。

初春时节，需清理牛栏中积滞的牛粪屎尿和垫草。自此农闲时，将牛拴入暖房即牛栏中，用打谷场上的糠皮、穰草垫在牛栏地面上，称为“牛铺”[①]，牛的屎尿都溺于其中。第二天再铺一层糠皮、穰草盖上，如此每天铺一次，大概十天打扫清理一下。一方面，可以保持厂棚卫生清洁；另一方面，可以让牛蹄不会老浸泡在潮湿的环境中，免得生病。

（二）羊圈

《齐民要求》载：“圈不厌近，必须与人居相连，开窗向圈，架北墙为厂。”羊圈设计建造是根据羊的习性，羊群生来懦弱，只要有一只狼进入羊

---

①〔元〕大司农司.农桑辑要译注［M］.马宗申，译注.上海：上海古籍出版社，2008(2011重印)：360.

群，都可能使整个羊群灭绝，故在羊圈建造位置选择上，尽量离人居住的房舍越近越好，这样可防止夜里有狼等野兽袭击，也可防止盗贼偷羊。直到现在，有些养羊的农户都会在羊圈前面挖一个坑，坑口沿不平整，在其上面铺设一个水泥制板，只要有人或羊在其上行走即会发出响声，如果夜里有响声即提醒农户起床查看，起到一个预警装置的作用。

一般，羊圈只会搭一个厂棚的形式，不会像鸡舍那样搭成屋。这和羊的血性有关，羊本身就比鸡的燥性大，羊汤喝了会让人浑身发暖、发燥。如将羊圈搭成屋，那就太热了，羊的皮肤容易生病。而且，冬天在里面比较暖，住习惯了，出去放牧吃草，容易受冻。羊圈在设计搭建时，会将地面用干燥泥土作台抬高，并在台面开洞以排泄阴雨污水，不至于在台面积水。为了得到洁净的羊毛，养羊比牛的卫生要求要高，两天就要清扫一次羊圈，不让粪便堆积。通常，建造羊圈时，内壁四周会竖起木栅栏，目的有两个，一方面是为了使羊群和圈壁隔开，避免羊群磨蹭墙土，羊毛经汗渍和泥土凝结在一起打结，不利于绞毛；另一方面，用高的木栅栏超出墙头，也可阻止虎狼从高处闯进羊圈。

《齐民要术》载："《家政法》云：'养羊法，当以瓦器盛一升盐，悬羊栏中，羊喜盐，自数还啖之，不劳人收。'"说明，古人养羊时，也考虑到羊的喜好，借此来做些小设计，如在羊栏中悬挂一个瓦器里面盛些盐，白天将羊群放出去了，晚上它们想吃盐了，自然会回到羊栏中，不用牧羊人去赶，这样方便牧养和舍养的管理。"羊有病，辄相污，欲令别病法：当栏前做渎，深二尺，广四尺，往还皆跳过者无病；不能过者，入渎中行过，便别之。"这是通过建筑上的设施，辨别羊是否已生病。在羊栏前面挖一个小沟，深约二尺，宽约四尺。羊群回栏时，从沟上跳过者，说明没有生病；不能跳过，从沟中走过者，说明已经生病。羊群中只要有一只生病，就会快速地传染给其他羊，所以只要发现生病的羊，就需立马隔离。通过在羊栏前挖建沟渠，看羊是否跳过来辨别羊是否生病，只能发现那些已生病并已体虚的羊，对于那些已感染病毒，但尚处于潜伏期体力暂未受影响的羊而言，是没有办法区别的。总之，羊圈的设计建造都是根据羊的习性如懦弱、怕热、怕水、爱干燥干净等而来的。

（三）猪圈

《齐民要术》载："圈不厌小，处不厌秽。亦需小厂，以避雨雪。"说明养猪，也需搭建小厂棚，即猪圈，让猪群遮风避雨。但是，猪圈不嫌弃有多小，因猪性嗜睡，圈小了，可以减少猪的活动范围，降低猪的活动量，使猪更容易长膘，农谚“小猪要游，大猪要囚”[①]就是这个道理。猪圈和羊圈不一样，猪圈可稍脏一点。另外，猪圈通常会和厕所联排建造在一起，便于农户收集有机畜肥。

猪的饲养，也是放养和圈养结合，一般，春夏季节青草旺盛，可以随时放牧，也可圈养。到了八月至十月，就完全进行牧养，将所有糟糠等粮草全部储蓄起来，为过冬之用。初生后的猪仔，为使其健壮长膘，会放一些粟豆等精料在圈中供其食用。若母猪和猪仔在同一圈中，放多少精料，猪仔都吃不到，全部让母猪吃了，猪仔就无法长膘。但是，为了母猪喂奶方便，又不能将母猪和猪仔分开圈养。这时，农户会将一个古制木车轮竖埋在猪圈一角，隔出一个独立的空间，将粟豆等精料撒在此处，猪仔可以从车轮中穿行进入此区域自由觅食，出来后还可吃母猪奶，而母猪因体大无法进入。古制大车，平时不用时，一般是拆卸分开储藏的。因此，待猪仔长大后，农户又可将车轮拔除，装到大车上，简便实用，还无需另外取材制作工具，可谓因地制宜的典型案例。

（四）马厩

公马养的多，容易发生争斗，在马厩的设计上就要解决这一问题。可在马场多做一些厩棚，多放一些食槽，铡碎的粮草和豆谷等饲料也分开放置。马在厩棚里不拴系，任其自由活动。如此，饮食等也随他们性情，粪便也自然拉到一处，方便清理。对于骑乘马匹的饲养，其厩棚和食槽当分置两地，即使在寒冷的冬季，也要这样设计放置。这样做的好处是，每天让马匹从厩棚跑到食槽处就食，可使马身气血旺盛，通俗点就是让马每天都能得到锻炼，马匹自然健壮。这点和猪圈的设计上不一样，猪圈尽量小点没有关系。

马和人一样，也会生病，古人养马会在马厩里放一只猴子，这样可使马健硕且不易生病。猴子在厩棚的居住，是在厩棚中竖立一根长竹竿，竿头装一横板，将猴子拴系在上面。如《齐民要术》：“常系猕猴于马坊，令马不畏，辟恶，消百病也。”这是有一定道理的，在马厩中放一只猴子，到处蹦跳吵得马匹自然无法休息，这样有效抑制了马儿的惰性，使得马儿起身活动，吃些

---

①〔北朝〕贾思勰.齐民要术译注[M].缪启愉，缪桂龙，译注.上海：上海古籍出版社，2006：442.

草料，身体自然健康，不容易生病。

（五）干栏式畜棚

早在河姆渡时期开始的干栏式建筑，一直到现在我国长江流域中上游和西南广大区域，仍保留了这种下畜上人的建筑形式。干栏式畜棚，通过利用建筑的底层空间，搭建围栏，畜养牲畜，所用材料以竹木居多，搭建方式以卯榫结构为主。通常干栏式建筑有两层，下层是腾空的，层高偏低，主要目的是在南方潮湿、温热的环境中起到防潮、防虫的作用，同时大部分空间用于圈养牲畜，其余部分用以堆放生产工具、柴草及生活杂物，上层用以人口居住及贮藏粮食等。将家畜圈养在自己住所下方，既方便饲养、清洁劳作，也利于人畜安全。夜间睡眠期内，家畜可以为人提供有效的安全警告；人也可以最便捷地守卫家畜，以防被盗。[①] 干栏式畜棚，也利于收集家畜粪料，用于农田施肥。

三、禽舍类农器设计

（一）鸡舍

古代养鸡，是将鸡赶到树上休息的。因为，家养驯化的鸡是从会飞的野鸡驯化而来的。至少唐代以前，农户养鸡还有赶鸡上树的。直到现在，虽然经过长时间的驯化舍养，家养草鸡还有择木而栖的习惯，只要有横杆，总喜欢两只脚抓住木条休憩。鸡在树上过夜休息，遇到大风，小鸡容易掉下摔伤甚至致死。到了明代，家养草鸡已经基本在建造的鸡窝、鸡舍或鸡笼里过夜。鸡笼的作用，一是供鸡休憩；二是可以保护鸡仔，免遭狐狸、黄鼠狼的伤害；三是圈养住鸡仔，减少其活动，容易长膘。

图3-94　鸡笼

羊圈建于房舍北侧，鸡窝则建于院内。农户养鸡，为了防止鸡上屋、糟践院舍，并且也为了避免乌鸦、狐狸等的袭击，也会单独筑建土墙，开个小门，做个小型厂棚，以供鸡群避雨遮阳。但无论雌雄，都将其翅膀剪去，令它们无法飞出小厂棚。农户会在厂棚里，放置小的盛满水的水槽，方便鸡群喝水。农

① 王琥.设计史鉴：中国传统设计思想研究（思想篇）[M].南京：江苏美术出版社，2010：146.

图3-95　大足石刻之“农妇饲鸡”

户还会沿着厂棚边，用荆条编制成篱笆，离地高约30厘米，供鸡群栖息；在土墙上凿洞为鸡窝，离地也约30厘米，正好与篱笆差不多高度。冬季时，要在窝里垫些草，供母鸡产蛋、孵蛋，以免鸡蛋受冻，其他季节则不需要垫任何东西。刚出生不久的雏鸡，为防止被无意踩伤，通常会将其用笼罩住，单独饲养一段时间，直到有鹌鹑大小再回归到厂棚饲养。这里用到的鸡笼，也称为罩笼，用竹篾编制，覆钟形，上有小圆口，无盖，下无底。使用时，直接将小鸡关在笼中，小鸡暂未长翅膀，无法飞出，又可与母鸡隔开。

通常，鸡窝建造于院子里，形状和人居房屋比较像，只是比例小很多。农户在鸡窝中悬一竹席，下面用木架支撑，供鸡栖息。加设一横木的原因，是根据鸡的习性设计的。也有在墙的内壁挖个洞，并将稻草垫在上面，供母鸡下蛋孵化小鸡。鸡笼内也会架设横木条，以供鸡栖息。

中国南方盛产竹子，有一种笼式竹编器具“猫叹气”，是用于盛放鸡饲料的农器，其设计原理和上文提到的羊栅栏有相通之处。“猫叹气”结构简单，由六根辐条组成，加一根收边，里面嵌着网状内衬。将盛鸡饲料的容器放进笼中，鸡可自由地伸进脑袋啄食，而猫狗却没有办法抢食。还可将其临空吊置在院前的廊柱或树枝上，耗子也没有办法钻进去，鸡却可以略展鸡翅，即使栖息在笼体上，照样可以将脑袋伸进去啄食。这种器具至今在我国西南四川等地还可见。在永川“大足石刻”中，就有一副南宋时期的石刻雕像“农妇饲鸡”，画中“猫叹气”与现在流传的造型基本相同。可见，在我国民间“猫叹气”存在历史久远，而明代自然也有此器具的使用。从设计学的角度分析，“猫叹气”主要功能区域是覆盖笼体的格状网眼。每个网眼的大小，都必须大于鸡脑袋，并小于猫狗脑袋，这涉及生物体工程学、动物行为学。而几根简单的辐条，则支撑起了整个“猫叹气”形状的三个作用，一是隔离出一块独立空间，可将盛鸡饲料的容器放于笼中；二是连接可以开合的底部；三是可以以绳索、挂钩束缚，悬于空中，避免老鼠蛇虫进入，也可供鸡群休憩进食。这又涉及材料力学、卫生防疫学。笼体底部是可以活动的“门”，可供人自由添加饲料。[①]

（二）鹅、鸭舍棚

养鸭养鹅，也要建厂棚，并在其下用细稻草做几个窝，以保暖。《农桑通诀》载："先刻白木为卵形，巢别着一枚以诳之。"说明，农户还会事先用白色木料仿制几个假蛋，每个窝里放一个，以诳骗鸭鹅来窝里生蛋，否则鸭鹅到处生蛋，不便收集。如果只在一个窝里放假蛋，又会引起争窝，故需每个窝里放一个。鹅、鸭舍棚与鸡舍相似，但只需要建造围栏开设棚门，无需全部封闭，形制也相对大些。

四、农家皮革硝制类用具设计

我国的皮革制造历史，可以追溯到几千年前，皮革的制造历史，几乎是与人类文明同步发展的，但是由于皮革属于有机生物组织易于腐烂，所以远古皮革制品实物几乎少有留存。为了生存，先民们制伏了攻击他们的野兽，并"食其肉，寝其皮"。最初人类只是本能地将动物的毛皮披裹在身上御寒，当骨针出现后，先民们学会了用针缝制毛皮，使"皮衣"穿着更加合身，更加保暖御寒。毛皮可能是人类早期相当长的一段时间内，最主要的制衣材料。考古发现，早在石器时代的周口店山顶洞人、河北阳原虎头梁人已能缝制成衣。到了商周时期，人们已经掌握制造"熟皮"的技术，可以将兽皮制成柔软的裘服，还可根据社会等级的不同做成不同的花色和款式。随着桑麻种植及纺织业的发展，纤维织物成为服饰制作的主要原材料，皮作等天然材料逐渐退出了主流选材的位置。但是，皮作业仍是大农业的下游产业，皮作的原料来源于农村畜牧业，是大农业的副产品。皮作业是再生资源产业，皮革的硝制原料动物皮是一种取之不尽的生物资源，也是可再生的绿色资源。[②]

直接从动物身上剥下来的毛皮称为"生皮"，生皮经鞣制加工后，带毛的叫作"裘"，无毛的称为"革"。[③]生皮与皮革之间的物理和化学性能大有不同，生皮晾干后失去柔性，弯曲时易断，并且易于腐烂、掉毛、发臭，在高温水中生皮还会收缩。经过硝制后的皮革，不会变成硬而脆的材料，仍然保

---

① 王琥.设计史鉴:中国传统设计思想研究(思想篇)[M].南京:江苏美术出版社,2010:168.
② 但卫华,王坤余.生态制革原理与技术[M].北京:中国环境科学出版社,2010:1—7.
③ 刘明玉.《考工记》服饰工艺理论研究[D].武汉:武汉理工大学,2007.

持扰曲性和柔软性，干燥后再回湿不会腐烂，遇热水也不收缩。

将生皮鞣制成熟皮（革或裘）的过程，称为皮革的硝制。古代的皮革硝制方法有油鞣法、烟熏法（实质是醛鞣法）、植鞣法、发汗脱毛法、生石灰脱毛法、硝面法等。人们在长期的使用过程中发现将兽类的油脂等涂抹在生皮表面，经过揉搓等操作可以使其变软，穿着更加舒适，这实际就是较为原始的油鞣法。早在远古时期，人们还发现用木材点火烟熏生皮，可以防虫、防腐，后来就形成了烟熏鞣法，这实质是醛鞣法。后来人们又发现，将湿生皮搭在树枝上时间久了之后生皮上会染上颜色，并且经热水煮泡后，生皮既不收缩也不腐烂，可以长久使用，慢慢发展成了后期的植鞣法。人们还发现将湿毛皮置于温暖潮湿的地方，若干天后毛自动会脱落，这就是所谓的发汗脱毛法。此法出现后，才有带毛的毛皮和不带毛的皮革之间的区别。[①]就是在这个方法的基础上，约在公元前2500年～前800年，至迟到周代，出现了生石灰液脱毛法，这其实和发汗脱毛法类似，都是利用微生物酶脱毛，但是用生石灰液效果更好。约到公元前700年左右春秋时期，我国的皮革硝制技术已经非常发达，从《考工记》中可知，当时官营手工业和家庭小手工业的主要工种，凡三十种，即攻木之工（七种）、攻金之工（六种）、攻皮之工（五种）、设色之工（五种）、刮摩之工（五种）、抟埴之工（二种），此时的皮革制造分工已经非常精细，有函人（制甲）、鲍人（鞣革）、韗人（制鼓）、韦氏（阙）、裘氏（阙）。到明代，我国皮革工艺已经相当成熟，吴承恩的《西游记》中写道："悟空道：'这一蹿翻跌下水去，却不湿了虎皮裙？走了硝，天冷怎穿？'"说明至晚到明代，我国民间已经有用芒硝和面粉鞣革了，并对芒硝化学性能比较了解，知道芒硝易溶于水，故用硝面法制得的皮革遇水，芒硝自然会溶出，熟皮又回归到生皮，皮质又变硬、易断等，这个过程称为"退鞣"。《天工开物》还记载："其老大羊皮，硝熟为裘"及"鹿皮去毛，硝熟为袄裤"，验证了明代鞣革以硝面鞣法为主。

皮革的硝制工序大概分三个过程：准备、鞣制和整理。准备工序是将湿生皮或干板皮整理、清洗、除去污渍等，将其泡于石灰水中，目的是使皮上纤维膨胀。再去掉表皮和鬃毛，使皮表面洁白，富有弹性。接着用酸性液体中和渗入皮里的碱性石灰水。前期准备的主要任务是将生皮恢复成鲜皮状态，并除去杂质，适度松散纤维，使之成为适合鞣制的裸皮。鞣制工序是将

① 何露，陈武勇．中国古代皮革及制品历史沿革［J］．西部皮革，2011（16）：42—46.

鞣料和生皮放在一起，不断翻动，使鞣料渗透进生皮，与生皮的蛋白质纤维结合固定。鞣料有多种，如以芒硝和面粉为鞣料的称为硝面鞣法，以明矾为鞣料的称为明矾鞣法，明代以硝面鞣为主。[①] 整理工序是在保持坯革应有的性能和感观特征的前提下，通过整饰技术和适当的加工完善，赋予成革应有的性能。

皮革来源主要是动物皮，包括兽畜类皮和鱼类皮。从使用受众多少而言，兽畜类皮更加普及，而兽畜类皮又以牛羊皮更为普遍，貂狐皮更加珍贵。明代牛羊饲养以西北新疆、甘肃及陕西少数民族居多，故在当时，西北少数民族的制革技术相对也较为发达，并有流传。以甘肃张家川回族的皮革加工为例，硝制过程中用到的工具主要有木刀或木棍、裁刀、木尺、铁爪、洗皮棒、铁铲等。

木刀，通常长约60～70厘米，宽约3～5厘米，刀头较尖，有把。木棍长度和木刀差不多，大概有拇指粗。木刀或木棍既用于前期准备工序，也用在后期整理工序。在前期取得生皮后，可用木刀或木棍将生皮上的毛撣散，使皮毛变得更加蓬松，还可除去毛上杂质。[②] 生皮经过鞣剂浸泡后，皮毛里会有硝面等残留杂质，用木棍或木刀可撣去其中残留物。

裁刀，用于硝制后期的裁剪皮革，铁制，有手掌大小，刀刃一般呈弧形，刀刃到刀把的走向由宽变窄，到刀把处宽约2厘米，刀厚和一般菜刀差不多。刀刃设计成弧形，是便于裁剪时自由改变走向。有的刀把上还铸有多面体是为增加握持时的摩擦力，不至于刀把从手中滑出损坏皮革。

铁爪，由铁制成，爪上有一二十个并列的弯曲爪子，爪子尾部固定在一木质手柄上。铁爪的主要作用是梳理打结的皮毛，使之蓬松；并剔除毛中杂物，使之洁净，便于硝制前后阶段的清洗及鞣液的渗入。

图3-96　铁爪

洗皮棒，长约150～200厘米，直径约2～3厘米，一般用木制，主要作用是清洗生皮时敲打生皮，将生皮中的油脂等杂物敲打出来。[③] 用洗皮棒敲打生皮的同时，还需不断往生皮上

① 考工记译注[M].闻人军，译注.上海：上海古籍出版社，2008：63.
② 虎有泽.张家川回族的传统文化研究[J].回族研究，2004(3).
③ 虎有泽.张家川回族的社会变迁研究[M].北京：民族出版社，2005：114—116.

泼水，及时清洗皮毛。

铁铲，用铁打制而成，形似耕事农器的铁铲，铁铲刃口在前端，后端留有圆形孔，用于安装木柄。铁铲的主要作用，是铲除生皮上的烂肉、污物等。

五、乡村出行类用具设计

（一）牛皮船

乡村出行用具除了车船竹筏等竹木用具外，还有一些牛皮船、羊皮筏等皮作用具。皮作出行用具主要在我国西部地区盛行，因为这些地区畜牧业发达，牛羊皮料丰富，取材方便。如牛皮船，藏语又称为“果哇”，是青藏高原和川西等地特有的水上交通工具。牛皮船的使用可追溯到大渡河流域古东女国时期，距今已有上千年历史，被誉为“水上交通活化石”。最早的文字记载见于五代后晋时期的《旧唐书》：“其王所居名康延川，中有弱水南流，用牛皮船以渡。”古代牛皮船呈圆形，口径约2米左右，形同寺庙里的“千僧锅”。关于牛皮船造型及运载量，清代李心衡《金川琐记》有载：“用极坚树枝作骨，蒙以牛革，形圆如杯棬。一人持桨，中可坐四五人，顺流而下，疾于奔马，顷刻达百里。”后世发展的牛皮船呈方形，如现藏于泉州海外交通史博物馆的牛皮船，收集于西藏雅鲁藏布江流域，侧面看船体呈不规则梯形，上窄下宽，长约290厘米，窄边宽约95厘米，宽边宽约160米，高约70厘米，形制大于圆形牛皮船。

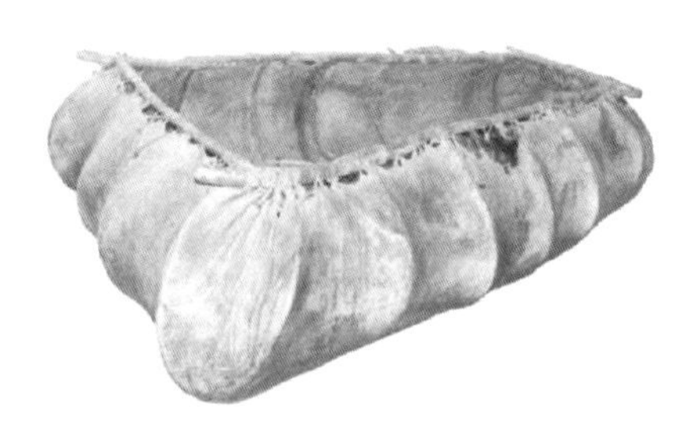

图3-97　牛皮船

图3-98　牛皮船操作示意图

制作牛皮船的主要材料有牛皮、柳木、树脂胶、绳索等，制作时先用柳木通过榫头拼接成梯形框架，后将几块牛皮缝制成皮囊结构，并穿挂于框架上用绳索捆系牢固。现藏于泉州海外交通史博物馆的牛皮船，由六根直径约5厘米的柳木拼接成框架，外部穿挂牛皮4张用线缝合，并用树脂胶、牛羊等动物油脂填实接缝处，以密封防水。梯形框架的搭建，先制作牛皮船上沿口的方形框架，后通过火烤将柳木弯曲成U型，纵向4根柳木，横向6根柳木，上下交替编织，置于框架之内。框架成型之后，将牛皮蒙于框架之外并绷紧呈上窄下阔形。蒙牛皮时必须多人一起配合操作，才可使牛皮撑紧。牛皮囊的穿挂，事先在皮囊四边向下位置钻孔若干，后用牛皮条或牦牛毛绳索穿进孔中，系于梯形框架上边的柳木。这里的绳索一定要注意不能太细，同时还要具有一定的弹性，否则时间长了会将孔拉穿。牛皮船一般选用公牛皮，在缝制之前要经过鞣制和整理，把生皮加工成皮革，并给皮革做防水处理。一般牛皮船的自重在60~80斤左右，载重量在1000~1200斤左右，可以坐人七八位。需载货物较多时，还可将多艘牛皮船连接在一起成一艘大船，提高一次运载货物的载重量。牛皮船的使用环境要尤为注意，一般是顺流或静水中使用，不能逆流行船。不用时，一个人即可肩扛牛皮船上岸，及时晒干，并涂油养护。

牛皮船的使用，也是适应自然，改造自然，因地制宜的结果。大渡河的特殊地理地貌是牛皮船出现并得以延续的重要原因，大渡河南北走向，河流终年不息，河面较宽，不易架桥牵索，渡河过江也有用木舟，但其质重，且需有固定的口岸，不是特别方便。而牛皮船质轻，渡河完毕后，单人之力即可扛上岸边晾晒，无需口岸固定，十分方便。牛皮船的制造还充分利用了当地的牛皮资源，因西北畜牧业发达，牛皮资源丰富，并且牛皮具有非常好的韧性和耐磨性，再经防水处理，完全适合做造船的原材料。

（二）羊皮筏

羊皮筏，俗称排子，古又名革船、浑脱，是我国黄河沿岸古老的水上运输交通工具。羊皮筏具体出现时间不详，但文献记载不在少数：南朝范晔《后汉书》载："护羌校尉邓训，缝革囊为船，在青海贵德载兵横渡黄河。"北魏郦道元《水经注·叶榆水》载："汉建武二十三年，王遣兵乘革船南下。"《旧唐书·东女国传》有句"用皮牛为船以渡。"唐白居易《蛮子朝—刺将骄而相备位也》诗云："蛮子朝，泛皮船兮渡绳桥，来自嶲州道路遥。"《宋史·王延德传》载："以羊皮为囊，吹气实之，浮于水。"说明以羊皮制作的气囊皮筏，起码从东汉到宋代一直是西北地区黄河流域常见的渡河交通工具。[①]

---

① 王浩滢，王琥.设计史鉴：中国传统设计技术研究（技术篇）[M].南京：江苏美术出版社，2010：234.

宋代《武经总要》有关于“浮囊”的记载：“浮囊者，以浑脱羊皮吹气令满，系其空，束于腋下，人浮以渡。”这是将单个羊皮吹气，利用其浮力捆系腋下渡河，因其制作简单，方便灵活，曾使用相当普及。但是，浮囊有个明显缺点，就是单个羊皮浮力不够大，人系浮囊时，一般身体没入水中，冬天根本无法使用，而且表面不平整，无法运输货物。

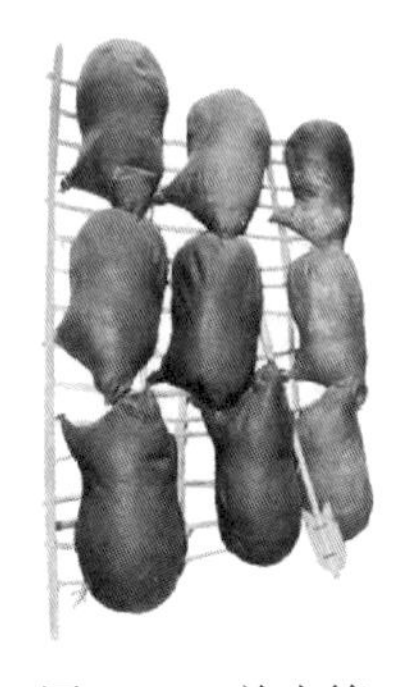

图3-99　羊皮筏

图3-100　羊皮筏操作示意图

羊皮筏可能是在浮囊的基础上发展而来，简单而言就是将几个浮囊捆束在一竹木框架下。以现存于泉州海外交通史博物馆的羊皮筏为例，其长约237厘米，宽约167厘米，由9个羊皮囊组成，属于小型羊皮筏。①羊皮筏的制作大致过程是：（1）分别制作羊皮囊若干；（2）制作竹木框架用于捆系羊皮囊；（3）将羊皮囊全部捆系于框架上。羊皮囊的制作是将宰杀的羊去掉头和四蹄，从颈部开始将整张羊皮翻剥下来，经过羊皮脱毛、鞣制加工处理后再将颈部、三个蹄部及肛门等的孔口扎紧，留出一个蹄孔以插管吹气。通过这个吹气口，将皮囊吹鼓起后，用管灌入少量清油、食盐和水的混合液体浸泡。硝制之后，再吹气，并将皮囊头尾、四肢和各个端口扎紧，置于河边阳光处反复晾晒。等到暴晒之后皮囊呈黄褐透明的圆气球状，皮囊就做好了。以此相同方法，制得皮囊若干，分别系于事先准备好的竹木框架上。皮囊的浮力一方面来自皮囊自身充气后的浮力，另一方面来自皮囊内部填充的羊毛、干草等物。

羊皮筏的使用，是将皮囊朝下置于水中，人或物立于框架之上，配以木浆或撑篙等工具用于推进皮筏前行，并控制皮筏的行进方向。皮筏使用灵活方便，且所有部件均能拆分，可以随时根据运输货物的多少，增减皮囊的数量。小型的皮筏通常由几个到十几个皮囊组成，载重达两三吨，大型皮筏由

① 车昕，樊进. 中国设计全集：第15卷　用具类编·舟舆篇[M]. 北京：商务印书馆，2012：142，144.

数百个皮囊组成，载重可达数十吨。每个皮囊可看成独立的浮力构件，如有个别皮囊破损不会对整个皮筏的运载能力带来致命伤害，这与带有密封舱的大型船体原理相仿。而且，一旦众多皮囊受损，还可解开单个没有损坏的皮囊作为逃生之用。皮囊的破损修补如农妇补衣服一样，只是布补丁用羊皮代替，同时缝补好后，还要用胶质堵塞缝隙处做密封处理以防水。皮囊的口部捆扎不同于一般的布袋，而是将口部与十字形或一字形短木棒捆扎在一起，利用内衬外收的张力将中间的柔性皮革捆扎到位，以增加其密封性。羊皮筏子在水中独立行驶时水阻较大，主动移动能力较差，故通常是借水力做顺水运输，不能逆流而上。羊皮筏子和牛皮船一样，自重都比较轻，人员上筏或船后，其座次的安排需听从船手调度，以做到位置的对称合理，平衡船体，防止倾覆。运输结束后，船夫可将羊皮筏子扛上岸，进行晾晒，做皮囊养护等。

羊皮筏子和牛皮船具有许多共同之处，具有取材方便、制作简单、成本低廉、操作方便等优点，但是他们同样是一种单向运输的水上交通工具，一般只在静水或顺流水域运输，不逆流而上。他们都是体积小而自重轻，吃水浅，受水流冲击面积较小，无搁浅触礁之忧。这类皮作水上出行工具，制作、使用中尤其要注意密封和防水。直到如今，在黄河流域仍可见羊皮筏子的身影，其还是当地漂流的主要工具。

第六节　明代纸作业与农器设计

造纸术是中国古代四大发明之一，是我国劳动人民智慧的结晶，至今仍在影响着我国及世界其他国家生活和生产的方方面面。关于造纸术的起源至今仍有争议，但蔡伦造纸似公认度相对较高的一种观点。按照传统造纸原料和技术的不同，纸张可以分为麻纸、皮纸、竹纸三大类。造纸是对麻、树皮或竹等植物纤维进行切断、制浆、打浆，然后将浆料悬浮于某载体中，用网状工具过滤荡取再行脱水干燥制成。麻纸的主要原料是麻头、旧布、旧渔网等，制作工序简单，可分为剉、捣、抄三道。首先把得到的原材料经过切割剉制成细小均匀料块，然后通过舂捣进一步将其粉末化，最后抄纸晾干。麻头、旧渔网等主要由大麻或苎麻制成，一般，大麻纤维长约15~25毫米，宽约0.015~0.025毫米，长宽比为1000：1；苎麻纤维长约120~180毫米，宽约0.024~0.047毫米，长宽比范围为5000：1到3850：1。纤维长，细胞壁又厚，不容易舂断。[①]由此，麻纸具有抗拉性好的优点和质地厚硬、表面粗糙、书画用笔中墨色浸染层次不够分明的缺点。皮纸，主要原料是木本植物纤维韧皮，如楮树皮、桑树皮、藤皮、青檀树皮等。皮纸最早出现于汉代，到唐代进入鼎盛时期。麻的产量有限，相对树皮、竹料等原料其产量低、成本高。故皮纸出现以后，很快占据纸张中的主导地位。宣纸是皮纸中的一种，其纸洁白，渗墨性能好，墨色晕染层次丰富，而且不起皱。

传统造纸工艺和技术随着时代的发展，很多生产工具和加工工艺发生了变化，但其许多内在的技术原理、工艺流程仍然具有一脉相承的连续性。造纸技术发展到明代是集大成时期，尤以安徽泾县宣纸最为突出。宣纸是安徽宣州皮纸的总称，主要产地有泾县、宣城、太平等地。明末著名书画家文震亨在《长物志》中评论各类名纸时，特别提到“泾县连四最佳”。下面以安徽泾县造纸工艺为例，从原料种植、浸泡、抄纸三个流程对其工具设计进行分析研究。

一、原料种植类农器设计

泾县宣纸原料最初只是用青檀树皮，后由于产量增加，原料短缺，纸工们试着配入一定量的沙田稻草，以解决原料短缺和降低成本的问题。通过实践人们发现，加入一定量的沙田稻草非但没有降低宣纸的品质，还改善了纸张的性能，所以泾县宣纸以青檀树皮和沙田稻草为原料的模式基本固定下来。关于宣纸中配比稻草的时间众说纷纭，宣纸研究方面的著名学者刘仁庆认为最迟是在清朝中期甚至更早，很可能是明末清初。[②]刘仁庆先生的文中提及“还有人拿明末清初的宣纸样品进行分析，也发现其中含有部分稻草纤维”，故本书论述中，依据此观点认为在明末泾县宣纸中已出现稻草原料。

青檀树，属榆科，落叶乔木，其材质坚韧、纹理细密、耐腐耐水浸。树皮淡灰色，幼时树皮光滑，老时裂成长片状剥落，剥落后树干露出灰绿色的内皮。[③]因此，制造宣纸的青檀树以生长两三年的枝条最好。树龄较短的，韧

① 路甬祥；张秉伦，方晓阳，樊嘉禄．中国传统工艺全集：造纸与印刷[M]．郑州：大象出版社，2005：54
② 刘仁庆．关于宣纸发展史中的一个重要问题[J]．纸和造纸，2008，27(1)：67—69.
③ 吴小巧．江苏省木本珍稀濒危植物保护及其保障机制研究[D]．南京：南京林业大学，2004.

皮太嫩；树龄太长，韧皮又太老，不易舂碎其植物纤维。通常在春天农田播种时育树苗，当年青檀树苗可长到50厘米到100厘米左右。为保证青檀树皮的持续供应，可以两种方式来解决，一是，待到青檀树种植三到五年时，采取截枝促其萌发新芽；二是，同时培育几片青檀树林，轮流砍伐。砍伐青檀树条是宣纸制造的第一个环节，对其砍伐的时节比较讲究，一般在每年冬季，从立冬到次年立春前后树枝长新芽前。

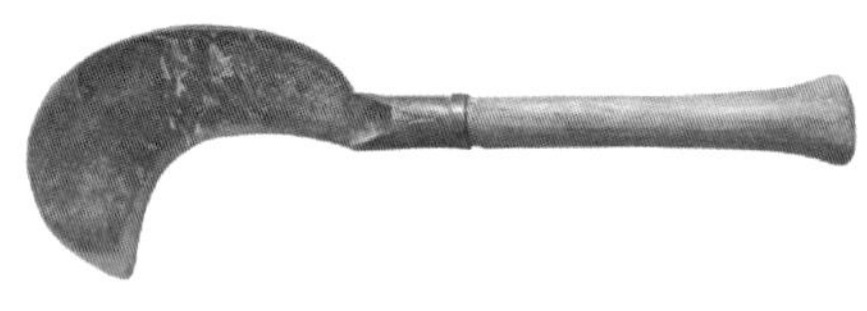

图3-101 柴刀

砍伐青檀枝条的主要工具是柴刀或斧头，柴刀刀身宽，弯钩小，主要用来砍木材。柴刀是砍木材专用刀，由刀片和手柄构成，刀片呈弯月形状，装在手柄上，刀口锋利，刀身阔大。与柴刀配套的是刀鞘，一个镂空的木头，两头系着绳子，捆在腰间。皖南地区，当地农民主要用这种柴刀上山砍伐小型灌木或茅草等，也有用斧头砍伐的，主要是针对大型乔木，用力要大得多。

本书图示柴刀收集于皖南赣北民间，由刀片和木柄组成。刀片为弯月状，下方装有木质刀柄。刀片长约23厘米，木柄长约24厘米，直径约3厘米。柴刀大多很沉，所以用来砍柴格外称手，刀刃尾部中空，目的是可以插入木柄增加它的抡砍半径，使挥砍更有力。砍伐时需遵循青檀树的生长特点，根据树龄和生长环境选择砍伐部位，砍伐时要干脆利落，手起刀落枝条断。

二、浸泡类用具设计

安徽泾县宣纸之所以有其独特的优良品质，不仅与其原料有关，还与其传统的原料生产工艺和抄纸方式有直接关系。青檀树皮和沙田稻草的原料制作工序繁杂，但皆是根据当地自然环境和资源进行整合，采用多次蒸煮、流水洗涤和日光漂白，用传统方法去除制造原料中的无用杂物。传统制造工艺比较复杂，具体需要蒸料、浸泡、灰腌、漂洗、打浆、贴烘等几十道工序，制作周期长达一年。按照宣纸制作工艺可以分为四大方面：皮料制作、草料浆制作、料浆配比、成纸。宣纸制作关键的六个技术环节：捞浆、抄纸、刷片、烤干、裁剪、码包。本节将凡涉及与水有关的蒸、煮、洗、沤、浸以及摊晒等用具的都归为“浸泡类用具”加以研究；将凡涉及成纸如抄纸、脱水、烘焙、剪边等用具的，都归为“抄纸类用具”加以研究。

（一）甑

在宣纸皮料制作过程中，用甑蒸煮共涉及五次，分别是一次蒸料、一次灰蒸、三次碱蒸。砍伐得到青檀树枝条去其枯叶杂质，按照粗细分别归类捆扎，新砍伐的枝条需在一周内蒸煮。由于青檀树皮砍伐季节是在立冬与立春之间，天气寒冷，此时的青檀树皮可称为“冬皮”，比较难剥（“春皮”容易剥，“冬皮”难剥），需要先将其蒸煮皮软后再剥。蒸料用到的用具是甑，下面是铁锅，上面是木桶，木桶下方有用粗木料制成的箄子。蒸时，将成捆的青檀枝条一起堆放于锅箄上，层层叠放，放满后，上口盖上麻布，麻布上再封以干的草木灰。也有纸作坊为防气漏，用黄泥封住接口处。草木灰封口具有“指示”功能，在“碱蒸”环节中，一般火蒸约12小时，当蒸汽透至甑顶口，并浸透麻布上的草木灰即表示可以停火了。在蒸料中，锅中盛足清水，加火蒸煮一昼夜，待火尽甑凉后，青檀枝条顶端露出内干，说明青檀皮已收缩。[①]

（二）竹围栏

竹围栏，是在皮料制作过程中用于围栏皮料冲洗的用具。为了使得青檀皮料皮表墨色的外壳与内皮脱离，需经渍灰，即用石灰水浸泡；为洗去浸泡后的石灰和黑壳，会将用脚踩洗后的皮料置于流水中冲洗一夜，周围用竹栏围成一圈，防止流失。围栏取材用竹，方便易得，制作也很简单，只要将截断的竹桩分别打入河床，围成合适大小的圆，就可将用脚踩踏后的皮料扔于其中，任流水冲刷而不流失。相比其他竹编的用具，竹围栏似乎简陋，就是将数量不等的竹桩打入河床中。这类用具在很多造纸地区不为人所注意，但是却存在于大多数传统造纸作坊中。

图3-102　竹围栏

从设计角度分析，竹栏的主要功能是利用竹桩围起一个独立的功能区域，既可以拦住皮草料不致流失，又可让流水通过。故竹桩之间的距离要适当，既不能太密，致水流不畅通，又不能太松，致皮草料全部流失。

① 樊嘉禄.中国传统造纸技术工艺研究[D].合肥:中国科学技术大学,2001.

（三）晒滩

图3-103 晒滩

经流水洗涤后的皮料、草料还需铺在石滩上经日晒雨淋，进行自然漂白，使得皮草料渐渐变白。这里的石滩是用若干石块沿着山体坡面层层叠放而成，专用于摊晒宣纸制作中的皮草料，故又称为晒滩。石块之间存在着缝隙，下雨时雨水会从缝隙迅速流入山体，摊晒在石块上的草料不会因长期浸泡在雨水中而腐烂；而在天气晴朗的夜间，山体中蕴藏的水分又会从石块间的缝隙进入白天已被晒干的皮草料中使之再次湿润，为第二天的日光漂白提供必要的水分，周而复始，从而起到加速天然漂白的作用。[①]在晒滩摊晒皮草料一般需要四个月左右，中间翻晒一次，摊晒期间需经两到三次雨淋，并充分接受阳光照晒。当皮草料表面白度适中时，即可翻晒，待翻晒后内表也完全变白时，摊晒完毕，即得到所谓的“青皮”或“青草”。宣纸制作过程，采用这种传统的自然摊晒方法，而不使用化学漂白药剂，可以保证青檀皮纤维的优良品质，以此料制成的宣纸品质更高，可以持久不变色而软如棉。晒滩的设计相当巧妙，充分利用了山体坡面倾斜的特点，雨水因重力作用会自然往下流，使得晒滩不积雨水。同时，石块与山体本身隔开，提高了通风性能，利于皮草料本身的自然晾干。但是，由于摊晒完全依靠自然日光作用，受气候的影响较大，具体摊晒的时间周期，还需有经验的工人人为把握。

（四）抄纸槽

皮料和草料按照一定配比组合倒入抄纸槽，并加入纸药。抄纸槽一般为石制，方形，其尺寸宽窄视抄纸帘而定，而抄纸帘大小又根据纸张尺幅而定。如《天工开物》载：“凡抄纸槽，上合方斗，尺寸阔狭，帘视纸。”一般纸槽的长、宽分别比帘托的长宽多出三四十厘米，槽的深度比帘宽多出三四十厘米，另外，纸槽加入浆液和水后的高度要比槽沿低二三十厘米，这样可以避免荡帘时纸浆溅出。同时，纸张尺幅的不同，抄纸需要的人数也就不同，抄

---

① 赵代胜，童海行．浅述传统宣纸原料生产过程和发展［J］．中华纸业，2011，32(3)：86—88.

四尺至六尺宜用2人，抄八尺宜用3人，抄丈二宜用6人，纸幅越大人数越多。抄纸即用纸帘入纸槽，将皮草纤维荡起并抄入帘内。抄纸中，一般由技术娴熟的师傅“掌帘”，徒弟“抬帘”，操作过程中两人的配合必须协调，步调一致。[①]抄纸工艺全凭人工，纸张厚薄仅凭抄纸师傅“荡帘”轻重。《天工开物》载：“厚薄由人手法，轻荡则薄，重荡则厚。”技术娴熟的师傅可以做到每次荡帘轻重基本一致，纸张厚度一致，均匀细薄。除了“荡帘”，抄纸前的“拍浪”工序也很重要。由于纸槽中上下纸浆的浓度不一致，为了消除此类弊端，在抄纸前，用纸帘插入纸浆摇荡几下，使上下纸浆对流，在此时快速迎浪入帘抄纸。纸浆抄得后，翻转纸帘，使纸落于木板上，层层叠起。

三、抄纸类用具设计

（一）抄纸帘

抄纸是泾县宣纸制造过程中的重要步骤之一，抄纸帘是抄纸的主要用具，其工艺制作、形态发展直接关系到宣纸的品质。抄纸帘，又称为纸模，根据其构件的组合关系，可分为两种，即活动式纸帘和固定式纸帘，活动式纸帘比固定式纸帘出现得晚且先进。抄纸帘其造型呈长方形或方形，由竹帘和木质帘床两部分组成。竹帘和帘床固定的是固定式纸帘，而竹帘和帘床不固定的、可拆卸的是活动式纸帘，宣纸生产中常用活动式纸帘。由于南方产竹，故竹子成为很好的纸帘制作材料，方便易得。在其他一些宣纸产区，有的周边没有竹子，以西藏地区为例，西藏所产纸张称为藏纸，由于当地不产竹子，本身地理位置偏远，从内地运输竹子成本较高，故在当地所用抄纸帘中的“竹帘”材料由竹条更换成随处可得的纱布，制作也极为简单，将纱布直接绷在帘床即可。藏区所用抄纸帘虽然简陋，但也达到了抄纸的实用功能需求。

抄纸帘制作的精细程度直接影响抄纸品质的高低，因此其制作工艺尤为讲究，工序也极为复杂，大概要经过选料、拉丝、编织、漆帘、制床等工艺流程。

图3-104　抄纸帘复原图

1. 选料

制作抄纸帘的主要材料是竹木，竹子采用皖南一带盛产的苦竹，苦竹又称伞柄竹，

① 樊嘉禄.中国传统造纸技术工艺研究[D].合肥：中国科学技术大学，2001.

因为其竹质坚硬，适宜做伞柄，故得名。苦竹不易变形，持久耐用，且竹节之间间距较长，最长竹节可达40~90厘米。制作竹帘时宜选用三年以上竹，同时选用其竹节50厘米以上的，这样易于制得无节或少节竹帘。选得上好竹后置于阴凉干燥处自然风干一段时间再行破竹剔除竹簧，将其中间竹层去除，得其青篾制作竹帘。为了防腐，还用蒸汽对其进行熏蒸，其后即可进入第二环节拉丝，根据尺寸不同，可制得不同大小的篾丝。

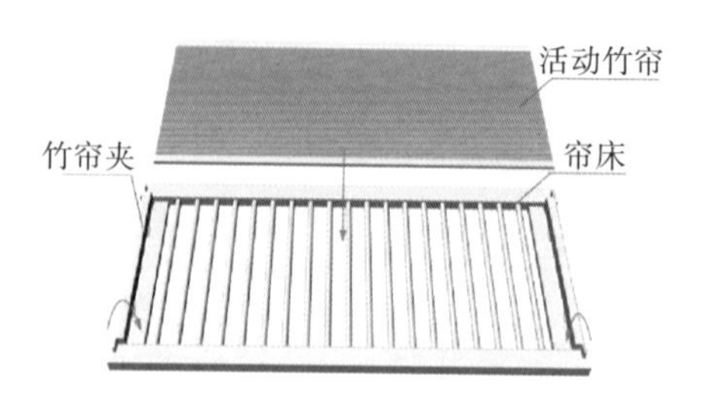

图3-105　活动竹帘使用示意图

2. 拉丝

拉丝必须均匀，粗细适当。竹丝较粗、间隔较大的是用于抄造一些要求不高的草纸；而竹丝较细、间隔紧密的则是用于抄造宣纸等高级用纸。纸张要求越高，竹丝也要求越细。一般抄宣纸等精细的竹丝直径不足0.3毫米，而所谓普通一点的在0.5毫米左右。

3. 编织

编织是制帘过程中比较耗时的工序，对传统艺术的手工技术要求也高，通常需要有一定经验的老篾匠才可胜任此活。编帘前，先要做些前序工作，将长短一致的篾丝捆扎成束放入专门的竹筒，便于编制时抽取。编帘有专门的木架，编织时左手从竹筒中抽取篾条摁于木架，右手翻转篾条用丝线交错固定。所用丝线古来多用马尾或蚕丝，但其易于受到纸浆腐蚀而断裂，一般一个竹帘短则可用二三十天，长则可用一两个月，现也有用尼龙绳代替，使用寿命延长至半年左右。[①] 这时，帘床和竹帘之间的活动固定连接，又体现出其优势，当竹帘丝线断裂无需重新制作竹床，只需换上新制得的竹帘即可。一般，竹帘宽度比竹丝要宽，故在编织过程中需要几根竹丝相接，这就要求接头处竹丝不能重叠也不能离太远，且相邻两行竹丝接头位置要错开。如此编织成的竹帘经向挺拔，纬向可卷，光滑顺溜，实用又美观。手工编织竹帘虽生产效率低，但因其编织精细，一次性工具投入成本低等优点，故至今在

---

① 葛芳.中国民间传统手工抄纸研究[D].南京:南京艺术学院,2007.

泾县仍然可见。[1]

4. 漆帘

编织好的竹帘为了增强其耐腐蚀性，延长使用寿命，还需上漆。所用漆是天然大漆，当地人又称土漆。上漆过程一般在室内进行，把漆液均匀涂于竹丝和丝线上，漆好后置于室内自然阴干，存放一段时间，大概两三个月，使漆液和竹丝充分融合，并待漆味散去。上漆后的竹帘呈黑红色，也更加光滑，可以预防竹篾中的毛刺划破纸浆，影响宣纸品质。

5. 制床

一般，帘床为木质或竹质，呈长方形，主要由边框、床撑、帘夹三大构件组成。边框，是帘床的支撑构件，由四根直木制成，直木之间以卯榫相连围成一个长方形。床撑，由穿插于边框中的若干木棍组成，用于支撑竹帘，同时也起到稳定边框不变形的作用。帘夹，是用于固定竹帘的构件，位于帘床的两端，竹帘使用时间久了，就可以打开帘夹更换新的竹帘，简单又实用。

（二）纸榨

图 3-106　纸榨

当天抄得的宣纸层层叠于木板上，数量够时，则用纸榨进行压榨。纸榨构件很简单，主要由两块木板、麻绳和撬棒等构件组成。操作时，将抄得的宣纸夹于两块木板之间，悬于两个圆形木棍之上，拴上绳子插入撬棒，利用撬棒和麻绳组成一个杠杆构件，通过杠杆原理进行压榨。将撬棒的一端作为支点，人手把持位置与支点之间距离形成动力臂，麻绳与撬棒捆绑处与支点之间距离形成阻力臂进行杠杆运动。在阻力臂和阻力（即纸张的反作用力）不变的情况下，动力臂越长（即撬棒越长），所用动力（即人力）就越少，就越省力，所以在设计长度允许的范围内可以适当加长撬棒的长度，可以更加省力。用纸榨压榨，力度要适中且要逐渐加力，不可用力过猛，否则会导致纸张断裂。将宣纸压榨去水后，得到半干纸片即可用于后续的烘焙。

① 路甬祥；张秉伦，方晓阳，樊嘉禄．中国传统工艺全集：造纸与印刷［M］．郑州：大象出版社，2005：42—44.

（三）焙墙

通过压榨得到的半干纸片，还需一张张揭起、焙干，安徽泾县宣纸制作采用传统的焙干工艺，将揭起的湿纸贴在专门的焙墙上烘干。焙墙一般以土砖砌成夹巷，其底部用砖盖成，隔几块砖即空一砖。烘纸时，点燃夹巷底端添入的薪柴，火温从底部传到夹巷各个角落，使焙墙外面的砖块发热。焙墙外表面需处理平整光滑，以防坑洼对宣纸造成破坏。宣纸从抄纸环节开始，就形成了纸张的正反面，与纸帘接触的一面即为宣纸的正面。经过压榨后，将宣纸的正面贴向焙墙进行烘焙，贴纸张时还需用鬃刷将纸张刷平，避免起皱。

图3–107　焙纸示意图

焙墙的设计利用热传递原理，用几面砖砌墙体围合成中空的热传递中介，既达到焙纸去湿的功能要求，又达到持续保温的能源节约高效利用的优点。砖体的热传导率不像金属铜铁那么高，热传递释放出的热量也相对柔和，不至于温度过高、来势过猛，灼伤宣纸；同理，正是由于砖体热传导慢，反而起到很好的保温作用。焙墙两面均可焙纸，既增大了焙纸的工作区域面积，又最大限度地利用了薪柴点燃释放的热量。明《天工开物》关于焙墙砌造有载："凡焙纸，先以土砖砌成夹巷，下以砖盖巷地面。"笔者的理解，之所以夹巷主体用土砖（即泥砖），而巷基用砖砌之，是考虑到如果巷基也用泥砖，雨水对其冲刷易跨，而高温火烧后砖耐水不烂。直到20世纪80年代在一些落后的地区，还可见泥砖砌成的房子，其房基也是用砖砌成，道理应该和此处一致。中空的夹巷，利于热气流的流动，使得焙墙各处受力均匀。焙墙简朴实用，造价低廉，建造方便，功能实用，直至现在仍流传于民间造纸作坊。

第四章

明代农器设计特点与历史意义

第一节　明代农器设计的特点

一、明代农器设计的实用性特点

一件设计物应该具备两大基本特点，即实用性特点和适人性特点。实用性体现了设计物存在的最基本价值，即解决某一个或多个问题，以达到某种效果。实用性解决的是“物”与“物”之间的关系，可以称为“人为用物”。而仅仅只具备实用性特点的“物”还不能称之为“设计物”，充其量只能算是一个结构零件或机械构件。真正的设计物不仅应该能够解决某个问题，还应该考虑“物”与“人”的关系，这个称为“物用为人”，即设计物的适人性特点。而只满足适人性要求，不具备实用性特点的“物”，也不能称为“设计物”，最多可以算作自我欣赏的艺术品。明代农器是传统设计物中的杰出代表，具备实用性和适人性两大基本特点。

（一）功能简明

设计物存在的最核心目的是解决问题、实现功能，即设计物于人有何用。人类从发明木耒骨耜开始，就已经具备了最初的农耕思想，也出现了设计思想的萌芽，而功能的简明、设计物的好用，也是人们不断追求的设计目标。从单齿耒的发明到双齿耒的出现，再到具有脚踏横档骨耜的使用，都是人们不断追求器具功能精进的有力证据。农器发展到明代，早已过了单一追求农器功能的初级阶段，而是开始考虑功能实现的更高层次需求，即功能的简明、定位的清晰等问题。好的设计不仅应具备一定的功能，这个功能还应非常简明，易于辨识和使用。以锄头为例，其既可以用于松土培植，也可以用于除草除害，功能非常简明，定位也非常清晰。

（二）材料简单

设计之要，首在选材。前期材料选择正确与否，直接影响后续加工制造的难易程度、流通成本的高低、使用寿命的长短等。因此，设计材料的选择对于设计物功能的实现具有重要意义。器具设计在选材环节，主要考虑三方面要素：品质是否优良；工艺是否简单；成本是否低廉。品质是否优良，是指所选材料质地是否可靠，物理性能是否坚固，化学性能是否稳定；工艺是否简单，是指所选材料的加工技术是否容易，加工工序是否简便，加工器械是否普及；成本是否低廉，是指所选材料是否简单易得、价格低廉、运输方便、动力可持续等。[①]明代农器制作材料以木材、竹材、石材及钢铁等为主，而我国地大物博，自然资源丰富，竹木材料随处可得，金属矿产资源储藏颇丰，石料资源也较为丰富。以明代农家汲水器具辘轳为例，其大部分构件采用硬木制成，少部分构件采用铁制成。硬木较柴木而言，具有质硬、抗压强度高、不易变形等良好的物理性能，能够满足农家汲水的强度和硬度要求。木材较金属加工工艺更加容易，木作加工工具也更加简单。在我国农村，适用于农器制造的硬木随手可得，如榆木、桦木、杨木等，其价格也极为低廉。辘轳的大部分构件采用木制，既降低了其加工难度，也降低了制造成本。如辘轳的轮轴，通常选用圆木加工，这既可加强轮轴本身的整体强度，又减少了不必要的工艺流程，简单而方便。同时，辘轳的转轴接触面上采用金属铁质材料可以达到耐磨、耐高温的要求。日常还可用动物油脂进行涂抹，起到养护润滑，减少摩擦阻力的作用，以延长辘轳的使用寿命。

（三）构造简洁

凡涉及使用功能的器物，必然涉及其构造，这里所说的构造具有两层含义：一是指器具的内部构造，如器皿的内部容积（餐饮器等）、内置器械传动装置、建筑的掩埋式框架及基础结构等，也包括所用器物的基础结构，如布媒织面、纸媒质地、木媒肌理等。二是指器物的外部形态，如器皿、器械、器具的基本形制，布媒、纸媒、木媒的表层的天然纹理和人为纹案。[②]以农家酿酒中的木榨为例，其内部工作原理是利用杠杆原理，在器具的顶端建立一个支点，将需压榨的酒糟经包裹等方式处理后，置于压杆下方的榨框中。压榨时，只需借用外力将压杆下压，酒糟中的酒液便很快会从原料中流出，经引流口流入事先准备好的容器中。酿酒使用的木榨和榨汁用的榨汁凳，其功能和原理都比较相似，同为食材压榨器具，结构原理都是利用杠杆原理。榨汁凳通常只是压榨甘蔗，仅依靠臂力就完全可以胜任，故其构件较少，形制

① 王琥.设计史鉴：中国传统设计思想研究（思想篇）[M].南京：江苏美术出版社，2010：165—182.
② 王琥.设计史鉴：中国传统设计思想研究（思想篇）[M].南京：江苏美术出版社，2010：167.

相对也小。而酿酒的木榨一次压榨的酒糟可达几十甚至上百斤，仅依靠臂力无法完全胜任，故其构件数量较榨汁凳要多，构件体积较榨汁凳也要大。但是，木榨较榨汁凳仅增加了两组构件，即榨框和加压装置。榨框，是一组木框，是用于存放酒糟的临时储藏功能构件。加压装置，包括加压架和拉杆两个构件，加压架用于存放石块，拉杆是连接压杆和加压架的连接构件。木榨的加压装置主要是解决动力来源的问题，借用石块的重力提高压榨的压力。经过如此的剖析，将木榨的榨框和加压装置去除，木榨其实就是一个大型榨汁凳，整体构造极为简洁。

（四）制作简易

器具的制作可分为功能构件和装饰构件两部分，装饰构件也是一种功能的延伸。设计物最初仅为了满足一定的实用性功能需求，但仅仅满足功能性需求，不能满足舒适性要求的设计物必然不能长久的存在。从本质上讲，器物的内部构造解决的是实用性功能的问题，外部形态是内部构造的延伸和发展。器具的装饰分为立体的造型装饰和平面的纹样、肌理处理等。官作器具由于其在当时社会的政治资源、经济资源、文化资源、科技资源占据优势，故其满足实用功能之后，更注重各项“附丽价值”如：文化标识、身份彰显、审美趣味、财富增值等。[①]而民作器具，更加注重功能简明、经济实用，较官作器具而言制作更加质朴。以织造业中的麻农生产工具旋椎为例，其内部构造极为简洁，外部形态特别质朴，制作极为简易。关于旋椎的制作工艺，《农政全书》有载：“截木长可六寸，头径三寸许，两间斫细，样如腰鼓。中作小窍，插一钩簨，长可四寸，用系麻皮于下。”说明旋椎仅由中间木质构件和钩簨两个构件组成。木质构件形似腰鼓，制作时，只需选一圆木，两端斫细即可。然后，在木质构件的中间开一小孔，以插入钩簨，整个旋椎即可制成。旋椎制成之后，只需简单打磨光滑，即可投入使用，完全没有任何矫揉造作、无实际功能的“附丽价值”的多余装饰。但是，旋椎在长时间的使用中，不断被操作者的手汗所浸润，使之表面色泽变得暗红温润，给人以舒适的美感。更有意思的是，直至近世，在一些农村仍然可见旋椎身影，只是旋椎的中间木质构件换成了一根两头大、中间细的兽骨，其制作时，只需在兽骨中间打一圆孔，然后把钩簨插入即可。将木质构件换成兽骨，使得制作已经十分方

① 王琥.设计史鉴:中国传统设计思想研究(思想篇)[M].南京:江苏美术出版社,2010:180.

便的工序更加简易，这样的案例在明代农器中还有很多。农器的使用受众主要是雇农、佃农和自耕农，在设计制作自己使用的农器时，更加关注如何控制制作难度，降低成本，这也形成了传统农器制作简易的实用性特点。

（五）使用简便

设计之物，必须让受众简便地使用，才是美的。如果一把扁担，表面没有打磨光滑，使用时经常刮坏衣服，割破手指，那这把扁担必定不能长久的得到使用，自然也不能实现应有的实用性功能。传统农器的使用简便，还体现在能够两个步骤实现的操作，绝不设计成三个步骤。以明代农家汲水器具桔槔和辘轳为例，桔槔打水，只需拉动细长杠杆一端悬挂的水桶将其送入水井，当水桶打满水后，操作者只需把水桶提到一定高度，由于杠杆原理作用，杠杆另一端的坠石因重力作用自动下沉，水桶自动被提出井口。如此汲水，省力而简便。明代徐光启《农政全书》对桔槔汲水的简便也有记载："桔槔，挈水械也。……又曰：'引之则俯，舍之则仰。彼人之所引，非引人者也。故俯仰不得罪于人。'今濒水灌园之家多置之。实古今通用之器，用力少而见功多者。"[①]辘轳也是明代农家汲水的典型器具，早在元代，王祯就曾在《农书》中将其与桔槔做对比分析，并总结了两者的优点，如"凡汲水于井上，取其俯仰则桔槔，取其圆转则辘轳，皆挈水械也。然桔槔绠短而汲浅，独辘轳深浅俱适其宜也"。说明了桔槔和辘轳虽同为汲水器具，但两者的工作原理有所差别，桔槔是利用仰俯的工作原理，而辘轳是利用圆转的工作原理。辘轳和桔槔各有优劣，可取长补短，根据不同条件和需求，选择架设不同汲水器具。辘轳因其工作原理是利用轮轴圆转，可根据水源深度，自行收放绳索长度，不会出现水源太深无法汲水的情况，使用简单方便。桔槔因其工作原理是利用杠杆仰俯，只要找一个高处的支点、一根竹竿、一个重物，就可快速架设用来汲水，对于硬件要求较低，且可分拆重新安装换水源汲水，体现了使用简便的特点。故水源稳定且较深的水井处，可架设辘轳汲水；而临时灌溉且水源较浅的湖泊处，可架设桔槔汲水。[②]

---

①〔明〕徐光启．农政全书[M]．石声汉，点校．上海：上海古籍出版社，2011：360，362.

② 张明山．明代汲水器具设计审美研究[J]．包装工程，2014(06).

二、明代农器设计的适人性特点

（一）劳作负载的体感与农器适人设计

农器在选材、设计、加工的一系列制造过程中，都需要考虑农器的自重与使用者负荷力之间的关系。农器自身分量与使用者承重感受的比值，是适人性设计的基础内容之一，是考量农器是否适人的重要标准。只有使用者劳作负载与承载比值达到最优，才能舒适地、持续地、高效地劳作。

以明代田间排灌的戽斗为例，器型设计成扁圆形，腹部下收，圆底，两边各系绳索两根，适合搬运提携。根据《农政全书》所载插图中戽斗与人体的比例关系，及中国农业博物馆藏贵州遵义戽斗综合推测，明代戽斗高约40～45厘米，载水量约20～30千克。戽斗通常用树枝、柳条、竹篾编制而成，自重约1千克。戽斗两边各缀绳索两根，由两人协同操作，使用时，两人分站水塘两边，一手握持一根绳索向水塘舀水。戽斗自重加载重共约二三十千克，两人分担，每人大约承受十多千克，完全在成年人的承受范围之内，并可舒适地使用。戽斗腹部下收的造型又是圆底，不能稳定地立于地面，但在水中易于倾倒反而可以更好地将水倾灌入戽斗，方便汲水。当戽斗满载水提出水面时，两人只需分别提紧上口沿的绳索即可，当运输到农田时，两人只需分别放松上口沿的绳索，拽紧底边的绳索，因戽斗腹部下收的造型使得重心偏上，戽斗会自动倾翻将水倒入田中，既方便又省力。

（二）附着接触的肤感与农器适人设计

使用农器时，人附着接触农器时的舒适度是农器适人性的重要评判依据。附着肤感的设计，选材是重要的先决要素。农民使用农器时，大多通过肢体如手、脚等接触农器，农器材料表面质感经肢体接触传递到中枢神经系统，使人获得“舒适”“不舒适”甚至“痛苦”的感知，这个感知决定了使用者是否继续使用此农器。

以明代支轴剪为例，一把剪刀的实用性价值在于布料裁剪、枝条修理等。其材质适人性有两方面的体现：一方面，剪刀的刃口必须锋利、持久、耐用，才能轻松剪裁物料。明代冶铁工艺在灌钢技术的基础上进一步发展，生铁淋口技术的应用，使得剪刀、锄、斧等工具具有钢刃，更加锋利耐用；另一方面，操作者手部握持剪刀必须舒适易用。从剪刀的结构来划分，历史上曾经出现了三种形制：削刀、交股剪、支轴剪。削刀即是一片带把手的刀刃，严格意义上还不能算剪刀，应该说是剪刀的雏形。单片刃口的削刀，只能做简单剪裁作业。交股剪，呈“8”字形的交股屈环状，又称八字剪。由于两刃实为一个构件的两端，只是在其中间弯曲交叉，利用铁件弯曲形成的弹性控制剪切的作业，故不能用力太大，只适用于对丝线、布匹等的裁剪，不适用于对枝条等硬物的剪裁。使用时，交股剪完全被握于掌中，手握用力稍大就可能从掌心滑落，还容易伤手，不小心就会给人以“痛苦”的感知，无法应用到农业的嫁接、剪枝。而支轴剪就不同，以一个铆钉将两片剪刃和把手对称交叉固定。使用时，右手的拇指和另外四指分别套入两个把环，踏实牢固不易掉，还可满足农业剪切的力度要求。剪刀铁制金属肌理，手握时还有一种稳重、安全的心理感受。

（三）尺度把持的手感与农器适人设计

农器的尺度手感，就是握持时的感觉要达到称手、省力、顺心。这种设计要求与农器的长度、宽度、高度及其之间的比例关系有关。把持手感其实也属于劳作体感的一部分，只是由于人手握持、操作，在传统农器的使用中尤为关键，所以单独列出，也借此强调人手的操持尺度在农器适人性设计中的重要性。合理的尺度是设计者根据使用者的生理尺寸有意识处理的结果，而在古代，设计者往往也是使用者，他们更了解农器应该以一个什么样的尺度及比例为人所用，以达到好用、好拿、好看。

以使用者双手握持操作类农器为例，如连枷、木锨、推板、竹耙等，其手柄一般都由竹木制成，横截面呈圆形。手柄直径应由人手长度决定，必须符合操作者握持时的人机工程学。查询资料可知，一般成年男人手长约18厘米，成年女人手长约16.5厘米[①]，按照圆的周长公式（周长=直径×圆周率）可以倒推得出合理的手柄直径。假设将手柄完全握紧，此时圆形手柄直径应在5.2～5.7厘米，但是实际操作中手柄直径要略小于理论尺寸。因为根据使用习惯，手握手柄时，人手的四指尖最多只会到达大拇指指根处，而不会伸到手腕处，故在计算合理手柄直径时，应该减去大拇指指根到手腕之间的长度，约3～4厘米，最终得到合理的手柄直径，约4厘米（或略小于4厘米）。用这个尺寸与农器手柄相对照，农器的手柄完全在合理尺度范围内。

① 丁玉兰.人机工程学(第四版)[M].北京:北京理工大学出版社,2011(2013重印):21—27.

如连枷手柄直径约3.8厘米；木锨手柄直径约3厘米；推板木柄直径约4.3厘米，推板木柄尾端还有一个与之垂直的横柄直径约3.7厘米；竹耙手柄直径约4厘米。

使用者双手握持操作的农器如锄头、铁锹、铁搭，其总长度由操作者的肩高、臂长所决定。假设铁搭切入泥土的角度是45度，一般成年男子肩高136.7厘米，成年女子肩高127.1厘米，以土地和肩高分别为两直角边，按照勾股定理计算得到斜边长度是180 ~ 193厘米，成年女子和男子的臂长分别是49厘米和54厘米。因此，可以推断理论上合理的铁搭长度应该是在126 ~ 144厘米。实际操作过程中，操作者还会因弯腰、跨步等出现变化，故合理的铁搭、锄头、铁锹等双手握持的农器，总长度至少应该在120 ~ 190厘米。以这个推算得到的尺寸，对已有农器进行验证，如铁搭长约160厘米，锄长约170厘米，铁锹长约166.5厘米，完全是在合理尺寸范围之内。虽然明代制作农器的匠人们不一定事先严格计算农器各构件“合理尺度”应该是多少，但他们根据经验性和实际操作过程的舒适性不断修正，早就总结出了农器各构件合理的尺度及各构件间的比例关系。

（四）操作辨识的视觉与农器适人设计

农器的视觉辨识是否舒适，不是指农器界面是否好看，而是指农器的工作界面、功能服务区划分是否清晰、一目了然。好的农器设计，应该让使用者一眼就能辨识出如何使用、哪里是功能区、哪里是操作区、如何提携、怎么贮藏等，应该通过外部造型、色彩、肌理等可视手段将农器重要的功能信息全部展现无遗。

例如，木工用的框锯一看就可以很容易地解读出如何操作、如何拆装、如何维修及功能部位在哪里等关键性的“工作”信息：框锯外轮廓是个矩形，锯梁、锯拐、锯条、摽绳及摽棍组合，呈一个“正”字。锯梁和两边的锯拐组成了框锯的“工”字形骨架，锯条和摽绳分列骨架两边，分别通过锯钮和摽棍固定在骨架上，形成弹性调节。锯条是框锯的“功能部位”，锯齿朝外用于拉锯木料，锯条两端分别固定在锯拐上可拆装，当锯齿磨损利害或锯条断裂，可拧松锯钮更换新的锯条。与锯条相对立位置的摽绳，通过镖棍拧紧，当框锯使用一段时间后变松弛，可再拧几圈摽棍，锯条自然又被牢牢固定住。“操持部位”是在锯拐处，呈弧形造型，人手握持更加舒服、牢固，这些信息都能够很容易被人所辨识，方便操作者的使用。

三、明代农器设计的创新性特点

中国传统农器的发展根植于传统农业，明代农器体现了明代农业精耕细作的传统。明代新式农器是在对古代农器体系改良革新的基础上产生的，而非孤立的、独创的无根之花。

明代农器创新，一方面体现在对原有农器的改进，另一方面体现在新的创造，其不是对原有农器体系的全盘否定，而是在原有基础上的创新。将明代徐光启的《农政全书》和元代《王祯农书》对比就可以知道，徐光启大量沿袭了王祯关于农业技术方面的论述，有关农业器具方面的插图也大量引用，这从侧面印证了明代农业技术的进步是在古代农业体系的基础上改进的，明代农器的创新是对原有农器体系的改良。

农业技术的改进，如引进新物种番薯、花生、烟草；改良水利，引入“泰西水法”；选育良种；改进农田施肥方法；精进缫丝工艺改变等。农器革新方面，如常用农器犁、耖、耧车、秧马、铲等，徐光启直接引用了王祯的图文，说明明代这些农器相对元代几乎没有改变。但是，农器耘爪在《王祯农书》中的原配图是套在手指上的铁制耘田工具，而在徐光启《农政全书》中并未采用《王祯农书》原图，而是重新绘制了一个长柄铁爪状耘荡工具，并配文“今江南改为此具，更为省便”，说明耘田工具已从元代的耘爪改进为明代的耘荡。

丝绸纺织方面，明代缫丝生产对工序中的“冷盆”进行了改进，《农政全书》载：“元扈先生曰，愚意要作连冷盆。釜俱改用砂锅，或铜锅，比铁釜，丝必光亮……是五人当六人之功，一灶当三缫之薪矣。”此方法改进增加了丝的亮度，提高了产品的质量，“五人当六人之功”提高了生产效率，“一灶当三缫之薪”节约了燃料，降低了成本。再如棉花加工方面，将在棉花絮和棉籽分离的轧花工序中用到的工具称为轧花机，这是原棉加工重要的机械。最初棉花去籽，是用碾轴赶碾，发展到元代用搅车轧脱，更加方便。不过元代的搅车，需要三人同时协作，两人分立于搅车两边，按相反方向旋转摇轴，另一人在旁边不断喂进棉花。而明代的搅车经过革新，只需一人脚踏手摇即可，降低了人工成本，并且效率还是元代的三倍左右。这些案例充分反映了明代农器创新是在古代农器体系基础之上进行改良革新的。

四、明代农器设计的普惠性特点

一件设计物是否优秀，判断的标准很简单，即看这件设计物是否具有普惠性。设计物的普惠性可以从以下三个维度来衡量：传播的地域是否广阔、影响的人群是否众多、流传的时间是否长远。本书对明代农器普惠性的研究，从这三方面进行研究。

（一）明代农器的“南北分宗”与融合

我国地域广阔，南北气候差异较大，土质有别，人们在长期的农事劳动中，逐渐发现总结了南北各地的规律，选择了适合当地气候、土壤、地理环境等综合因素的农作物进行差异化种植，使用的农器也自然有了地区差异，形成了农器的“南北分宗”。

我国北方属于温带季风气候，气候干燥，春、冬季干燥多风，土壤中的水分易于蒸发，不利于作物出苗生长。因此，春旱是北方作物种植面临的突出问题。长期以来，人们一直想尽办法在耕种技术上做改进，寻找土壤保湿的方法，即保墒，而北方农器也因保墒的要求形成了自身独特的特点。秦汉时期开始，以黄河流域为主的北方地区，逐渐探索出了一套防旱保墒的耕种体系——“耕—耙—耱”[①]，即先耕、后耙、再耱的三道工序连续作业。发展到明代，这套耕种体系日益完善，至今仍然被认为是成本最低的保墒方式。这三道工序所采用的农器分别是犁、耙、耱。明代的犁早已具备犁铧和犁壁，具有耕垦和翻土的双重功效，完全符合北方旱地耕作的需要。耙，既是一种农器，也是指土壤耕作的一个工序。用犁耕翻后的土壤需反复耙作，目的是散垡去茬，疏碎土块。通常有“犁一遍，耙六遍”的说法，强调了耙的重要性。耙后的泥土较为松散，利于作物根系与土壤接触，但泥土细碎更不利于保墒，故还需耱的工序。耱，也称为耢，与耙的工序互为补充，耙的目的是碎土，耱的目的是盖摩。在北方，耱也可以用碌碡代替，来整压土壤、盖摩泥土，使得土壤熟细，有利抗旱保墒。

我国南方属于亚热带季风气候，空气湿润，粮食作物以水稻为主。水稻种植要求田地平整，泥土烂熟，还需经常灌溉。明代以前，水稻种植体系就形成“耕—耙—耖”三道连续的工序，用到的农器分别是犁、耙、耖。犁，

① 张力军，胡泽学.图说中国传统农具[M].北京：学苑出版社，2009：72，98.

即是适合于南方水田耕作的曲辕犁，利于操作，便于控制翻耕深浅。南方水田经犁耕后，需灌水浸泡，耙碎泥土。水田耙和旱地耙基本相同，只是南方水田耙多是方形耙，北方多是人字形耙。经过耕耙的水田如需透熟，还需经过一道工序就是耖，其目的是疏平田泥，使水土交融，利于插秧、缓秧和秧苗生长。

北方为了保墒，在明代还发明了漏锄。北方黏虫较多，又发明了专治黏虫的除虫滑车。而南方为了整治田埂，发明了塍刀，为了水田深耕，铁搭又得以推广。但是，随着明代科技的发展、农业技术的进步、新作物的引进等一系列因素的影响，南北方农器也在进一步融合。如水稻也在北方得到大范围推广种植，随之南方水稻种植相关农器，如南方常见的水田灌溉农器水转翻车在北方也有所普及应用。

手工业农器方面，也有南北方农器分与合的例子，如纺织工具中用于调丝的络车，是将铰装的丝线原料卷绕到篗子上。南北方的络车调篗取丝的方式就有所不同，南方络车以手抛篗，而北方络车采用简单的机械机动转篗。后来，南方农户发现用北方络车的机械转篗方式形成的丝线张力更加均匀平稳，且效率更高，故北方络车在南方得以推广。

（二）明代农器对少数民族与周边国家的影响

明代，农业科技发展水平较高，农业生产体系较为完善，对少数民族和周边国家也产生了一定的影响。一些先进的农学思想、技术、农业生产工具不断流向少数民族地区及周边国家，对促进当地农业文明的发展，改善当地的农业经济和农业生产水平，起到了巨大的推动作用。

在明朝政府官方推动茶马互市的背景下，民间农器向少数民族地区的输出一直没有间断过。笔者在研究时代仓储类农器设计时，有一个农器“笐”，是用于晾晒、临时悬挂谷物的架子，主要应用于湖南等多雨、潮湿的南方地区，徐光启认为这个农器在北方也具有推广的价值，值得推广。另外，直到目前，藏族地区还在使用一种木架用于悬挂青稞，称为青稞架。经对比分析，发现青稞架和笐是同一形制的农器，这是汉藏农器交流的实证，由此可以推测明代甚至更早以前汉族与少数民族已有了农器交流。笔者在收集资料时发现，至今在宁夏、青海、甘肃等地的少数民族所使用的农器，很多仍然和《农政全书》所载的农器图片十分相似，如杈、耱、犁、木锨、连枷等。特别要说的是连枷，《天工开物》中的连枷图显示的是一根长木棍，《农政全书》

中的连枷图显示连枷头是一个竹木排。从单个长木棍发展到竹木排，其目的是增加拍打谷物的受力面积，同时增加连枷头自重，提高甩出去的离心力，以加大拍打谷物的力量。而在甘肃保安族地区发现的连枷的形制仍然和《天工开物》所载图片一样，其连枷头仍然只是一根木棍，这也是明代农器对少数民族影响的实证。

明代农器对周边国家的影响，以排灌类农器水车为例。中国与朝鲜半岛山水相连，自古以来农业技术交流非常频繁。朝鲜的李朝政府为了普及农业知识，积极翻译了中国农书。明代徐光启的《农政全书》也传入了朝鲜。[①]朝鲜农学家在其著作中积极提倡中国农业技术，有的学者著作中还大量运用参考中国农书。如朝鲜实学家徐有榘（1764年—1845年）编撰的《林园经济十六志》116卷，该书中的《灌畦志》就广泛吸收了《农政全书》中的农田水利灌溉方面的成果。朝鲜李朝成宗（1469年—1495年）时期，从中国学习到了水车的制造技术，令朝鲜工匠纺织，向朝鲜各地推广。[②] 1488年朝鲜人崔溥因奔父丧在济州乘船遭遇风难漂流到中国，在浙江了解到水车制造技术，遂将水车制造技术传入朝鲜。至朝鲜李朝正祖（1752年—1800年）时期，朝鲜人按照《农政全书》所载龙尾车图样，“造出十数具，并与用法颁于八道两都。”[③]

16世纪，大量中国人移居东南亚，他们在东南亚开荒耕种的同时，将中国先进的农业技术和农器也带到了东南亚，东南亚统治者也鼓励学习中国先进的农业技术。因此，中国的耕垦、施肥、灌溉、收割等各个农业生产环节及先进农器如犁、水车等在东南亚广为流传。如在菲律宾，移居过去的中国人把水磨、水车和牛、马、粪肥等有机肥料的使用也教会了当地人。[④]明清时期，还有大批闽粤等省的人移居泰国，鸦片战争前，仅这部分华人华侨约占泰国总人口的六分之一。他们的移民同样也带去了先进的农业技术和农业工具，如水车、戽斗等。[⑤]

---

① 李未醉，张香风.古代中国农业技术在朝鲜的传播[J]农业考古，2008(1)：101—104.

② 陈尚胜.五千年中外文化交流史：第1卷[M].北京：世界知识出版社，2002：552.

③ 朝鲜民主主义人民共和国科学院历史研究所.朝鲜通史：上卷 第二分册[M].长春：吉林大学出版社，1973：573.

④ 赵松乔等.菲律宾地理[M].北京：科学出版社，1964：62，69.

⑤ 李趁有.泰国旧式农具简介[J].农业考古，1993(1).

（三）明代农器的后世传承

明代经典农器可以达到跨越时空的束缚、流传时间长远的的效果。如至今还能在某些农村地区看到的犁、铁搭、耱、龙骨水车、耘荡、镰刀、扁担、簸箕、谷筛、蚕架、梭子、镳铲、割漆工具、刨、锯、石槽等农器，仔细观察，还能看到明代农器形制的设计细节。又如，伴随着我国农业生产领域的现代化发展，大量的机械化生产方式层出不穷，但传统的镰刀收割、连枷打谷等方式仍然可见。

现代化的农用工具是农业生产发展的未来趋势，但这不是对传统农器的全盘否定，也不是立刻将所有传统农器废弃。中国古代农器，由于受到创造之初历史条件、技术水平等限制，一部分不能适应时代发展需要而被自然淘汰；但仍然有很大一部分，历经千百年来的岁月洗礼流传至今，这些农器是先民经验和智慧的结晶。某种程度上讲，现代农业领域的许多用具或多或少都受到了传统农器的影响和启迪，个别农器的设计甚至作为“终极设计”使用至今。

第二节 明代农器设计的历史意义

一、明代农器是明代农业发展的重要动力之一

农业的发展受到一系列因素的影响，通常包括自然资源（土地、矿产等），经济资源（劳力、资本等），社会资源（政策、体制、心理等），技术资源和时间资源。明代创新农器是技术资源升级的表现，它的发展也是明代农业发展的重要动力之一。明代农耕农事单位面积农作物产量比以往朝代都要高，如明代后期江南地区稻米1市亩（666.67平方米）产量约为2.219市石（221.9升），明代以前最高农业生产力水平的代表当推南宋后期的江南地区，其稻米1市亩产量约为1.476市石（147.6升），明代与南宋相比其每市亩产量增加了50.34%[①]。创新农器的发展，推动了农耕农事的发展，产量的提高，解

① 高寿仙.明代农业经济与农村社会[M].合肥:黄山书社,2006:78.

决了众多人口吃饭的问题。同时，创新农器的发展还促进了明代劳动生产率的提高，使得农户不仅能够游刃有余地从事农田耕种，还能够花一部分时间和精力从事经济作物的种植，并利用农闲季节从事相关手工业加工和生产，促进了一部分手工业农器的创新，手工业农器的创新反过来又促进了大农业的进一步发展。

明代创新农器是对宋元等前朝传统农业生产工具的进一步推广、改进和创新，主要涉及多个环节，如农事的耕垦、灌溉、除害、收获等。耕垦整地农器的创新，如代耕架、铁搭、塍铲和塍刀等。代耕架是针对畜力不足，牛耕无法实现而创造出的新农器，其是利用杠杆原理而制造的一种人力耕地农器。人力耕地大概始创于唐代，当时曾有过人力“耕地机”，但是由于无实物及文献资料匮乏，其具体形制不详。明代成化年间，由于连年干旱造成耕畜大量缺乏，严重影响农田耕地，农业无法正常生产。当时陕西总督李衍经反复钻研，制成五种“木牛”，分别是坐犁、推犁、抬犁、抗犁、肩犁，每犁使用二三人，每天可耕地三四亩。继李衍之后，明嘉靖二十三年（1544年），欧阳必进在郧阳府做官时，当地发生牛瘟，农田无法耕垦，他就组织能工巧匠“造人耕之法，施关键，使人推之，省力而功倍，百姓赖焉”。代耕架可以适应山丘、水田和平地等不同耕作条件。[①] 明末王征撰写的《代耕架图说》[②] 对代耕架的具体形制做了详细说明，并配有插图。

代耕架的主要构件包括“人”字形木架、辘轳、犁、绳索、铁环等。“人”字形木架有两个，分别置于田地两端。两个木架上分别固定辘轳，两个辘轳之间通过绳索相连，绳索上系一铁环，铁环与耕犁上的铁钩拽钩住，自如连脱。代耕架所用耕犁与普通牛耕犁基本相同，但犁辕较短，犁的中部有一铁钩与绳索上的铁环相扣。辘轳两端分别安装“十”字交叉形橛木，用于人手操持。操作时，需三人协同合作，两人分别立于田地两端辘轳旁，一人负责转动橛木将绳索收紧缠绕在辘轳上，以此带动中间的耕犁朝着自己的方向前行犁地，另一人负责向相同方向转动橛木以放出缠绕在辘轳上的绳索；第三个人，站在耕犁旁，负责扶犁，不只要保证耕犁不倒，还要控制好犁铧切入泥土的角度和深度，以控制耕地的效能。代耕架虽然需三人操作，但在

①〔清〕屠秉懿，等．延庆州志：木牛图序［G］//中国方志丛书，清光绪七年（1881）刊本影印，台北：成文出版社，1968.

②〔明〕王征．新制诸器图说［M］．来鹿堂藏版，道光年间．

灾荒之年，或牛畜缺乏人力剩余的情况下，却能解决无法耕地的困难，并取得很好的耕地效果。

铁搭虽然出现在明代以前，但其广泛的应用，却是从明代开始的。这种农器，特别适合土壤黏重的江南水田。中国农耕一直强调精耕细作，元代王祯就明确提出“宁可少好，不可多恶”。到了明代，江南等地也特别重视精耕，“宁可少而精细，不可多而草率”，且尤其重视深耕，而铁搭可达到很好的深耕效果。一般犁耕深度较浅，大约只有七八厘米，“老三寸”即是说犁耕一般只可达三寸，即十厘米左右。而铁搭齿长通常至少在二十多厘米，用此耕地深度至少一二十厘米。《沈氏农书》提到“二三层起深”的深耕方法，即用铁搭先劚一遍后，在原地再垦翻一到二层，以增加深度，这样可以达到八九寸深。①因此，江南一些无耕牛的农户常用铁搭耕地。

田间灌溉农器的改进，如手摇拔车、风力水车的推广和普及。明代以前，各种水车已在南方许多地方使用，但到明代更加普及。手摇拔车，即是凭人力手摇驱动的小型龙骨水车。《天工开物》载：“其浅池、小浍，不载长车者，则数尺之车，一人两手疾转，竟日之功，可灌二亩则已。”拔车只需手摇即可驱动，虽汲水灌溉量有限，但却满足了一些灌溉量不大的农田的灌溉需求，还可用于农田水渠多余积水的排泄。北方地区除了使用传统的戽斗、桔槔、辘轳外，在明代也普遍使用龙骨水车灌溉。另外，灌田的筒车、翻车，其动能在明代也出现了新的变化，明以前这些水车动能主要靠人力、畜力、水能的驱动，到了明代，风能被应用到筒车、翻车上。风能的应用虽然可追溯到很久以前，至晚汉代已有风帆借力的车乘，但是风能运用到农器中，主要还是从明代开始普及。

田间除害农器的创新，如漏锄、虫梳、除虫滑车的出现。北方漏锄锄地而不翻土，既满足了田间除草的功能需求，又起到了防旱保墒的作用。它的出现是和其他除害农器，如虫梳、除虫滑车一样，都是一种农器的创新。虫梳、除虫滑车的出现，使得农田除虫大为方便，减少了很多虫害，提高了农田产量。

加工脱粒农器的创新，如掼床、掼桶的出现，不但劳作效率大为提高，稻谷脱净率也得到提高。以上介绍的创新农器只是明代创新农器的一部分，正是这些创新农器的发展，推动了劳作生产效率的提高、农作物产量的提高，也促进了大农业的发展。

---

① 高寿仙.明代农业经济与农村社会[M].合肥:黄山书社,2006:70—71.

二、明代创新农器是明代科技进步的缩影

中国古代科学技术曾经处于世界科技发展的前沿，领先于同时代的其他国家。明代科学技术在宋元发展的基础上同样取得了辉煌的成就，促进了农业的发展，也推动了农器的创新。明代农器的创新与当时材料的更新、工艺制作水平的提高，以及数学、力学等知识的应用有密切关系。

明代工艺技术中冶铁技术的发展对农器影响最大。冶炼技术改进主要表现在炼铁高炉的改进、活塞式风箱的使用、生铁淋口技术的应用、锻造技术的进步等。以明代炼铁高炉为例，改进后的高炉形制规模较大，深达1丈2尺（约4米），炉身用石头砌成，以“牛头石”做炉的内壁，以“简千石”做成炉门，因其形制较大，得用两个风箱鼓风。炼铁效能也高，每6个小时可以出铁1次，每天可以出铁4次，最多可连续使用3个月。《天工开物》记载，“凡铁，一炉载土二千余斤”，每2小时出炉一次，按照“每矿砂十斤可煎生铁三斤”计算，一个铁炉2小时内可练出600斤铁。[①]风箱的革新，从宋元时期的简单活门木风箱（当时称为“风扇”），发展到明代的活塞式木风箱，是我国鼓风机械的重大进步。活塞式风箱比最初汉代的“橐”、宋元的简单活门风箱鼓风量都要大很多，风压也提高了，使得风力向炼铁炉内穿透的更深，炉内温度因而得到升高，更容易炼出含硅量较高的灰口铁，便于铸造较薄的铸件。[②]明代生铁淋口使灌钢技术又有了进一步的发展，将生铁液浇灌在熟铁制成的农器刃口，使得生铁和熟铁结合，农器刃口得以加钢，加钢后的农器更加锋利、持久、耐用。明代，锻造技术也有较大发展，大到千斤锚，小到锥、凿、针，都有一定的锻造方法。《天工开物》介绍千斤锚的锻造方法是先锻造四个锚爪，然后逐个接到锚的主体上。冶炼技术的这些进步，提高了农器的性能，延长了农器的使用寿命，降低了制作的工艺难度，推动了铁制农器的大范围推广和普及。

数学知识的进步和应用方面，算盘作为古代计算工具，虽然在元末明初已经出现，但是大范围普及还是在明代中叶之后。随之出现了大量关于珠算的著作，最为著名的当推成书于1592年的程大位的《算法统宗》，全书分九章，详细记载了珠算定位方法、珠算加减乘除四则运算方法，以及各种珠算

① 杨宽.中国古代冶铁技术发展史[M].上海:上海人民出版社,2004:185—187.
② 杨宽.中国古代冶铁技术发展史[M].上海:上海人民出版社,2004:158—162.

口诀，这些口诀大多沿用至今，这是明代影响最大的数学著作。[①]算盘是当时最为先进的计算工具，珠算是最为先进的计算方法，两者的推广和普及，对于农器尺寸设计的把握、材料加工精准度的控制等都有很大帮助。

明代农器的创新，还受到外来科技文化的影响。郑和率领庞大的船队先后七次远航到达东亚、南亚、西南亚，以及非洲东岸的十多个国家，这在中国历史乃至世界航海史上都是盛况空前的，为世人称颂，也促成了中西科技文化的交流。航行中，郑和船队不仅使用了指南针，还用牵星板测量星辰的高度以进行导航，这代表着当时导航技术的最高水平。郑和船队还记录了航海日志，绘制了航海图。同时，16世纪西方传教士利玛窦等纷纷来华。为了推广教义，扩大其在中国知识阶层的影响力，利玛窦不断地将西方科学技术知识引入中国，成为在中国传播近代科学知识的第一人。当时的瞿太素、徐光启、李之藻等人都曾向他学习。利玛窦传播至中国的近代科学主要有数学、天文和地理等方面。数学方面，他和徐光启合作翻译了《几何原本》《测量法义》，与李之藻合作翻译了《同文算指》；天文方面，翻译著作有《浑盖通宪图说》《经天该》《乾坤体义》等，还制作了天球仪、日晷和望远镜等；地理方面，他带来了世界地图，传播了大地球形说、地图投影、五带划分、南北极等新的地理知识。这些西方科技文化的新知识，不断地冲击着国人的思想，促进了明代农器的创新。

其他科学技术，如天文历法方面的《崇祯历书》是明代历法的研究成果，其将欧洲许多经典天文学知识引入，历法计算也引进了西方几何学方法。虽然《崇祯历书》编制完成没多久明朝就灭亡了，其在明代未能用于编制民间历书，但却在清代得以推广使用，并经删减修改定名为《时宪历》。科学著作方面，出现了《天工开物》《髹饰录》《园冶》，农学著作方面有《种树书》《农政全书》《便民图纂》，医学方面有《本草纲目》等。农学、历法类著作的大量涌现，使得农学知识可以在更为广阔的地域、更加久远的时间流传，为农学知识的传播提供了文献资料，为明代农器的创新提供了理论支撑。

三、明代农器是传统农器设计的巅峰之作

中国传统农业技术在明代已进入了高度成熟的阶段，农业制度和耕作方法也基本定型，与此相应各个生产环节的传统农器也达到了明以前所有朝代

① 金秋鹏.中国古代科技史话[M].北京：商务印书馆，1997：141—142.

的最高水平，明代农器发展非常繁盛，农器具有以下特征：

门类齐全，体系合理。农器门类已经相当齐全，配套体系也比较合理。从耕垦、播种、田间到收获、加工五大环节的农事应用，农器种类非常丰富。手工业各行业的农器也已非常成熟。每个环节的农器还会根据具体农事差异有多种形制农器可供选择。以耕垦和播种环节为例，用于垦荒的农器就有劚刀、犁、脚踏犁、铁搭、方耙、人字耙等；用于耘作的农器，还根据南北气候、土质的差异使用不同的农器，北方旱地有防旱保墒的耱，南方水田有疏通平整的耖。根据播种方式的不同，播种农器有用于撒播的箕笼、用于点播的点葫芦、用于条播的二脚耧车或三脚耧车。

材料稳定，工艺简单。农器制造的钢铁材料质量也非常稳定，并且发明了生铁淋口技术，使得农器刃口既锋利，又持久耐用。同时，这套制作工艺省事、易学、成本低，便于大范围的推广和普及，为明代铁制农器的推广和农器质量的提高提供了可能，也为明代农器设计创造提供了更大的上升空间。

操作方便，满足需求。传统农器以手工操作为主，明代的农器操作相当方便，完全可以满足农业耕作制度和耕作方式的要求，实现农器的实用性功能。同时，农器设计中充分考虑了适人性的设计特点以及劳作负载时的体感。以人的实际负载能力为农器设计的基础，使得农器更适合操作，使用更加舒适。另外，因为农器与人体肌肤直接接触，所以农器设计也考虑了接触附着时的肤感，打磨更加光滑，造型更加圆润，但毫无矫揉造作之多余装饰。大部分农器都是用手直接操作，因此，农器握持的手感尤为重要，明代虽然还未出现专门的人机工程学研究，但农器设计中已充分注意了人手的尺寸与农器尺度之间的关系，尽可能地便于人手的操作。明代农器的功能区域划分，也非常清晰，便于操作时视觉的区分。

明代农学研究在元代的基础上，出现了《农政全书》《天工开物》《便民图纂》等，这些农书对过去的农业经验做了比较全面的总结，也在前人研究的基础上增加了新的研究内容，对于传统农业技术中的优良成果的延续和先进农业技术的普及具有积极的作用。

所有这些的繁荣，如农器的门类齐全、配套体系完善、新材料的应用、操作的方便、农学研究的推广等等，都标志明代农器设计进入了一个具有重大历史意义的时期，标志着明代农器设计是明以前的最高水平。而明末清初，清政府进入了摇摇欲坠的封建社会晚期。资本主义开始萌芽，工商业开始发展，经济结构发生变化，一部分农民从大农业中脱离出来，开始专门从事工商业，传统农业生产工具失去了进一步发展的机会。同时，明末清初全国总人口急剧增长，出现了人多地少的局面，劳动力更加充裕，一定程度上也抑制了农器的改进和新式农器的创造。由此，明末清初之后传统农器失去了进一步改革的土壤和原动力，而明代农器也成为了传统农器的巅峰之作。

第三节　明代农器对现代设计的启迪价值

中国作为农业大国，有着灿烂的农耕文明，农耕文明发展至今已有一万多年的历史。在这漫长的历史长河中，先民们创造出了各种工具，以适应各类农事生产要求。他们使用这些工具辛勤劳作，解决衣食住行用等一系列需求。农耕文明是传统设计发展的根基，农器是农耕文明的核心元素之一。本书以中国传统农器设计的巅峰之作——明代农器为切入点，从设计角度对其涉及的各类农器进行设计角度的分析，以期一定程度上挖掘出中国传统设计的内涵与思想，并对现代设计以启示。

一、一器两面的设计启示

明代农器以其简单的材料、简洁的构造、简易的制作等实现了可靠的“实用性”，以合理的劳作体感、良好的附着肤感、清晰的辨识视觉，满足了“适人性”的更高设计要求。农器所具备的“极简”美，体现了传统造物中“人为用物”和“物用为人”一器两面的特点。

（一）人为用物

人为用物，即是用具体的材料、结构制造出器物以解决实际的问题。农器简单的材料，体现了古人造物所蕴含的道法自然的古朴思想，遵循客观规律，充分考虑材料的品质、加工、成本等因素。包括木材砍伐时间的选择都要遵循自然规律，如《齐民要术》载：“凡伐木，四月、七月，则不虫而坚韧……凡木有子实者，候其子实将熟，皆其时也。”农器简洁的构造，体现了备物致用的实用性原则。《周易·系辞上》载：“备物致用，立成器以为天下利，莫大乎圣人。”说明器物可以给人带来使用的方便，带来利益等，而器物的结构特征和动力来源又决定了其功能的实用与否。以桔槔为例，其构造极为简单只需一个支点、一个杠杆、一个重物，而且动力来源只需给予杠杆一个初始动力，使其力臂发生变化，依靠重物自身重力调节即可汲水，方便又省力。

（二）物用为人

物用为人，即是器物以其舒适质感、形态，更好地为人所用。农器简朴的质感，体现了古人返璞归真的追求，以本色示人，摒弃无功能性的造型和肌理装饰。将大装饰寓于无装饰，将大美寓于本色，以农夫的汗水浸润农器的把手，改变其原有的色泽和肌理，体现劳动带来的苦与乐。如汲水器具简便的使用，体现了古人适应环境、合理利用自然条件，达到人与自然和谐共处的处世哲学。桔槔与辘轳相比，桔槔的优点是架设简单、位移方便，缺点是汲水深度有限；而辘轳的优点是汲水深浅皆宜，缺点是制造相对复杂、位移相对不便。古人会在不同环境下选择不同汲水器具，使人、物和环境三者和谐统一，最终达到汲水目的。

明代农器是中国传统设计的一个重要载体，它作为种类繁多的传统设计的一个重要组成部分，始终延续着传统设计的基本特点，不断吸纳新材料、新技术的优秀成果，吐故纳新，保持传统农器旺盛的生命力，以改进农器本身的结构和造型达到更好的实用功能，使人能够更舒适地使用，提高劳作生产效率。

二、设计优点的借鉴

明代农器设计的设计者、制造者、使用者和占有者通常都是同一类人，而且是雇农、佃农、自耕农等这些劳动人民，他们往往没有太多的生产资源、科技知识、文化素养等。但正是这些局限性，形成了明代农器设计的一系列设计优点，这些设计的优点凸显出中国设计传统的最突出特点：使用方面的因人而异、条件方面的因地制宜、成本方面的因陋就简、事理方面的因势利导等。

（一）使用方面的因人而异

鲁迅《准风月谈·难得糊涂》：“然而风格和情绪、倾向之类，不但因人而异，而且因事而异，因时而异。”意指风格和情绪等，因主、客观因素的不同而有所差异。中国传统设计也是如此，往往设计制造者又是使用者，他们设计的农器或工具会根据自身的特点，做适当的调整，因此农器的尺度、造型是因人而异。如传统老木匠带徒弟，在徒弟几年学习即将出师时，一般师父出的考题就是给自己制作一套木作工具，合格即可出师，不合格继续学。但是，"因人而异"设计出的农器，并非没有规律可循，其内在有着统一的章法。如在材料选择上，就要考虑最基本的三个要素，成本是否低廉、品质是否优良、工艺是否简单。只是不同的人，根据自身情况，考虑的重点可能不一样而已。使用上的因人而异还体现在一器多用，不同的人可以使用同一农器的不同功能。一件农器创造出来，首先是为了解决某一特定问题，达到特定功效，这个称为"第一功能"，但在使用的过程中会出现众多"次生功能""派生功能"。如用于挑物运输的扁担，其使用方式也多种多样，当货物较多时，可将货物分装成等量两份分别系挂于扁担两端，扁担靠挂在肩上；当货物较少时，可将货物直接系挂于扁担的一端，扁担靠挂在肩上，另一端以手扶按着。用扁担挑物行进中，累了休息时，还可将扁担搭在两边的货物上，作为临时休息的板凳；甚至遇有野兽攻击、劫匪打劫，还可当作防卫的武器。这些都是中国设计传统中，使用方面因人而异的突出体现。

（二）条件方面的因地制宜

因地制宜，出自《吴越春秋·阖闾内传》："夫筑城郭，立仓库，因地制宜，岂有天气之数以威邻国者乎？"意指根据当地的具体情况，制定或采取适当的措施来处理一些事。中国传统设计也能够根据条件的变化灵活机动地做相应的改变，具有极强的适应能力。如明代运输类农事农器的设计，就体现了因地制宜的特点。中国北方平原地势相对平坦，但是水网较少，故明代主要的运输农器是四轮大车。而南方水系密集，农忙运输多见舟船。南方还多见独轮车，而少见四轮大车，尤其是道路崎岖的山区。因四轮大车对路况要求相对较高，遇到河流要停，遇到山也要停，遇到狭窄小道也还要停，而且四轮大车没有转向轮，转向十分不便，需要绕一个大圈，而山区没有这样平坦的地势，故四轮大车在南方山区比较少见。而我国幅员辽阔，位于甘肃、四川、西藏等地的交通运输工具又有别于其他地区，尤其是渡河工具，虽然也是舟船，但已不是竹筏木船，而是羊皮筏、牛皮船。因西部地区，畜牧业发达，羊皮、牛皮等皮革资源丰富，取材方便，皮革制作工艺成熟，故其舟船用材改用皮革。直至现在，羊皮筏在黄河流域还充当着漂流、渡河的工具，足见其生命力的顽强，从侧面印证"因地制宜"设计的成功。

（三）成本方面的因陋就简

因陋就简，出自汉·刘歆《移书让太常博士》："往者缀学之士，不思废绝之阙，苟因陋就寡，分文析字，烦言碎辞，学者罢老，且不能究其一艺。"原指满足于简陋、不求改进，后指就着简陋条件办事。农器的设计者和使用者是广大的劳动人民，在农器的设计上"因陋就简"，将成本控制得越低越好，使耗费与功效之间的"性价比"处于最佳方式，以简单的材料、简洁的构造、简易的制作，达到农器的实用性与适人性的高度统一。例如，用于箝挑禾束的农器"杈"，是人们直接从树上截取一根带有三股叉的树杈，稍作加工而成。禾杈没有任何装饰，也仅是去皮晾干处理。从成本而言，投入几乎为零。只需投入人力，以砍斫有用的树杈，并稍作去皮加工，制作这样的简单工具，反而是一种创收的方式。笔者在河南洛阳调研北方农器时，发现至今当地农村仍然在使用这样的木杈。并且有点"手艺"的农民还会利用农闲时节，自己制作一些手工农器如木杈、扫帚、簸箕等到集市上卖，以贴补家用。这种农忙季节耕田种地、农闲时节做点小手工的生产和生活方式，正是明代大农业生产的延续和发展。也体现了明代农器因陋就简，充分利用简单材料，制作农器的设计特点。另外，建筑大木作施工往往就在建筑现场或室外，常常会因为临时性、突发性的要求制作一些临时性的工具，较为典型的就是三脚马、木梯，这些也是因陋就简的代表性案例。三脚马、木梯虽然较为粗糙，但往往构思奇巧。如三脚马，是用于支料的木架子，因有三脚立地而得名。从力学角度看，三脚立地已足够稳健，且比四脚省材。制作也极为简单，只需将两根圆木先捆束，再将一根稍长的圆木与之斜交捆绑即可。木梯，则是建筑上用于爬高的工具，往往用完即弃，但是实际建筑完工后，这些木梯仍然会被人们保留，用于家庭日常爬高之用。这种习惯至今保留，我们经常会在一些公共建筑，如楼梯过道、配电房等地方，看到粗糙、未经髹涂，甚至满是毛刺的简易木梯，上面还沾满油漆、石灰等污渍。建筑施工完毕，这些本该丢弃的木梯，被"有心人"保留了下来。如果是农村自家建房，还会在房舍完工后，将这些临时性木梯稍做加工，去掉毛刺打磨顺手后，和其他农器一起储藏起来。这不仅体现了中国传统设计在制作时的因陋就简，也体现了使用时的因陋就简。

（四）事理方面的因势利导

西汉·司马迁《史记·孙子吴起列传》："善战者，因其势而利导之。"意指善于统率把握战争形态的人，是会根据战事变化调整布局，借指做事应顺着事物发展的客观趋势，向着有利于实现目的的方向加以引导。新石器初期，先民摆脱茹毛饮血的穴居和渔猎生活，开始了最早的农业耕种（不仅包括水稻等粮食作物，还包括麻、桑、漆等经济作物）。农耕文明的兴起，导致人口快速聚居和急速膨胀，使得人们必须解决以吃饭穿衣为主的温饱问题。很久以前开始，与同时期的其他地区相比，中国的人口一直就位居世界之首，如何提高农业生产效率、提高农业产量，一直是人们关心的重要问题。由此，长期而言人们对农器的要求，形成了"功能至上"的原则，当然这个功能包括实用性功能和适人性功能，也使得中国人早就具有更加务实的"因势利导"设计思想。例如，新型材料会被应用到农器中，以提高破土、砍斫、切割等劳作功效。耕犁中的铁犁铧、犁壁是典型的案例。犁铧是耕犁关键的破土功能构件，犁壁是重要的翻土构件，采用铁制构件既可提高破土能力，又能降低损耗。在遇有质地较硬的土壤层时，铁制器具可以快速破土开荒。犁铧、犁壁是和土壤直接接触的部件，受到的冲击力、摩擦力最大，极易磨损，采用铁制可以降低耕犁的损耗，提高耕犁的使用年限。耕犁，也只是在犁铧和犁壁等主要构件采用铁制，其他部件继续使用木制，主要有几点考虑，一方面，如全部构件使用铁制，分量太重，不利于搬运，劳作中的负载也太大，既浪费人力的扶持，又浪费畜力的牵引；另一方面，虽然明代冶铁技术已经很发达，铁器已经非常普及，但毕竟价格远远高于木材，只在关键构件采用铁制还可大大降低农器成本，这充分体现了传统设计中"因势利导"思想。

通过对明代农器设计的研究可知，任何一项设计的实现，都会受到各种条件的约束，农器的设计自然也会受到材料、工艺、结构、成本等因素的影响。而农器的设计者和使用者通常都是广大的劳动人民，他们受到的各项制约更加繁多，条件更为简陋。然而，劳动人民并非消极地应对困难和问题，而是积极地寻求解决困难和问题的方式和方法。在艰难的条件下，他们积极地发挥主观能动性，因地制宜地解决地域和资源等问题；因陋就简地选用简单的材料和简洁的构造，以降低成本；因势利导地克服不利因素，发扬有利因素，从而达到农器创新和改良的目的。如此设计出的农器反而具备一定的多样性，能够因人而异地为人所用。某种意义上，正是得益于传统农器设计的各种条件制约和资源限制，激发了劳动人民的勇气和智慧，形成了中国设计传统的突出特点。

附录

明代农器设计分析图谱

明代农器设计分析图谱

编号	农器图像	名称	相关农事或手工业	相关章节	资料来源
001		犁线描图	耕垦农事—垦荒	第二章 第一节	〔明〕徐光启.农政全书［M］.石声汉，点校.上海：上海古籍出版社，2011：432.
002		犁	耕垦农事—垦荒	第二章 第一节	王琥；何晓佑，李立新，夏燕靖.中国传统器具设计研究：首卷［M］.南京：江苏美术出版社，2004：163—175.
003	犁辕 策额 犁箭 犁梢 铁钩 犁铧 犁壁 犁底	犁名称指示图	耕垦农事—垦荒	第二章 第一节	王琥；何晓佑，李立新，夏燕靖.中国传统器具设计研究：首卷［M］.南京：江苏美术出版社，2004：163—175.

（续表）

编号	农器图像	名称	相关农事或手工业	相关章节	资料来源
004	1300 760 870 1620 760 325 320 1620 单位：mm	犁三视尺寸图	耕垦农事—垦荒	第二章 第一节	王琥；何晓佑，李立新，夏燕靖．中国传统器具设计研究：首卷［M］．南京：江苏美术出版社，2004：163—175.
005	耕 耜	犁耕	耕垦农事—垦荒	第二章 第一节	〔明〕宋应星．天工开物译注［M］．潘吉星，译注．上海：上海古籍出版社，2008（2012重印）：10.
006		劚刀	耕垦农事—垦荒	第二章 第一节	〔明〕徐光启．农政全书［M］．石声汉，点校．上海：上海古籍出版社，2011：457.
007	左架 犁 右架	代耕架	耕垦农事—垦荒	第二章 第一节	张芳，王思明．中国农业科技史［M］．北京：中国农业科学技术出版社，2011.

（续表）

编号	农器图像	名称	相关农事或手工业	相关章节	资料来源
008	手挽橛 镳铲 人字架 后坐板 横长木	“人” 字形木架	耕垦农事—垦荒	第二章 第一节	〔明〕王征.新制诸器图说［M］.来鹿堂藏版，道光年间.
009		长镵（又称踏犁）	耕垦农事—垦荒	第二章 第一节	〔明〕徐光启.农政全书［M］.石声汉，点校.上海：上海古籍出版社，2011：444.
010		踏犁	耕垦农事—垦荒	第二章 第一节	杨明朗；张明山，邱珂.中国设计全集：卷12 工具类编·生产篇［M］.北京：商务印书馆，2012.
011	扶手 犁柄 踏脚 犁头夹 犁头	踏犁名称指示图	耕垦农事—垦荒	第二章 第一节	杨明朗；张明山，邱珂.中国设计全集：卷12 工具类编·生产篇［M］.北京：商务印书馆，2012.

（续表）

编号	农器图像	名称	相关农事或手工业	相关章节	资料来源
012		踏犁尺寸图	耕垦农事—垦荒	第二章 第一节	杨明朗；张明山，邱珂．中国设计全集：卷12 工具类编·生产篇［M］．北京：商务印书馆，2012.
013		方耙	耕垦农事—粗耕	第二章 第一节	〔明〕徐光启．农政全书［M］．石声汉，点校．上海：上海古籍出版社，2011：435.
014		方耙	耕垦农事—粗耕	第二章 第一节	杨明朗；张明山，邱珂．中国设计全集：卷12 工具类编·生产篇［M］．北京：商务印书馆，2012.

（续表）

编号	农器图像	名称	相关农事或手工业	相关章节	资料来源
015	耙齿 轭钩环 提拉环 耙齿架 耙梁	方耙名称指示图	耕垦农事—粗耕	第二章 第一节	杨明朗；张明山，邱珂．中国设计全集：卷12 工具类编·生产篇［M］．北京：商务印书馆，2012.
016	1300 150 158 115 840 70 84 36 250 单位：mm	方耙尺寸图	耕垦农事—粗耕	第二章 第一节	杨明朗；张明山，邱珂．中国设计全集：卷12 工具类编·生产篇［M］．北京：商务印书馆，2012.
017	人提力 人重压力 牛拉力 耙齿刃 碎土 大土块	方耙碎土方式分析图	耕垦农事—粗耕	第二章 第一节	杨明朗；张明山，邱珂．中国设计全集：卷12 工具类编·生产篇［M］．北京：商务印书馆，2012.
018	耙	方耙使用方式图	耕垦农事—粗耕	第二章 第一节	［明］宋应星．天工开物译注［M］．潘吉星，译注．上海：上海古籍出版社，2008（2012重印）：11.

（续表）

编号	农器图像	名称	相关农事或手工业	相关章节	资料来源
019		人字耙	耕垦农事—粗耕	第二章 第一节	〔明〕徐光启.农政全书［M］.石声汉，点校.上海：上海古籍出版社，2011：435.
020		铁搭	耕垦农事—粗耕	第二章 第一节	杨明朗；张明山，邱珂.中国设计全集：卷12 工具类编·生产篇［M］.北京：商务印书馆，2012.
021	1600 φ40 208 200 200 厚30 单位：mm	铁搭尺寸图	耕垦农事—粗耕	第二章 第一节	杨明朗；张明山，邱珂.中国设计全集：卷12 工具类编·生产篇［M］.北京：商务印书馆，2012.
022		铁搭使用方式图	耕垦农事—粗耕	第二章 第一节	杨明朗；张明山，邱珂.中国设计全集：卷12 工具类编·生产篇［M］.北京：商务印书馆，2012.

（续表）

编号	农器图像	名称	相关农事或手工业	相关章节	资料来源
023		石砺礋（又称为滚耙）	耕垦农事—耘作	第二章 第一节	［明］徐光启.农政全书［M］.石声汉，点校.上海：上海古籍出版社，2011：438.
024		木砺礋（滚耙）	耕垦农事—耘作	第二章 第一节	［明］徐光启.农政全书［M］.石声汉，点校.上海：上海古籍出版社，2011：438.
025		滚耙	耕垦农事—耘作	第二章 第一节	杨明朗；张明山，邱珂.中国设计全集：卷12 工具类编·生产篇［M］.北京：商务印书馆，2012.
026	耙横梁 脚踏 轧辊叶 包轴铁 扼拉环滚轴 耙纵梁	滚耙名称指示图	耕垦农事—耘作	第二章 第一节	杨明朗；张明山，邱珂.中国设计全集：卷12 工具类编·生产篇［M］.北京：商务印书馆，2012.

（续表）

编号	农器图像	名称	相关农事或手工业	相关章节	资料来源
027	1475 445 339 136 840 单位：mm	滚耙尺寸图	耕垦农事—耘作	第二章 第一节	杨明朗；张明山，邱珂.中国设计：卷12 工具类编·生产篇［M］.北京：商务印书馆，2012.
028		耖	耕垦农事—耘作	第二章 第一节	〔明〕徐光启.农政全书［M］.石声汉，点校.上海：上海古籍出版社，2011：436.
029		耖复原图	耕垦农事—耘作	第二章 第一节	杨明朗；张明山，邱珂.中国设计：卷12 工具类编·生产篇［M］.北京：商务印书馆，2012.
030	扶手支架 横梁 扶手 牛轭拉杆 耖齿	耖名称指示图	耕垦农事—耘作	第二章 第一节	杨明朗；张明山，邱珂.中国设计：卷12 工具类编·生产篇［M］.北京：商务印书馆，2012.

（续表）

编号	农器图像	名称	相关农事或手工业	相关章节	资料来源
031	1080 280 2210 单位：mm	耖尺寸图	耕垦农事—耘作	第二章 第一节	杨明朗；张明山，邱珂.中国设计全集：卷12 工具类编·生产篇［M］.北京：商务印书馆，2012.
032		耖使用方式示意图	耕垦农事—耘作	第二章 第一节	杨明朗；张明山，邱珂.中国设计全集：卷12 工具类编·生产篇［M］.北京：商务印书馆，2012.
033		耱（也称劳）	耕垦农事—耘作	第二章 第一节	〔明〕徐光启.农政全书［M］.石声汉，点校.上海：上海古籍出版社，2011：436.
034		耱	耕垦农事—耘作	第二章 第一节	拍摄于甘肃省兰州市.

（续表）

编号	农器图像	名称	相关农事或手工业	相关章节	资料来源
035		耱使用方式示意图	耕垦农事—耘作	第二章 第一节	张力军，胡泽学．图说中国传统农具[M]．北京：学苑出版社，2009：97.
036		手摘刀	播种农事—选种	第二章 第二节	雷于新，肖克之．中国农业博物馆馆藏中国传统农具[M]．北京：中国农业出版社，2002：305.
037		手摘刀复原图	播种农事—选种	第二章 第二节	杨明朗；张明山，邱珂．中国设计全集：卷12 工具类编·生产篇[M]．北京：商务印书馆，2012.
038	单位：mm	手摘刀尺寸图	播种农事—选种	第二章 第二节	杨明朗；张明山，邱珂．中国设计全集：卷12 工具类编·生产篇[M]．北京：商务印书馆，2012.

（续表）

编号	农器图像	名称	相关农事或手工业	相关章节	资料来源
039		手摘刀使用方式图	播种农事—选种	第二章 第二节	杨明朗；张明山，邱珂.中国设计全集：卷12 工具类编·生产篇［M］.北京：商务印书馆，2012.
040		秧马	播种农事—育秧	第二章 第二节	雷于新，肖克之.中国农业博物馆馆藏中国传统农具［M］.北京：中国农业出版社，2002.
041	凳面 凳腿 底板	秧马名称指示图	播种农事—育秧	第二章 第二节	王琥；何晓佑，李立新，夏燕靖.中国传统器具设计研究：首卷［M］.南京：江苏美术出版社，2004：210—217.
042	290 200 230 140 650 单位：mm	秧马尺寸图	播种农事—育秧	第二章 第二节	王琥；何晓佑，李立新，夏燕靖.中国传统器具设计研究：首卷［M］.南京：江苏美术出版社，2004：210—217.

（续表）

编号	农器图像	名称	相关农事或手工业	相关章节	资料来源
043		秧马操作方式示意图	播种农事—育秧	第二章 第二节	王琥；何晓佑，李立新，夏燕靖.中国传统器具设计研究：首卷［M］.南京：江苏美术出版社，2004：163—175.
044		秧马使用方式图	播种农事—育秧	第二章 第二节	［明］徐光启.农政全书［M］.石声汉，点校.上海：上海古籍出版社，2011：442.
045		箕笼	播种农事—播种	第二章 第二节	杨明朗；张明山，邱珂.中国设计全集：卷12 工具类编·生产篇［M］.北京：商务印书馆，2012.
046	ϕ150 25 200 ϕ50 单位：mm	箕笼尺寸图	播种农事—播种	第二章 第二节	杨明朗；张明山，邱珂.中国设计全集：卷12 工具类编·生产篇［M］.北京：商务印书馆，2012.

（续表）

编号	农器图像	名称	相关农事或手工业	相关章节	资料来源
047	用绳子将装好豆子的箕笼系于腰间，一只手扶箕笼。另一手臂带动手腕，将豆子均匀地洒落到田地里。	箕笼使用方式图	播种农事—播种	第二章 第二节	杨明朗；张明山，邱珂．中国设计全集：卷12 工具类编·生产篇［M］．北京：商务印书馆，2012.
048		南方点播种麦图	播种农事—播种	第二章 第二节	［明］宋应星．天工开物译注［M］．潘吉星，译注．上海：上海古籍出版社，2008（2012重印）：13.
049		瓠种（又称点葫芦）	播种农事—播种	第二章 第二节	［明］徐光启．农政全书［M］．石声汉，点校．上海：上海古籍出版社，2011：439.
050		点葫芦	播种农事—播种	第二章 第二节	拍摄于中国农业博物馆.

（续表）

编号	农器图像	名称	相关农事或手工业	相关章节	资料来源
051	ϕ170 450 单位：mm	点葫芦尺寸图	播种农事—播种	第二章 第二节	杨明朗；张明山，邱珂．中国设计全集：卷12 工具类编·生产篇［M］．北京：商务印书馆，2012.
052		点葫芦内部结构图	播种农事—播种	第二章 第二节	杨明朗；张明山，邱珂．中国设计全集：卷12 工具类编·生产篇［M］．北京：商务印书馆，2012.
053		点葫芦使用方式示意图	播种农事—播种	第二章 第二节	杨明朗；张明山，邱珂．中国设计全集：卷12 工具类编·生产篇［M］．北京：商务印书馆，2012.

（续表）

编号	农器图像	名称	相关农事或手工业	相关章节	资料来源
054		耧车	播种农事—播种	第二章 第二节	王琥；何晓佑，李立新，夏燕靖.中国传统器具设计研究：卷二［M］.南京：江苏美术出版社，2006：275—290.
055		耧车尺寸图	播种农事—播种	第二章 第二节	王琥；何晓佑，李立新，夏燕靖.中国传统器具设计研究：卷二［M］.南京：江苏美术出版社，2006：275—290.
056		耧车内部结构分析图	播种农事—播种	第二章 第二节	王琥；何晓佑，李立新，夏燕靖.中国传统器具设计研究：卷二［M］.南京：江苏美术出版社，2006：275—290.

（续表）

编号	农器图像	名称	相关农事或手工业	相关章节	资料来源
057		耧车使用方式示意图	播种农事—播种	第二章 第二节	王琥；何晓佑，李立新，夏燕靖．中国传统器具设计研究：卷二［M］．南京：江苏美术出版社，2006：275—290.
058		砘车	播种农事—整压	第二章 第二节	拍摄于中国农业博物馆.
059	拉杆 砣轴 石砣 卡榫	砘车名称指示图	播种农事—整压	第二章 第二节	杨明朗；张明山，邱珂．中国设计全集：卷12 工具类编·生产篇［M］．北京：商务印书馆，2012.
060	400 ϕ200 100 690 ϕ30 单位：mm	砘车尺寸示意图	播种农事—整压	第二章 第二节	杨明朗；张明山，邱珂．中国设计全集：卷12 工具类编·生产篇［M］．北京：商务印书馆，2012.

（续表）

编号	农器图像	名称	相关农事或手工业	相关章节	资料来源
061		砘车压土示意图	播种农事—整压	第二章 第二节	杨明朗；张明山，邱珂.中国设计全集：卷12 工具类编·生产篇［M］.北京：商务印书馆，2012.
062		多种形制砘车图	播种农事—整压	第二章 第二节	［明］徐光启.农政全书［M］.石声汉，点校.上海：上海古籍出版社，2011：441.
063		砘车使用方式示意图	播种农事—整压	第二章 第二节	［明］宋应星.天工开物译注［M］.潘吉星，译注.上海：上海古籍出版社，2008（2012重印）：22.

（续表）

编号	农器图像	名称	相关农事或手工业	相关章节	资料来源
064		大水栅	田间农事—排灌	第二章 第三节	〔明〕徐光启.农政全书［M］.石声汉，点校.上海：上海古籍出版社，2011：338.
065		水栅	田间农事—排灌	第二章 第三节	〔明〕徐光启.农政全书［M］.石声汉，点校.上海：上海古籍出版社，2011：339.
066		水闸	田间农事—排灌	第二章 第三节	〔明〕徐光启.农政全书［M］.石声汉，点校.上海：上海古籍出版社，2011：340.

（续表）

编号	农器图像	名称	相关农事或手工业	相关章节	资料来源
067		戽斗	田间农事—排灌	第二章 第三节	拍摄于中国农业博物馆.
068	侧围架 斗口圈 上卡栏 斗替 绠绳 下卡档	戽斗名称指示图	田间农事—排灌	第二章 第三节	杨明朗；张明山，邱珂.中国设计全集：卷12 工具类编·生产篇［M］.北京：商务印书馆，2012.
069		戽斗尺寸图	田间农事—排灌	第二章 第三节	杨明朗；张明山，邱珂.中国设计全集：卷12 工具类编·生产篇［M］.北京：商务印书馆，2012.

（续表）

编号	农器图像	名称	相关农事或手工业	相关章节	资料来源
070		戽斗使用方式示意图	田间农事—排灌	第二章 第三节	〔明〕徐光启.农政全书［M］.石声汉，点校.上海：上海古籍出版社，2011：358.
071		龙骨水车	田间农事—排灌	第二章 第三节	王琥；何晓佑，李立新，夏燕靖.中国传统器具设计研究：首卷［M］.南京：江苏美术出版社，2004：243—250.
072		龙骨水车名称示意图	田间农事—排灌	第二章 第三节	王琥；何晓佑，李立新，夏燕靖.中国传统器具设计研究：首卷［M］.南京：江苏美术出版社，2004：243—250.
073		脚踏式龙骨水车	田间农事—排灌	第二章 第三节	〔明〕宋应星.天工开物译注［M］.潘吉星，译注.上海：上海古籍出版社，2008（2012重印）：18.

（续表）

编号	农器图像	名称	相关农事或手工业	相关章节	资料来源
074		手摇式龙骨水车	田间农事—排灌	第二章 第三节	［明］宋应星.天工开物译注［M］.潘吉星，译注.上海：上海古籍出版社，2008（2012重印）：19.
075		筒车	田间农事—排灌	第二章 第三节	［明］徐光启.农政全书［M］.石声汉，点校.上海：上海古籍出版社，2011：346.
076		筒车	田间农事—排灌	第二章 第三节	杨明朗；张明山，邱珂.中国设计全集：卷12 工具类编·生产篇［M］.北京：商务印书馆，2012.

（续表）

编号	农器图像	名称	相关农事或手工业	相关章节	资料来源
077	ϕ4000 5800 2300 单位:mm	筒车尺寸图	田间农事—排灌	第二章 第三节	杨明朗；张明山，邱珂.中国设计全集：卷12 工具类编·生产篇［M］.北京：商务印书馆，2012.
078		连筒	田间农事—排灌	第二章 第三节	〔明〕徐光启.农政全书［M］.石声汉，点校.上海：上海古籍出版社，2011：355.
079		架槽	田间农事—排灌	第二章 第三节	〔明〕徐光启.农政全书［M］.石声汉，点校.上海：上海古籍出版社，2011：356.

（续表）

编号	农器图像	名称	相关农事或手工业	相关章节	资料来源
080		连筒架设方式图	田间农事—排灌	第二章 第三节	中国少数民族设计全集编纂委员会.中国少数民族设计全集：佤族［M］.太原：山西人民出版社，北京：人民美术出版社，2019.
081		竹节打通方式图	田间农事—排灌	第二章 第三节	中国少数民族设计全集编纂委员会.中国少数民族设计全集：佤族［M］.太原：山西人民出版社，北京：人民美术出版社，2019.
082		剪刀	田间农事—培植	第二章 第三节	杨明朗；张明山，邱珂.中国设计全集：卷12 工具类编·生产篇［M］.北京：商务印书馆，2012.

（续表）

编号	农器图像	名称	相关农事或手工业	相关章节	资料来源
083	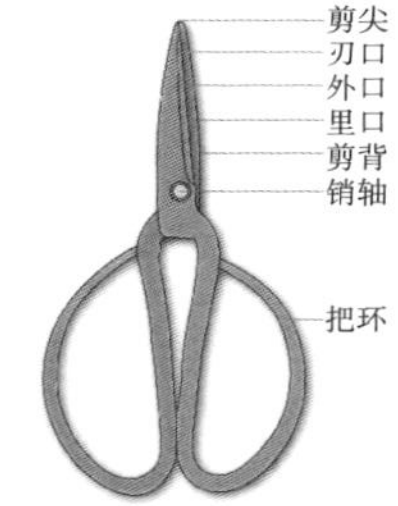 剪尖 刃口 外口 里口 剪背 销轴 把环	剪刀名称指示图	田间农事—培植	第二章 第三节	杨明朗；张明山，邱珂.中国设计全集：卷12 工具类编·生产篇［M］.北京：商务印书馆，2012.
084	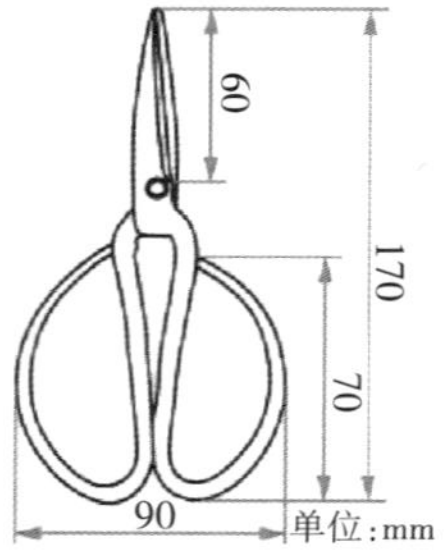 60 170 70 90 单位:mm	剪刀尺寸图	田间农事—培植	第二章 第三节	杨明朗；张明山，邱珂.中国设计全集：卷12 工具类编·生产篇［M］.北京：商务印书馆，2012.
085	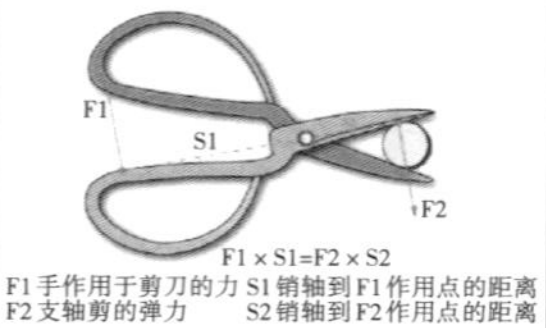 F1 S1 F2 F1×S1=F2×S2 F1手作用于剪刀的力 S1销轴到F1作用点的距离 F2支轴剪的弹力 S2销轴到F2作用点的距离	剪刀受力方式分析图	田间农事—培植	第二章 第三节	杨明朗；张明山，邱珂.中国设计全集：卷12 工具类编·生产篇［M］.北京：商务印书馆，2012.

（续表）

编号	农器图像	名称	相关农事或手工业	相关章节	资料来源
086		剪刀操持方式图	田间农事—培植	第二章 第三节	杨明朗；张明山，邱珂．中国设计全集：卷12 工具类编·生产篇［M］．北京：商务印书馆，2012.
087		桑剪线描图	田间农事—培植	第二章 第三节	章楷．中国古代农机具［M］．北京：人民出版社，1985：97.
088		桑剪	田间农事—培植	第二章 第三节	杨明朗；张明山，邱珂．中国设计全集：卷12 工具类编·生产篇［M］．北京：商务印书馆，2012.
089		桑剪尺寸图	田间农事—培植	第二章 第三节	杨明朗；张明山，邱珂．中国设计全集：卷12 工具类编·生产篇［M］．北京：商务印书馆，2012.

（续表）

编号	农器图像	名称	相关农事或手工业	相关章节	资料来源
090	桑枝 作用力 剪裁角 推力 剪裁力	桑剪受力分析图	田间农事—培植	第二章 第三节	杨明朗；张明山，邱珂.中国设计全集：卷12 工具类编·生产篇［M］.北京：商务印书馆，2012.
091		耘田	田间农事—培植	第二章 第三节	［明］宋应星.天工开物译注［M］.潘吉星，译注.上海：上海古籍出版社，2008（2012重印）：13.
092		耘荡	田间农事—培植	第二章 第三节	［明］徐光启.农政全书［M］.石声汉，点校.上海：上海古籍出版社，2011：453.
093		耘爪	田间农事—培植	第二章 第三节	［明］徐光启.农政全书［M］.石声汉，点校.上海：上海古籍出版社，2011：453.
094	支杆前柱 支杆后柱 耙板 耙铁齿 空洞	耘爪名称指示图	田间农事—培植	第二章 第三节	杨明朗；张明山，邱珂.中国设计全集：卷12 工具类编·生产篇［M］.北京：商务印书馆，2012.

（续表）

编号	农器图像	名称	相关农事或手工业	相关章节	资料来源
095		手铲	田间农事—除害	第二章　第三节	杨明朗；张明山，邱珂．中国设计全集：卷 12　工具类编·生产篇［M］．北京：商务印书馆，2012.
096		手铲尺寸图	田间农事—除害	第二章　第三节	杨明朗；张明山，邱珂．中国设计全集：卷 12　工具类编·生产篇［M］．北京：商务印书馆，2012.
097		手铲操持方式示意图	田间农事—除害	第二章　第三节	杨明朗；张明山，邱珂．中国设计全集：卷 12　工具类编·生产篇［M］．北京：商务印书馆，2012.
098		锄	田间农事—除害	第二章　第三节	杨明朗；张明山，邱珂．中国设计全集：卷 12　工具类编·生产篇［M］．北京：商务印书馆，2012.

（续表）

编号	农器图像	名称	相关农事或手工业	相关章节	资料来源
099	锄钩 锄柄 锄板 铁箍	锄名称指示图	田间农事—除害	第二章 第三节	杨明朗；张明山，邱珂.中国设计全集：卷12 工具类编·生产篇［M］.北京：商务印书馆，2012.
100	1700 550 A向 155 145 单位：mm	锄尺寸图	田间农事—除害	第二章 第三节	杨明朗；张明山，邱珂.中国设计全集：卷12 工具类编·生产篇［M］.北京：商务印书馆，2012.
101		锄使用方式示意图	田间农事—除害	第二章 第三节	［明］宋应星.天工开物译注［M］.潘吉星，译注.上海：上海古籍出版社，2008（2012重印）：23.
102		板锄	田间农事—除害	第二章 第三节	杨明朗；张明山，邱珂.中国设计全集：卷12 工具类编·生产篇［M］.北京：商务印书馆，2012.

（续表）

编号	农器图像	名称	相关农事或手工业	相关章节	资料来源
103	1500 40 50 300 70 单位：mm	板锄尺寸图	田间农事—除害	第二章 第三节	杨明朗；张明山，邱珂．中国设计全集：卷12 工具类编·生产篇［M］．北京：商务印书馆，2012.
104		板锄使用方式图	田间农事—除害	第二章 第三节	杨明朗；张明山，邱珂．中国设计全集：卷12 工具类编·生产篇［M］．北京：商务印书馆，2012.
105		板锄使用方式图	田间农事—除害	第二章 第三节	杨明朗；张明山，邱珂．中国设计全集：卷12 工具类编·生产篇［M］．北京：商务印书馆，2012.
106		漏锄	田间农事—除害	第二章 第三节	拍摄于中国农业博物馆.
107	100 320 40 130 100 单位：mm	漏锄尺寸图	田间农事—除害	第二章 第三节	杨明朗；张明山，邱珂．中国设计全集：卷12 工具类编·生产篇［M］．北京：商务印书馆，2012.

（续表）

编号	农器图像	名称	相关农事或手工业	相关章节	资料来源
108		漏锄使用方式图	田间农事—除害	第二章 第三节	杨明朗；张明山，邱珂.中国设计全集：卷12 工具类编·生产篇［M］.北京：商务印书馆，2012.
109		除虫滑车	田间农事—除害	第二章 第三节	张芳，王思明.中国农业科技史［M］.北京：中国农业科学技术出版社，2011：246.
110		镰刀	收获农事—采割	第二章 第四节	杨明朗；张明山，邱珂.中国设计全集：卷12 工具类编·生产篇［M］.北京：商务印书馆，2012.
111		镰刀名称指示图	收获农事—采割	第二章 第四节	杨明朗；张明山，邱珂.中国设计全集：卷12 工具类编·生产篇［M］.北京：商务印书馆，2012.

（续表）

编号	农器图像	名称	相关农事或手工业	相关章节	资料来源
112	450 150 5 200 2 $\phi50$ $\phi45$ 单位：nm	镰刀尺寸图	收获农事—采割	第二章 第四节	杨明朗；张明山，邱珂．中国设计全集：卷12 工具类编·生产篇［M］．北京：商务印书馆，2012.
113		镰刀使用方式示意图	收获农事—采割	第二章 第四节	杨明朗；张明山，邱珂．中国设计全集：卷12 工具类编·生产篇［M］．北京：商务印书馆，2012.
114		推镰	收获农事—采割	第二章 第四节	［明］徐光启．农政全书［M］．石声汉，点校．上海：上海古籍出版社，2011.

（续表）

编号	农器图像	名称	相关农事或手工业	相关章节	资料来源
115		推镰复原图	收获农事—采割	第二章 第四节	杨明朗；张明山，邱珂.中国设计全集：卷12 工具类编·生产篇［M］.北京：商务印书馆，2012.
116		钹线描图	收获农事—采割	第二章 第四节	〔明〕徐光启.农政全书［M］.石声汉，点校.上海：上海古籍出版社，2011：457.
117		钹复原图	收获农事—采割	第二章 第四节	杨明朗；张明山，邱珂.中国设计全集：卷12 工具类编·生产篇［M］.北京：商务印书馆，2012.
118	ϕ35 1450 1600 ϕ30 700 100 800 A A向 单位：mm	钹尺寸图	收获农事—采割	第二章 第四节	杨明朗；张明山，邱珂.中国设计全集：卷12 工具类编·生产篇［M］.北京：商务印书馆，2012.

（续表）

编号	农器图像	名称	相关农事或手工业	相关章节	资料来源
119		钹使用方式示意图	收获农事—采割	第二章 第四节	杨明朗；张明山，邱珂.中国设计全集：卷12 工具类编·生产篇［M］.北京：商务印书馆，2012.
120		扁担	收获农事—运输	第二章 第四节	王琥；何晓佑，李立新，夏燕靖.中国传统器具设计研究：卷三［M］.南京：江苏美术出版社，2010：235—246.
121		扁担系挂示意图	收获农事—运输	第二章 第四节	王琥；何晓佑，李立新，夏燕靖.中国传统器具设计研究：卷三［M］.南京：江苏美术出版社，2010：235—246.
122	旋转 旋转 低头	扁担换肩示意图	收获农事—运输	第二章 第四节	王琥；何晓佑，李立新，夏燕靖.中国传统器具设计研究：卷三［M］.南京：江苏美术出版社，2010：235—246.

（续表）

编号	农器图像	名称	相关农事或手工业	相关章节	资料来源
123		扁担使用方法示意图1	收获农事—运输	第二章 第四节	王琥；何晓佑，李立新，夏燕靖.中国传统器具设计研究：卷三［M］.南京：江苏美术出版社，2010：235—246.
124		扁担使用方法示意图2	收获农事—运输	第二章 第四节	王琥；何晓佑，李立新，夏燕靖.中国传统器具设计研究：卷三［M］.南京：江苏美术出版社，2010：235—246.
125		扁担使用方法示意图3	收获农事—运输	第二章 第四节	王琥；何晓佑，李立新，夏燕靖.中国传统器具设计研究：卷三［M］.南京：江苏美术出版社，2010：235—246.
126		独轮车	收获农事—运输	第二章 第四节	王琥；何晓佑，李立新，夏燕靖.中国传统器具设计研究：首卷［M］.南京：江苏美术出版社，2004：262—276.

（续表）

编号	农器图像	名称	相关农事或手工业	相关章节	资料来源
127		独轮车名称指示图	收获农事—运输	第二章 第四节	王琥；何晓佑，李立新，夏燕靖.中国传统器具设计研究：首卷［M］.南京：江苏美术出版社，2004：262—276.
128		独轮车尺寸图	收获农事—运输	第二章 第四节	王琥；何晓佑，李立新，夏燕靖.中国传统器具设计研究：首卷［M］.南京：江苏美术出版社，2004：262—276.
129		独轮车使用方式示意图1	收获农事—运输	第二章 第四节	王琥；何晓佑，李立新，夏燕靖.中国传统器具设计研究：首卷［M］.南京：江苏美术出版社，2004：262—276.
130		独轮车使用方式示意图2	收获农事—运输	第二章 第四节	王琥；何晓佑，李立新，夏燕靖.中国传统器具设计研究：首卷［M］.南京：江苏美术出版社，2004：262—276.

（续表）

编号	农器图像	名称	相关农事或手工业	相关章节	资料来源
131		双缱独辕车	收获农事—运输	第二章 第四节	〔明〕宋应星.天工开物译注［M］.潘吉星，译注.上海：上海古籍出版社，2008（2012重印）：265.
132		南方独轮推车	收获农事—运输	第二章 第四节	〔明〕宋应星.天工开物译注［M］.潘吉星，译注.上海：上海古籍出版社，2008（2012重印）：265.
133		四轮大车	收获农事—运输	第二章 第四节	王琥；何晓佑，李立新，夏燕靖.中国传统器具设计研究：卷二［M］.南京：江苏美术出版社，2006：251—264.
134		四轮大车挽具	收获农事—运输	第二章 第四节	王琥；何晓佑，李立新，夏燕靖.中国传统器具设计研究：卷二［M］.南京：江苏美术出版社，2006：251—264.

（续表）

编号	农器图像	名称	相关农事或手工业	相关章节	资料来源
135		四轮大车车衡	收获农事—运输	第二章 第四节	王琥；何晓佑，李立新，夏燕靖.中国传统器具设计研究：卷二［M］.南京：江苏美术出版社，2006：251—264.
136		四轮大车使用方式示意图	收获农事—运输	第二章 第四节	〔明〕宋应星.天工开物译注［M］.潘吉星，译注.上海：上海古籍出版社，2008（2012重印）：261.
137		下泽车	收获农事—运输	第二章 第四节	〔元〕王祯.东鲁王氏农书译注［M］.缪启愉，缪桂龙，译注.上海：上海古籍出版社，2008：555.
138		大车	收获农事—运输	第二章 第四节	〔元〕王祯.东鲁王氏农书译注［M］.缪启愉，缪桂龙，译注.上海：上海古籍出版社，2008：557.

（续表）

编号	农器图像	名称	相关农事或手工业	相关章节	资料来源
139		拖车	收获农事—运输	第二章 第四节	〔元〕王祯.东鲁王氏农书译注［M］.缪启愉，缪桂龙，译注.上海：上海古籍出版社，2008：558.
140		囷	收获农事—仓储	第二章 第四节	〔元〕王祯.东鲁王氏农书译注［M］.缪启愉，缪桂龙，译注.上海：上海古籍出版社，2008.
141		稻折	收获农事—仓储	第二章 第四节	杨明朗；张明山，邱珂.中国设计全集：卷12 工具类编·生产篇［M］.北京：商务印书馆，2012.
142		稻折尺寸图	收获农事—仓储	第二章 第四节	杨明朗；张明山，邱珂.中国设计全集：卷12 工具类编·生产篇［M］.北京：商务印书馆，2012.

（续表）

编号	农器图像	名称	相关农事或手工业	相关章节	资料来源
143	600 单位:mm	稻折捆扎后的尺寸图	收获农事—仓储	第二章 第四节	杨明朗；张明山，邱珂.中国设计全集：卷12 工具类编·生产篇［M］.北京：商务印书馆，2012.
144		稻折捆系方式示意图	收获农事—仓储	第二章 第四节	杨明朗；张明山，邱珂.中国设计全集：卷12 工具类编·生产篇［M］.北京：商务印书馆，2012.
145		稻折储粮示意图	收获农事—仓储	第二章 第四节	杨明朗；张明山，邱珂.中国设计全集：卷12 工具类编·生产篇［M］.北京：商务印书馆，2012.
146		笎	收获农事—仓储	第二章 第四节	［明］徐光启.农政全书［M］.石声汉，点校.上海：上海古籍出版社，2011：464.

（续表）

编号	农器图像	名称	相关农事或手工业	相关章节	资料来源
147		青稞架	收获农事—仓储	第二章 第四节	杨明朗；张明山，邱珂．中国设计全集：卷12 工具类编·生产篇［M］．北京：商务印书馆，2012.
148		青稞架名称指示图	收获农事—仓储	第二章 第四节	杨明朗；张明山，邱珂．中国设计全集：卷12 工具类编·生产篇［M］．北京：商务印书馆，2012.
149		青稞架尺寸图	收获农事—仓储	第二章 第四节	杨明朗；张明山，邱珂．中国设计全集：卷12 工具类编·生产篇［M］．北京：商务印书馆，2012.
150		青稞架使用方式示意图	收获农事—仓储	第二章 第四节	史效轩．喝青稞酒 拍青稞架［N］．云南日报，2011-10-31.

（续表）

编号	农器图像	名称	相关农事或手工业	相关章节	资料来源
151		碌碡	加工农事—脱粒	第二章 第五节	［明］徐光启.农政全书［M］.石声汉，点校.上海：上海古籍出版社，2011：437.
152		碌碡	加工农事—脱粒	第二章 第五节	杨明朗；张明山，邱珂.中国设计全集：卷12 工具类编·生产篇［M］.北京：商务印书馆，2012.
153		碌碡名称指示图	加工农事—脱粒	第二章 第五节	杨明朗；张明山，邱珂.中国设计全集：卷12 工具类编·生产篇［M］.北京：商务印书馆，2012.
154		碌碡尺寸图	加工农事—脱粒	第二章 第五节	杨明朗；张明山，邱珂.中国设计全集：卷12 工具类编·生产篇［M］.北京：商务印书馆，2012.
155		碌碡赶稻及菽	加工农事—脱粒	第二章 第五节	［明］宋应星.天工开物译注［M］.潘吉星，译注.上海：上海古籍出版社，2008（2012重印）：36.

（续表）

编号	农器图像	名称	相关农事或手工业	相关章节	资料来源
156		掼床复原图	加工农事—脱粒	第二章 第五节	杨明朗；张明山，邱珂.中国设计全集：卷12 工具类编·生产篇［M］.北京：商务印书馆，2012.
157		掼床使用方式示意图	加工农事—脱粒	第二章 第五节	杨明朗；张明山，邱珂.中国设计全集：卷12 工具类编·生产篇［M］.北京：商务印书馆，2012.
158		湿稻田里击稻	加工农事—脱粒	第二章 第五节	［明］宋应星.天工开物译注［M］.潘吉星，译注.上海：上海古籍出版社，2008（2012重印）：35.
159		稻场上击稻	加工农事—脱粒	第二章 第五节	［明］宋应星.天工开物译注［M］.潘吉星，译注.上海：上海古籍出版社，2008（2012重印）：35.

（续表）

编号	农器图像	名称	相关农事或手工业	相关章节	资料来源
160		连枷	加工农事—脱粒	第二章 第五节	［明］徐光启.农政全书［M］.石声汉，点校.上海：上海古籍出版社，2011：466.
161		连枷	加工农事—脱粒	第二章 第五节	杨明朗；张明山，邱珂.中国设计全集：卷12 工具类编·生产篇［M］.北京：商务印书馆，2012.
162		连枷名称指示图	加工农事—脱粒	第二章 第五节	杨明朗；张明山，邱珂.中国设计全集：卷12 工具类编·生产篇［M］.北京：商务印书馆，2012.
163		连枷尺寸图	加工农事—脱粒	第二章 第五节	杨明朗；张明山，邱珂.中国设计全集：卷12 工具类编·生产篇［M］.北京：商务印书馆，2012.
164		连枷旋转分析图	加工农事—脱粒	第二章 第五节	杨明朗；张明山，邱珂.中国设计全集：卷12 工具类编·生产篇［M］.北京：商务印书馆，2012.

（续表）

编号	农器图像	名称	相关农事或手工业	相关章节	资料来源
165		连枷使用方式示意图	加工农事—脱粒	第二章 第五节	杨明朗；张明山，邱珂.中国设计全集：卷12 工具类编·生产篇［M］.北京：商务印书馆，2012.
166		打枷图	加工农事—脱粒	第二章 第五节	〔明〕宋应星.天工开物译注［M］.潘吉星，译注.上海：上海古籍出版社，2008(2012重印)：46.
167		石磨	加工农事—粉碎	第二章 第五节	杨明朗；张明山，邱珂.中国设计全集：卷12 工具类编·生产篇［M］.北京：商务印书馆，2012.

（续表）

编号	农器图像	名称	相关农事或手工业	相关章节	资料来源
168	上扇 磨把 磨柄 磨齿 磨唇 下扇 磨眼 磨脐 磨膛 磨嘴 磨盘	石磨名称指示图	加工农事—粉碎	第二章 第五节	杨明朗；张明山，邱珂．中国设计全集：卷12 工具类编·生产篇［M］．北京：商务印书馆，2012.
169	ϕ300 400 178 600 A A向 80 100 670 245 60 187 60 ϕ360 ϕ416 单位：mm	石磨尺寸图	加工农事—粉碎	第二章 第五节	杨明朗；张明山，邱珂．中国设计全集：卷12 工具类编·生产篇［M］．北京：商务印书馆，2012.
170	磨齿排列方向相反 上扇 下扇	石磨磨齿分析图	加工农事—粉碎	第二章 第五节	杨明朗；张明山，邱珂．中国设计全集：卷12 工具类编·生产篇［M］．北京：商务印书馆，2012.
171	逆时针方向转动 待磨谷物 磨碎谷物	石磨使用原理分析图	加工农事—粉碎	第二章 第五节	杨明朗；张明山，邱珂．中国设计全集：卷12 工具类编·生产篇［M］．北京：商务印书馆，2012.

（续表）

编号	农器图像	名称	相关农事或手工业	相关章节	资料来源
172		水碾	加工农事—粉碎	第二章 第五节	〔明〕徐光启.农政全书［M］.石声汉，点校.上海：上海古籍出版社，2011：382.
173		水碾复原图	加工农事—粉碎	第二章 第五节	杨明朗；张明山，邱珂.中国设计全集：卷12 工具类编·生产篇［M］.北京：商务印书馆，2012.
174	轮轴 辗盘 辗槽 辐条 轮板叶 卧式轮	水碾名称指示图	加工农事—粉碎	第二章 第五节	杨明朗；张明山，邱珂.中国设计全集：卷12 工具类编·生产篇［M］.北京：商务印书馆，2012.

（续表）

编号	农器图像	名称	相关农事或手工业	相关章节	资料来源
175	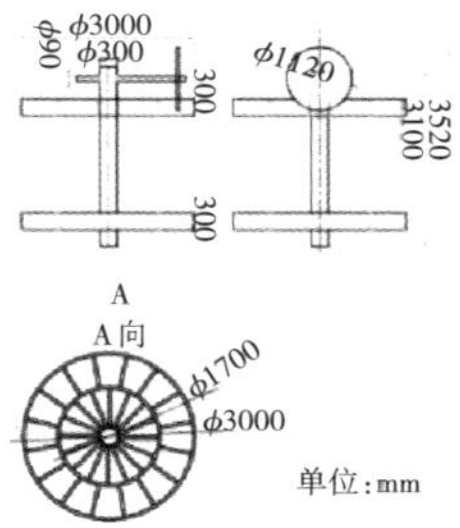	水碾尺寸图	加工农事—粉碎	第二章 第五节	杨明朗；张明山，邱珂.中国设计全集：卷12 工具类编·生产篇［M］.北京：商务印书馆，2012.
176	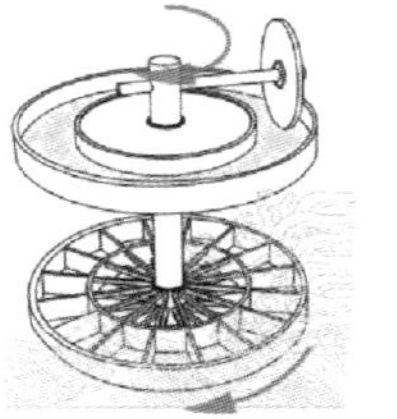	水碾使用原理分析图	加工农事—粉碎	第二章 第五节	杨明朗；张明山，邱珂.中国设计全集：卷12 工具类编·生产篇［M］.北京：商务印书馆，2012.
177	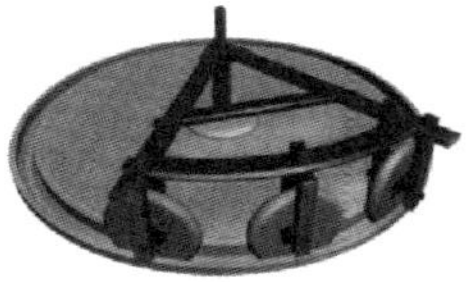	槽碾	加工农事—粉碎	第二章 第五节	杨明朗；张明山，邱珂.中国设计全集：卷12 工具类编·生产篇［M］.北京：商务印书馆，2012.
178		槽碾局部结构图	加工农事—粉碎	第二章 第五节	杨明朗；张明山，邱珂.中国设计全集：卷12 工具类编·生产篇［M］.北京：商务印书馆，2012.

（续表）

编号	农器图像	名称	相关农事或手工业	相关章节	资料来源
179	600 930 735 φ5600 3900 75 67 1560 单位：mm	槽碾尺寸图	加工农事—粉碎	第二章 第五节	杨明朗；张明山，邱珂.中国设计全集：卷12 工具类编·生产篇［M］.北京：商务印书馆，2012.
180		牛碾	加工农事—粉碎	第二章 第五节	〔明〕宋应星.天工开物译注［M］.潘吉星，译注.上海：上海古籍出版社，2008（2012重印）：41.
181		扬谷器（又称风扇车）	加工农事—大型加工机械	第二章 第五节	〔明〕徐光启.农政全书［M］.石声汉，点校.上海：上海古籍出版社，2011：475.
182		扬谷器（又称风扇车）	加工农事—大型加工机械	第二章 第五节	〔明〕宋应星.天工开物译注［M］.潘吉星，译注.上海：上海古籍出版社，2008（2012重印）：38.

（续表）

编号	农器图像	名称	相关农事或手工业	相关章节	资料来源
183		安徽无为扬谷器	加工农事—大型加工机械	第二章 第五节	王琥；何晓佑，李立新，夏燕靖.中国传统器具设计研究：首卷［M］.南京：江苏美术出版社，2004：218—227.
184	车斗 车舌(刀口) 车身 出糠口 衡木 车足 车腹 扇叶 车轴 摇把 净谷出口 秕谷出口	扬谷器名称指示图	加工农事—大型加工机械	第二章 第五节	王琥；何晓佑，李立新，夏燕靖.中国传统器具设计研究：首卷［M］.南京：江苏美术出版社，2004：218—227.
185	糠谷混合物 扇叶旋转方向 把手动力方向 谷糠 秕谷 风力 净谷	扬谷器工作原理分析图	加工农事—大型加工机械	第二章 第五节	王琥；何晓佑，李立新，夏燕靖.中国传统器具设计研究：首卷［M］.南京：江苏美术出版社，2004：218—227.
186		砻使用方式示意图	加工农事—大型加工机械	第二章 第五节	［明］宋应星.天工开物译注［M］.潘吉星，译注.上海：上海古籍出版社，2008(2012重印)：37.

（续表）

编号	农器图像	名称	相关农事或手工业	相关章节	资料来源
187		木砻	加工农事—大型加工机械	第二章 第五节	〔明〕宋应星.天工开物译注［M］.潘吉星，译注.上海：上海古籍出版社，2008（2012重印）：37.
188		云南瑞丽土砻	加工农事—大型加工机械	第二章 第五节	徐艺乙.中国民间美术全集：器用编·工具卷［M］.济南：山东教育出版社，济南：山东友谊出版社，1994：66.
189		砻名称指示图	加工农事—大型加工机械	第二章 第五节	杨明朗；张明山，邱珂.中国设计全集：卷12 工具类编·生产篇［M］.北京：商务印书馆，2012.

（续表）

编号	农器图像	名称	相关农事或手工业	相关章节	资料来源
190	850 60 850 380 80 120 650 单位：mm	砻尺寸图	加工农事—大型加工机械	第二章 第五节	杨明朗；张明山，邱珂．中国设计全集：卷12 工具类编·生产篇［M］．北京：商务印书馆，2012．
191		砻使用方式图	加工农事—大型加工机械	第二章 第五节	徐艺乙．中国民间美术全集：器用编·工具卷［M］．济南：山东教育出版社，济南：山东友谊出版社，1994：67．
192		脚碓	加工农事—大型加工机械	第二章 第五节	［明］宋应星．天工开物译注［M］．潘吉星，译注．上海：上海古籍出版社，2008（2012重印）：39．
193		脚碓	加工农事—大型加工机械	第二章 第五节	拍摄于龙岗客家民俗博物馆．

（续表）

编号	农器图像	名称	相关农事或手工业	相关章节	资料来源
194	扶手 后立柱 前立柱 碓 底座横梁 底座支架 杵 撑脚 臼	脚碓名称指示图	加工农事—大型加工机械	第二章 第五节	杨明朗；张明山，邱珂．中国设计全集：卷12 工具类编·生产篇［M］．北京：商务印书馆，2012.
195	764 273 590 1250 1830 1030 565 φ336 400 800 单位：mm	脚碓尺寸图	加工农事—大型加工机械	第二章 第五节	杨明朗；张明山，邱珂．中国设计全集：卷12 工具类编·生产篇［M］．北京：商务印书馆，2012.
196		脚碓使用方式示意图	加工农事—大型加工机械	第二章 第五节	杨明朗；张明山，邱珂．中国设计全集：卷12 工具类编·生产篇［M］．北京：商务印书馆，2012.

（续表）

编号	农器图像	名称	相关农事或手工业	相关章节	资料来源
197		水碓	加工农事—大型加工机械	第二章 第五节	〔明〕宋应星.天工开物译注［M］.潘吉星，译注.上海：上海古籍出版社，2008（2012重印）：40.
198		江西浮梁水碓	加工农事—大型加工机械	第二章 第五节	王琥；何晓佑，李立新，夏燕靖.中国传统器具设计研究：首卷［M］.南京：江苏美术出版社，2004：235—242.
199		水碓名称指示图	加工农事—大型加工机械	第二章 第五节	王琥；何晓佑，李立新，夏燕靖.中国传统器具设计研究：首卷［M］.南京：江苏美术出版社，2004：235—242.
200		水碓尺寸图	加工农事—大型加工机械	第二章 第五节	王琥；何晓佑，李立新，夏燕靖.中国传统器具设计研究：首卷［M］.南京：江苏美术出版社，2004：235—242.

（续表）

编号	农器图像	名称	相关农事或手工业	相关章节	资料来源
201		杵臼	加工农事—小型加工手持农器	第二章 第五节	〔明〕宋应星.天工开物译注［M］.潘吉星，译注.上海：上海古籍出版社，2008（2012重印）：39.
202		杵臼	加工农事—小型加工手持农器	第二章 第五节	徐艺乙.中国民间美术全集：器用编·工具卷［M］.济南：山东教育出版社，济南：山东友谊出版社，1994：80.
203		广东杵臼（西汉）	加工农事—小型加工手持农器	第二章 第五节	拍摄于西汉南越王博物馆.

（续表）

编号	农器图像	名称	相关农事或手工业	相关章节	资料来源
204		杵臼尺寸图	加工农事—小型加工手持农器	第二章 第五节	杨明朗；张明山，邱珂.中国设计全集：卷12 工具类编·生产篇［M］.北京：商务印书馆，2012.
205		杵臼使用方式示意图	加工农事—小型手持农器	第二章 第五节	杨明朗；张明山，邱珂.中国设计全集：卷12 工具类编·生产篇［M］.北京：商务印书馆，2012.
206		簸箕	加工农事—小型手持农器	第二章 第五节	［明］徐光启.农政全书［M］.石声汉，点校.上海：上海古籍出版社，2011：496.
207		簸箕	加工农事—小型手持农器	第二章 第五节	杨明朗；张明山，邱珂.中国设计全集：卷12 工具类编·生产篇［M］.北京：商务印书馆，2012.

（续表）

编号	农器图像	名称	相关农事或手工业	相关章节	资料来源
208		簸箕名称指示图	加工农事—小型手持农器	第二章 第五节	杨明朗；张明山，邱珂.中国设计全集：卷12 工具类编·生产篇［M］.北京：商务印书馆，2012.
209		簸箕尺寸图	加工农事—小型手持农器	第二章 第五节	杨明朗；张明山，邱珂.中国设计全集：卷12 工具类编·生产篇［M］.北京：商务印书馆，2012.
210		簸箕使用方式示意图	加工农事—小型手持农器	第二章 第五节	杨明朗；张明山，邱珂.中国设计全集：卷12 工具类编·生产篇［M］.北京：商务印书馆，2012.
211		飏篮	加工农事—小型手持农器	第二章 第五节	［元］王祯.东鲁王氏农书译注［M］.缪启愉，缪桂龙，译注.上海：上海古籍出版社，2008：502.

（续表）

编号	农器图像	名称	相关农事或手工业	相关章节	资料来源
212		木锨	加工农事—小型手持农器	第二章 第五节	拍摄于中国农业博物馆.
213	40 150 500 1500 φ30 单位:mm	木锨尺寸图	加工农事—小型手持农器	第二章 第五节	杨明朗；张明山，邱珂.中国设计全集：卷12 工具类编·生产篇［M］.北京：商务印书馆，2012.
214		木锨使用方法示意图	加工农事—小型手持农器	第二章 第五节	杨明朗；张明山，邱珂.中国设计全集：卷12 工具类编·生产篇［M］.北京：商务印书馆，2012.
215		谷筛	加工农事—小型手持农器	第二章 第五节	杨明朗；张明山，邱珂.中国设计全集：卷12 工具类编·生产篇［M］.北京：商务印书馆，2012.

（续表）

编号	农器图像	名称	相关农事或手工业	相关章节	资料来源
216	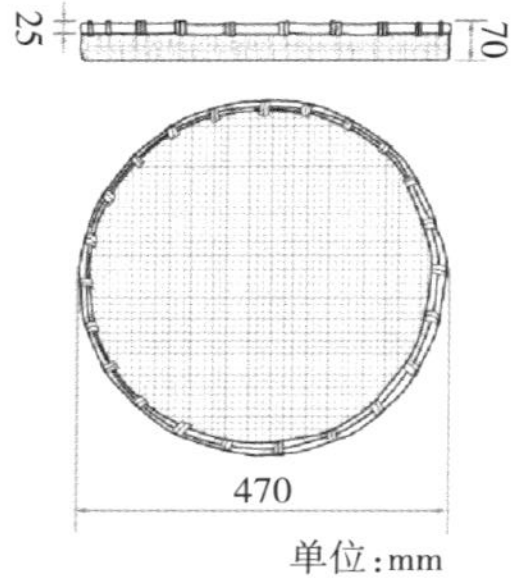 25 70 470 单位:mm	谷筛尺寸图	加工农事—小型手持农器	第二章 第五节	杨明朗；张明山，邱珂.中国设计全集：卷12 工具类编·生产篇［M］.北京：商务印书馆，2012.
217	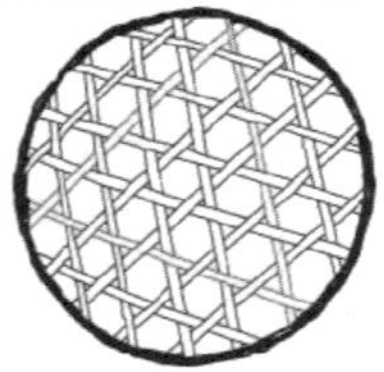	谷筛骨式分析图	加工农事—小型手持农器	第二章 第五节	杨明朗；张明山，邱珂.中国设计全集：卷12 工具类编·生产篇［M］.北京：商务印书馆，2012.
218		谷筛使用方式示意图	加工农事—小型手持农器	第二章 第五节	杨明朗；张明山，邱珂.中国设计全集：卷12 工具类编·生产篇［M］.北京：商务印书馆，2012.

（续表）

编号	农器图像	名称	相关农事或手工业	相关章节	资料来源
219		筛谷箉	加工农事—小型手持农器	第二章 第五节	〔元〕王祯.东鲁王氏农书译注［M］.缪启愉，缪桂龙，译注.上海：上海古籍出版社，2008：501.
220		桑几	织造业—桑农生产	第三章 第一节	〔元〕王祯.东鲁王氏农书译注［M］.缪启愉，缪桂龙，译注.上海：上海古籍出版社，2008：678.
221		桑梯	织造业—桑农生产	第三章 第一节	〔元〕王祯.东鲁王氏农书译注［M］.缪启愉，缪桂龙，译注.上海：上海古籍出版社，2008：679.

（续表）

编号	农器图像	名称	相关农事或手工业	相关章节	资料来源
222		樵斧	织造业—桑农生产	第三章 第一节	〔元〕王祯.东鲁王氏农书译注［M］.缪启愉，缪桂龙，译注.上海：上海古籍出版社，2008：446.
223		桑斧	织造业—桑农生产	第三章 第一节	〔元〕王祯.东鲁王氏农书译注［M］.缪启愉，缪桂龙，译注.上海：上海古籍出版社，2008：446.
224		桑钩	织造业—桑农生产	第三章 第一节	〔元〕王祯.东鲁王氏农书译注［M］.缪启愉，缪桂龙，译注.上海：上海古籍出版社，2008：446.
225		劖刀	织造业—桑农生产	第三章 第一节	〔明〕徐光启.农政全书［M］.石声汉，点校.上海：上海古籍出版社，2011：731.
226		桑锯	织造业—桑农生产	第三章 第一节	章楷.中国古代农机具［M］.北京：人民出版社，1985：97.
227		桑笼	织造业—桑农生产	第三章 第一节	章楷.中国古代农机具［M］.北京：人民出版社，1985：97.

（续表）

编号	农器图像	名称	相关农事或手工业	相关章节	资料来源
228		桑笼	织造业—桑农生产	第三章 第一节	〔明〕徐光启.农政全书［M］.石声汉，点校.上海：上海古籍出版社，2011：729.
229		桑网	织造业—桑农生产	第三章 第一节	章楷.中国古代农机具［M］.北京：人民出版社，1985：99.
230		桑夹	织造业—桑农生产	第三章 第一节	〔元〕王祯.东鲁王氏农书译注［M］.缪启愉，缪桂龙，译注.上海：上海古籍出版社，2008：686.
231		桑砧	织造业—桑农生产	第三章 第一节	章楷.中国古代农机具［M］.人民出版社，1985：100.

（续表）

编号	农器图像	名称	相关农事或手工业	相关章节	资料来源
232		蚕盘	织造业—桑农生产	第三章 第一节	徐艺乙.中国民间美术全集：器用编·工具卷［M］.济南：山东教育出版社，济南：山东友谊出版社，1994：122.
233		蚕架	织造业—桑农生产	第三章 第一节	杨明朗；张明山，邱珂.中国设计全集：卷12 工具类编·生产篇［M］.北京：商务印书馆，2012.
234	蚕匾 T字架 主竹架 栓口	蚕架名称指示图	织造业—桑农生产	第三章 第一节	杨明朗；张明山，邱珂.中国设计全集：卷12 工具类编·生产篇［M］.北京：商务印书馆，2012.

（续表）

编号	农器图像	名称	相关农事或手工业	相关章节	资料来源
235	1200 1000 100 450 900	蚕架尺寸图	织造业—桑农生产	第三章 第一节	杨明朗；张明山，邱珂．中国设计全集：卷12 工具类编·生产篇［M］．北京：商务印书馆，2012.
236		蚕簇	织造业—桑农生产	第三章 第一节	徐艺乙．中国民间美术全集：器用编·工具卷［M］．济南：山东教育出版社，济南：山东友谊出版社，1994：122.
237		刈刀	织造业—麻农生产	第三章 第一节	［明］徐光启．农政全书［M］．石声汉，点校．上海：上海古籍出版社，2011：769.
238		苎刮刀	织造业—麻农生产	第三章 第一节	［元］王祯．东鲁王氏农书译注［M］．缪启愉，缪桂龙，译注．上海：上海古籍出版社，2008：720.

（续表）

编号	农器图像	名称	相关农事或手工业	相关章节	资料来源
239		沤池	织造业—麻农生产	第三章 第一节	〔明〕徐光启.农政全书［M］.石声汉，点校.上海：上海古籍出版社，2011：769.
240	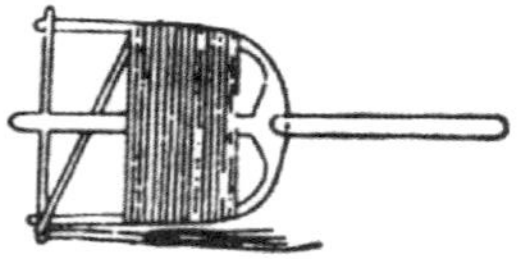	纫车	织造业—麻农生产	第三章 第一节	〔元〕王祯.东鲁王氏农书译注［M］.缪启愉，缪桂龙，译注.上海：上海古籍出版社，2008：733.
241	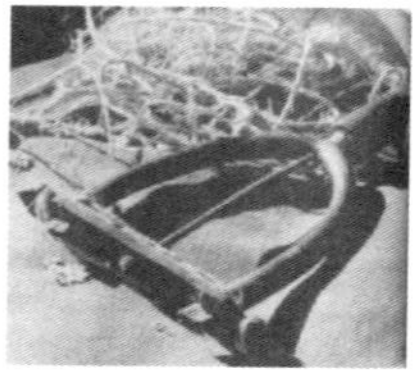	纫车	织造业—麻农生产	第三章 第一节	沈继光，高萍.老物件：复活平民的历史［M］.天津：百花文艺出版社，2005：116.
242		紴车	织造业—麻农生产	第三章 第一节	〔元〕王祯.东鲁王氏农书译注［M］.缪启愉，缪桂龙，译注.上海：上海古籍出版社，2008：730.

（续表）

编号	农器图像	名称	相关农事或手工业	相关章节	资料来源
243		绳车	织造业—麻农生产	第三章 第一节	〔元〕王祯.东鲁王氏农书译注［M］.缪启愉，缪桂龙，译注.上海：上海古籍出版社，2008：731.
244		旋椎	织造业—麻农生产	第三章 第一节	〔元〕王祯.东鲁王氏农书译注［M］.缪启愉，缪桂龙，译注.上海：上海古籍出版社，2008：733.
245		旋椎	织造业—麻农生产	第三章 第一节	沈继光，高萍.老物件：复活平民的历史［M］.天津：百花文艺出版社，2005：117.
246		麻绳锤	织造业—麻农生产	第三章 第一节	杨明朗；张明山，邱珂.中国设计全集：卷12 工具类编·生产篇［M］.北京：商务印书馆，2012.

（续表）

编号	农器图像	名称	相关农事或手工业	相关章节	资料来源
247	75 40 38 60 70 100 190 单位：mm	麻绳锤尺寸图	织造业—麻农生产	第三章 第一节	杨明朗；张明山，邱珂.中国设计全集：卷12 工具类编·生产篇［M］.北京：商务印书馆，2012.
248		麻绳锤骨式图	织造业—麻农生产	第三章 第一节	杨明朗；张明山，邱珂.中国设计全集：卷12 工具类编·生产篇［M］.北京：商务印书馆，2012.
249		麻绳锤使用方式示意图	织造业—麻农生产	第三章 第一节	杨明朗；张明山，邱珂.中国设计全集：卷12 工具类编·生产篇［M］.北京：商务印书馆，2012.
250		三人操作轧花机	织造业—麻农生产	第三章 第一节	〔元〕王祯.东鲁王氏农书译注［M］.缪启愉，缪桂龙，译注.上海：上海古籍出版社，2008：707.

（续表）

编号	农器图像	名称	相关农事或手工业	相关章节	资料来源
251		云南基诺族轧花机	织造业—棉农生产	第三章 第一节	徐艺乙.中国民间美术全集：器用编·工具卷［M］.济南：山东教育出版社，济南：山东友谊出版社，1994：159.
252		轧花机名称指示图	织造业—棉农生产	第三章 第一节	杨明朗；张明山，邱珂.中国设计全集：卷12 工具类编·生产篇［M］.北京：商务印书馆，2012.
253		弹花弓	织造业—棉农生产	第三章 第一节	杨明朗；张明山，邱珂.中国设计全集：卷12 工具类编·生产篇［M］.北京：商务印书馆，2012.
254		弹花弓名称指示图	织造业—棉农生产	第三章 第一节	杨明朗；张明山，邱珂.中国设计全集：卷12 工具类编·生产篇［M］.北京：商务印书馆，2012.

（续表）

编号	农器图像	名称	相关农事或手工业	相关章节	资料来源
255		弹花弓尺寸图	织造业—棉农生产	第三章 第一节	杨明朗；张明山，邱珂.中国设计全集：卷12 工具类编·生产篇［M］.北京：商务印书馆，2012.
256		弹花弓使用方式示意图	织造业—棉农生产	第三章 第一节	杨明朗；张明山，邱珂.中国设计全集：卷12 工具类编·生产篇［M］.北京：商务印书馆，2012.
257		弹棉图	织造业—棉农生产	第三章 第一节	〔明〕宋应星.天工开物译注［M］.潘吉星，译注.上海：上海古籍出版社，2008（2012重印）：107.
258		擦条（搓棉条）	织造业—棉农生产	第三章 第一节	〔明〕宋应星.天工开物译注［M］.潘吉星，译注.上海：上海古籍出版社，2008（2012重印）：108.

（续表）

编号	农器图像	名称	相关农事或手工业	相关章节	资料来源
259		撒剪	织造业—毛织生产	第三章 第一节	沈继光，高萍．老物件：复活平民的历史［M］．天津：百花文艺出版社，2005.
260		缫丝	织造业—农家纺织	第三章 第一节	〔明〕宋应星．天工开物译注［M］．潘吉星，译注．上海：上海古籍出版社，2008（2012重印）：94.
261		南缫车	织造业—农家纺织	第三章 第一节	〔明〕徐光启．农政全书［M］．石声汉，点校．上海：上海古籍出版社，2011：723.
262		北缫车	织造业—农家纺织	第三章 第一节	〔明〕徐光启．农政全书［M］．石声汉，点校．上海：上海古籍出版社，2011：723.

（续表）

编号	农器图像	名称	相关农事或手工业	相关章节	资料来源
263		缫车实物	织造业—农家纺织	第三章　第一节	拍摄于浙江省湖州市南浔古镇.
264		缫车复原模型	织造业—农家纺织	第三章　第一节	拍摄于中国科学技术馆.
265		缫车复原图	织造业—农家纺织	第三章　第一节	杨明朗；张明山，邱珂.中国设计全集：卷12　工具类编·生产篇［M］.北京：商务印书馆，2012.
266		缫车名称指示图	织造业—农家纺织	第三章　第一节	杨明朗；张明山，邱珂.中国设计全集：卷12　工具类编·生产篇［M］.北京：商务印书馆，2012.

（续表）

编号	农器图像	名称	相关农事或手工业	相关章节	资料来源
267		北络车	织造业—农家纺织	第三章 第一节	路甬祥；钱小萍.中国传统工艺全集：丝绸织染［M］.郑州：大象出版社，2005：64.
268		南络车	织造业—农家纺织	第三章 第一节	路甬祥；钱小萍.中国传统工艺全集：丝绸织染［M］.郑州：大象出版社，2005：64.
269		络车	织造业—农家纺织	第三章 第一节	杨明朗；张明山，邱珂.中国设计全集：卷12 工具类编·生产篇［M］.北京：商务印书馆，2012.
270		络车名称指示图	织造业—农家纺织	第三章 第一节	杨明朗；张明山，邱珂.中国设计全集：卷12 工具类编·生产篇［M］.北京：商务印书馆，2012.

（续表）

编号	农器图像	名称	相关农事或手工业	相关章节	资料来源
271	80 400 600 500 300 单位:mm	篾子尺寸图	织造业—农家纺织	第三章 第一节	杨明朗；张明山，邱珂．中国设计全集：卷12 工具类编·生产篇［M］．北京：商务印书馆，2012.
272		纺轮	织造业—农家纺织	第三章 第一节	杨明朗；张明山，邱珂．中国设计全集：卷12 工具类编·生产篇［M］．北京：商务印书馆，2012.
273	缚盘 缚杆	纺轮名称指示图	织造业—农家纺织	第三章 第一节	杨明朗；张明山，邱珂．中国设计全集：卷12 工具类编·生产篇［M］．北京：商务印书馆，2012.
274		纺轮缠线示意图	织造业—农家纺织	第三章 第一节	杨明朗；张明山，邱珂．中国设计全集：卷12 工具类编·生产篇［M］．北京：商务印书馆，2012.

（续表）

编号	农器图像	名称	相关农事或手工业	相关章节	资料来源
275		纺缕（纺棉纱）	织造业—农家纺织	第三章 第一节	〔明〕宋应星.天工开物译注［M］.潘吉星，译注.上海：上海古籍出版社，2008（2012重印）：108.
276		甘肃天水手摇纺车	织造业—农家纺织	第三章 第一节	拍摄于甘肃天水南宅子的天水民俗博物馆.
277		纺车名称指示图	织造业—农家纺织	第三章 第一节	杨明朗；张明山，邱珂.中国设计全集：卷12 工具类编·生产篇［M］.北京：商务印书馆，2012.
278		纺车使用示意图	织造业—农家纺织	第三章 第一节	杨明朗；张明山，邱珂.中国设计全集：卷12 工具类编·生产篇［M］.北京：商务印书馆，2012.

（续表）

编号	农器图像	名称	相关农事或手工业	相关章节	资料来源
279		汉墓壁画上的纺车图	织造业—农家纺织	第三章 第一节	刘仙洲．中国机械工程发明史［M］．北京：科学出版社.1962：86.
280		陕西立式纺车	织造业—农家纺织	第三章 第一节	拍摄于延安博物馆．
281		立式纺车原理分析图	织造业—农家纺织	第三章 第一节	杨明朗；张明山，邱珂．中国设计全集：卷12 工具类编·生产篇［M］．北京：商务印书馆，2012.
282	440 830 φ510 530 500 1180 210 560 单位：mm	立式纺车尺寸图	织造业—农家纺织	第三章 第一节	杨明朗；张明山，邱珂．中国设计全集：卷12 工具类编·生产篇［M］．北京：商务印书馆，2012.

（续表）

编号	农器图像	名称	相关农事或手工业	相关章节	资料来源
283		立式纺车使用方式示意图	织造业—农家纺织	第三章 第一节	杨明朗；张明山，邱珂.中国设计全集：卷12 工具类编·生产篇［M］.北京：商务印书馆，2012.
284		梭子	织造业—农家纺织	第三章 第一节	雷于新，肖克之.中国农业博物馆馆藏中国传统农具［M］.北京：中国农业出版社，2002.
285		梭子复原图	织造业—农家纺织	第三章 第一节	杨明朗；张明山，邱珂.中国设计全集：卷12 工具类编·生产篇［M］.北京：商务印书馆，2012.
286	210 130 23 28 5 40 21 单位:mm	梭子尺寸图	织造业—农家纺织	第三章 第一节	杨明朗；张明山，邱珂.中国设计全集：卷12 工具类编·生产篇［M］.北京：商务印书馆，2012.
287	1.将纡的一端放人梭子一端的孔内 2.将纡的另一端放人梭子一端的槽内 3.将卡扣卡牢，防止纡使用时脱落 4.将梭子整体穿越经纱线。	梭子使用原理分析图	织造业—农家纺织	第三章 第一节	杨明朗；张明山，邱珂.中国设计全集：卷12 工具类编·生产篇［M］.北京：商务印书馆，2012.

（续表）

编号	农器图像	名称	相关农事或手工业	相关章节	资料来源
288	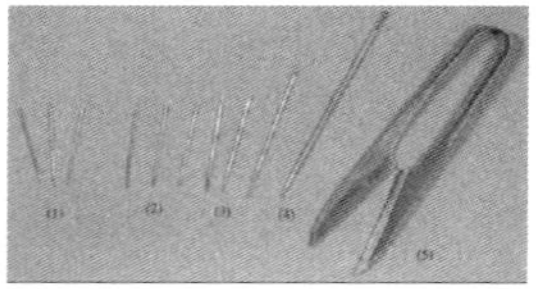	绣针、剪刀	织造业—农家刺绣	第三章 第一节	中国数字科技馆.
289	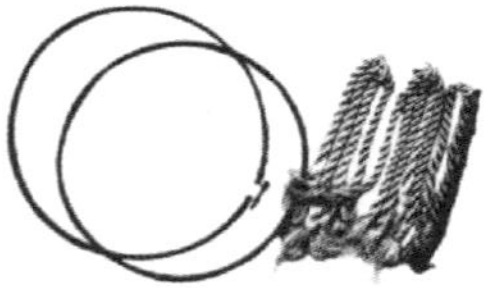	圆绷和绣线	织造业—农家刺绣	第三章 第一节	路甬祥；钱小萍.中国传统工艺全集：丝绸织染［M］.郑州：大象出版社，2005：226.
290		绷架	织造业—农家刺绣	第三章 第一节	林锡旦.中国传统刺绣［M］//潘嘉来.中国传统手工艺文化书系.北京：人民美术出版社，2005：75—88.
291	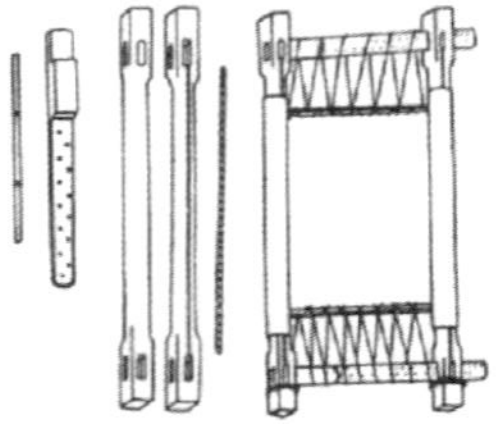	绷架构件示意图	织造业—农家刺绣	第三章 第一节	路甬祥；钱小萍.中国传统工艺全集：丝绸织染［M］.郑州：大象出版社，2005：226.

（续表）

编号	农器图像	名称	相关农事或手工业	相关章节	资料来源
292		绷架的绷轴、绷闩、嵌条等构件	织造业—农家刺绣	第三章 第一节	林锡旦.中国传统刺绣［M］//潘嘉来.中国传统手工艺文化书系.北京：人民美术出版社，2005：75—88.
293		“上绷”示意图1	织造业—农家刺绣	第三章 第一节	林锡旦.中国传统刺绣［M］//潘嘉来.中国传统手工艺文化书系.北京：人民美术出版社，2005：75—88.
294		“上绷”示意图2	织造业—农家刺绣	第三章 第一节	林锡旦.中国传统刺绣［M］//潘嘉来.中国传统手工艺文化书系.北京：人民美术出版社，2005：75—88.
295		刺绣工作示意图	织造业—农家刺绣	第三章 第一节	林锡旦.中国传统刺绣［M］//潘嘉来.中国传统手工艺文化书系.北京：人民美术出版社，2005：75—88.

（续表）

编号	农器图像	名称	相关农事或手工业	相关章节	资料来源
296		练绸设施及操作示意图	织造业—农家印染	第三章 第一节	路甬祥；钱小萍．中国传统工艺全集：丝绸织染［M］．郑州：大象出版社，2005：193.
297		染绸设施及操作示意图	织造业—农家印染	第三章 第一节	路甬祥；钱小萍．中国传统工艺全集：丝绸织染［M］．郑州：大象出版社，2005：193.
298		印染作坊一角	织造业—农家印染	第三章 第一节	左汉中．湖南民间美术全集：民间印染花布［M］．长沙：湖南美术出版社，1994.
299		蜡刀	织造业—农家印染	第三章 第一节	鲍小龙，刘月蕊．手工印染：扎染与蜡染的艺术［M］．上海：东华大学出版社，2006：48.

（续表）

编号	农器图像	名称	相关农事或手工业	相关章节	资料来源
300		夹缬版	织造业—农家印染	第三章 第一节	徐艺乙.中国民间美术全集：器用编·工具卷［M］.济南：山东教育出版社，济南：山东友谊出版社，1994：200.
301		扎染工具	织造业—农家印染	第三章 第一节	张毅，王旭娟.手工染艺技法［M］.上海：东华大学出版社，2009：32.
302		沥马操作示意图	织造业—农家印染	第三章 第一节	路甬祥；钱小萍.中国传统工艺全集：丝绸织染［M］.郑州：大象出版社，2005：193.
303		漏水架	织造业—农家印染	第三章 第一节	徐艺乙.中国民间美术全集：器用编·工具卷［M］.济南：山东教育出版社，济南：山东友谊出版社，1994：202.

（续表）

编号	农器图像	名称	相关农事或手工业	相关章节	资料来源
304		千斤担操作示意图	织造业—农家印染	第三章 第一节	路甬祥；钱小萍.中国传统工艺全集：丝绸织染［M］.郑州：大象出版社，2005：193.
305		拧绞砧操作示意图	织造业—农家印染	第三章 第一节	路甬祥；钱小萍.中国传统工艺全集：丝绸织染［M］.郑州：大象出版社，2005：193.
306		撬马	织造业—农家印染	第三章 第一节	徐艺乙.中国民间美术全集：器用编·工具卷［M］.济南：山东教育出版社，济南：山东友谊出版社，1994：203.
307		撬马操作示意图	织造业—农家印染	第三章 第一节	路甬祥；钱小萍.中国传统工艺全集：丝绸织染［M］.郑州：大象出版社，2005：193.

（续表）

编号	农器图像	名称	相关农事或手工业	相关章节	资料来源
308		东汉熨斗	织造业—农家印染	第三章 第一节	路甬祥；钱小萍.中国传统工艺全集：丝绸织染［M］.郑州：大象出版社，2005：195.
309		轴床	织造业—农家印染	第三章 第一节	路甬祥；钱小萍.中国传统工艺全集：丝绸织染［M］.郑州：大象出版社，2005：195.
310		瓦缸	烧造业—农家酿造	第三章 第二节	路甬祥；包启安，周嘉华.中国传统工艺全集：酿造［M］.郑州：大象出版社，2007：213.
311		蒸饭甑	烧造业—农家酿造	第三章 第二节	路甬祥；包启安，周嘉华.中国传统工艺全集：酿造［M］.郑州：大象出版社，2007：214.

（续表）

编号	农器图像	名称	相关农事或手工业	相关章节	资料来源
312		木榨	烧造业—农家酿造	第三章 第二节	路甬祥；包启安，周嘉华.中国传统工艺全集：酿造［M］.郑州：大象出版社，2007：215.
313	1.支脚 2.加压架 3.拉杆 4.底板 5.榨框 6.压杆 7.短木 8.枕木 9.盖板 10.横木 11.支架 12.引流口	木榨名称指示图	烧造业—农家酿造	第三章 第二节	路甬祥；包启安，周嘉华.中国传统工艺全集：酿造［M］.郑州：大象出版社，2007：216.
314	气孔 冷却水	煎壶	烧造业—农家酿造	第三章 第二节	路甬祥；包启安，周嘉华.中国传统工艺全集：酿造［M］.郑州：大象出版社，2007：216.
315	石灰纸筋 瓦片 甑 纸灰 大缸 空瓶 竹管 烧酒 炭火	蒸馏器复原图	烧造业—农家酿造	第三章 第二节	路甬祥；包启安，周嘉华.中国传统工艺全集：酿造［M］.郑州：大象出版社，2007：120.

（续表）

编号	农器图像	名称	相关农事或手工业	相关章节	资料来源
316	天锅 引流管 木甑 地锅 酒缸 木材	天锅甑使用原理图	烧造业—农家酿造	第三章 第二节	彭明启．古代天锅甑的启迪［J］．酿酒，2005，32（4）：117—119.
317		贵州焙笼	烧造业—农家制茶	第三章 第二节	雷于新，肖克之．中国农业博物馆馆藏中国传统农具［M］．北京：中国农业出版社，2002.
318	430 620 180 单位：mm	焙笼尺寸图	烧造业—农家制茶	第三章 第二节	杨明朗；张明山，邱珂．中国设计全集：卷 12 工具类编·生产篇［M］．北京：商务印书馆，2012.
319		焙笼焙烤图	烧造业—农家制茶	第三章 第二节	杨明朗；张明山，邱珂．中国设计全集：卷 12 工具类编·生产篇［M］．北京：商务印书馆，2012.

（续表）

编号	农器图像	名称	相关农事或手工业	相关章节	资料来源
320		焙笼使用方式示意图	烧造业—农家制茶	第三章 第二节	杨明朗；张明山，邱珂．中国设计全集：卷12 工具类编·生产篇［M］．北京：商务印书馆，2012.
321		桔槔复原图	烧造业—农家汲水	第三章 第二节	杨明朗；张明山，邱珂．中国设计全集：卷12 工具类编·生产篇［M］．北京：商务印书馆，2012.
322	木杆 坠石 竹架 竹竿 水桶	桔槔名称指示图	烧造业—农家汲水	第三章 第二节	杨明朗；张明山，邱珂．中国设计全集：卷12 工具类编·生产篇［M］．北京：商务印书馆，2012.
323		桔槔使用方式示意图	烧造业—农家汲水	第三章 第二节	杨明朗；张明山，邱珂．中国设计全集：卷12 工具类编·生产篇［M］．北京：商务印书馆，2012.

（续表）

编号	农器图像	名称	相关农事或手工业	相关章节	资料来源
324		辘轳	烧造业—农家汲水	第三章 第二节	〔明〕徐光启.农政全书［M］.石声汉，点校.上海：上海古籍出版社，2011：362.
325		甘肃天水辘轳	烧造业—农家汲水	第三章 第二节	拍摄于甘肃天水南宅子的天水民俗博物馆.
326		辘轳复原图	烧造业—农家汲水	第三章 第二节	王琥；何晓佑，李立新，夏燕靖.中国传统器具设计研究：卷三［M］.南京：江苏美术出版社，2010：353—361.
327		辘轳名称指示图	烧造业—农家汲水	第三章 第二节	王琥；何晓佑，李立新，夏燕靖.中国传统器具设计研究：卷三［M］.南京：江苏美术出版社，2010：353—361.

（续表）

编号	农器图像	名称	相关农事或手工业	相关章节	资料来源
328		明代苏州府造船厂铁釜	烧造业—农家烹饪	第三章 第二节	王福谆.古代大铁锅和大铁缸［J］.铸造设备研究，2007，10（5）：47—54.
329		镇江铁锅	烧造业—农家烹饪	第三章 第二节	王琥；何晓佑，李立新，夏燕靖.中国传统器具设计研究：卷四［M］.南京：江苏美术出版社，2010：179—188.
330		铁锅铸造图	烧造业—农家烹饪	第三章 第二节	〔明〕宋应星.天工开物译注［M］.潘吉星，译注.上海：上海古籍出版社，2008（2012重印）：166.
331		阜阳风箱	烧造业—农家焙烤	第三章 第二节	王琥；何晓佑，李立新，夏燕靖.中国传统器具设计研究：首卷［M］.南京：江苏美术出版社，2004：251—261.

（续表）

编号	农器图像	名称	相关农事或手工业	相关章节	资料来源
332		风箱名称指示图	烧造业—农家焙烤	第三章 第二节	王琥；何晓佑，李立新，夏燕靖.中国传统器具设计研究：首卷［M］.南京：江苏美术出版社，2004：251—261.
333		风箱操作示意图	烧造业—农家焙烤	第三章 第二节	王琥；何晓佑，李立新，夏燕靖.中国传统器具设计研究：首卷［M］.南京：江苏美术出版社，2004：251—261.
334		风箱	烧造业—农家焙烤	第三章 第二节	［明］宋应星.天工开物译注［M］.潘吉星，译注.上海：上海古籍出版社，2008（2012重印）：139.
335		水排复原模型	烧造业—农家焙烤	第三章 第二节	拍摄于河南博物院.

（续表）

编号	农器图像	名称	相关农事或手工业	相关章节	资料来源
336		水排名称指示图	烧造业—农家焙烤	第三章 第二节	杨明朗；张明山，邱珂.中国设计全集：卷12 工具类编·生产篇［M］.北京：商务印书馆，2012.
337		水排尺寸图	烧造业—农家焙烤	第三章 第二节	杨明朗；张明山，邱珂.中国设计全集：卷12 工具类编·生产篇［M］.北京：商务印书馆，2012.
338		水排	烧造业—农家焙烤	第三章 第二节	［明］徐光启.农政全书［M］.石声汉，点校.上海：上海古籍出版社，2011：373.
339		火钳	烧造业—农家焙烤	第三章 第二节	杨明朗；张明山，邱珂.中国设计全集：卷12 工具类编·生产篇［M］.北京：商务印书馆，2012.

（续表）

编号	农器图像	名称	相关农事或手工业	相关章节	资料来源
340	钳臂 钳肩 手柄	火钳名称指示图	烧造业—农家焙烤	第三章 第二节	杨明朗；张明山，邱珂.中国设计全集：卷12 工具类编·生产篇［M］.北京：商务印书馆，2012.
341	120 125 395 550 R 55 30 430 单位：mm	火钳尺寸图	烧造业—农家焙烤	第三章 第二节	杨明朗；张明山，邱珂.中国设计全集：卷12 工具类编·生产篇［M］.北京：商务印书馆，2012.
342	支点 F1 F1 F2 F2 F1 手作用于火钳的力 F2 火钳的弹力	火钳受力分析图	烧造业—农家焙烤	第三章 第二节	杨明朗；张明山，邱珂.中国设计全集：卷12 工具类编·生产篇［M］.北京：商务印书馆，2012.
343	豆瓣状把手 火钳整体造型类似踩高跷的人	火钳造型分析图	烧造业—农家焙烤	第三章 第二节	杨明朗；张明山，邱珂.中国设计全集：卷12 工具类编·生产篇［M］.北京：商务印书馆，2012.

（续表）

编号	农器图像	名称	相关农事或手工业	相关章节	资料来源
344		火钳的使用方式示意图	烧造业—农家焙烤	第三章 第二节	〔明〕宋应星.天工开物译注［M］.潘吉星，译注.上海：上海古籍出版社，2008（2012重印）：170.
345		牢盆	烧造业—农家储物	第三章 第二节	拍摄于中国海盐博物馆.
346		牢盆海卤煎炼	烧造业—农家储物	第三章 第二节	〔明〕宋应星.天工开物译注［M］.潘吉星，译注.上海：上海古籍出版社，2008（2012重印）：11.
347		盘铁分割方式	烧造业—农家储物	第三章 第二节	拍摄于中国海盐博物馆.

（续表）

编号	农器图像	名称	相关农事或手工业	相关章节	资料来源
348		切块盘铁	烧造业—农家储物	第三章 第二节	拍摄于中国海盐博物馆.
349		锅丿	烧造业—农家储物	第三章 第二节	拍摄于中国海盐博物馆.
350		聚团公煎	烧造业—农家储物	第三章 第二节	拍摄于中国海盐博物馆.
351		匣钵	烧造业—农家储物	第三章 第二节	路甬祥；杨永善.中国传统工艺全集：陶瓷［M］.郑州：大象出版社，2004：161.

（续表）

编号	农器图像	名称	相关农事或手工业	相关章节	资料来源
352		匣钵结构示意图	烧造业—农家储物	第三章 第二节	刘钊.四川彭县磁峰窑址调查记［J］.考古，1983（1）.
353		坩埚	烧造业—农家储物	第三章 第二节	杨明朗；张明山，邱珂.中国设计全集：卷12 工具类编·生产篇［M］.北京：商务印书馆，2012.
354		坩埚尺寸图	烧造业—农家储物	第三章 第二节	杨明朗；张明山，邱珂.中国设计全集：卷12 工具类编·生产篇［M］.北京：商务印书馆，2012.
355		坩埚使用方式示意图	烧造业—农家储物	第三章 第二节	杨明朗；张明山，邱珂.中国设计全集：卷12 工具类编·生产篇［M］.北京：商务印书馆，2012.

（续表）

编号	农器图像	名称	相关农事或手工业	相关章节	资料来源
356		坩埚浇灌方式示意图	烧造业—农家储物	第三章 第二节	杨明朗；张明山，邱珂.中国设计全集：卷12 工具类编·生产篇［M］.北京：商务印书馆，2012.
357		坩埚使用图	烧造业—农家储物	第三章 第二节	〔明〕宋应星.天工开物译注［M］.潘吉星，译注.上海：上海古籍出版社，2008(2012重印)：237.
358		瓦筒	烧造业—农家砖瓦	第三章 第二节	拍摄于洛阳民俗博物馆.
359		瓦筒复原图	烧造业—农家砖瓦	第三章 第二节	杨明朗；张明山，邱珂.中国设计全集：卷12 工具类编·生产篇［M］.北京：商务印书馆，2012.

（续表）

编号	农器图像	名称	相关农事或手工业	相关章节	资料来源
360	250 370 7 φ170 32 8 单位：mm	瓦筒尺寸图	烧造业—农家砖瓦	第三章 第二节	杨明朗；张明山，邱珂．中国设计全集：卷12 工具类编·生产篇［M］．北京：商务印书馆，2012.
361		造瓦坯图	烧造业—农家砖瓦	第三章 第二节	〔明〕宋应星．天工开物译注［M］．潘吉星，译注．上海：上海古籍出版社，2008（2012重印）：187.
362		瓦坯脱筒图	烧造业—农家砖瓦	第三章 第二节	〔明〕宋应星．天工开物译注［M］．潘吉星，译注．上海：上海古籍出版社，2008（2012重印）：188.
363		绑墩子	髹造业—漆农采割	第三章 第三节	路甬祥；乔十光．中国传统工艺全集：漆艺［M］．郑州：大象出版社，2005：50.

（续表）

编号	农器图像	名称	相关农事或手工业	相关章节	资料来源
364		多种形制割漆刀	髹造业—漆农采割	第三章 第三节	路甬祥；乔十光.中国传统工艺全集：漆艺［M］.郑州：大象出版社，2005：47.
365		割漆刀多种形制及漆筒	髹造业—漆农采割	第三章 第三节	路甬祥；乔十光.中国传统工艺全集：漆艺［M］.郑州：大象出版社，2005：47.
366		割漆工具及工具篮	髹造业—漆农采割	第三章 第三节	路甬祥；乔十光.中国传统工艺全集：漆艺［M］.郑州：大象出版社，2005：46.
367		漆农割漆	髹造业—漆农采割	第三章 第三节	路甬祥；乔十光.中国传统工艺全集：漆艺［M］.郑州：大象出版社，2005：50.

（续表）

编号	农器图像	名称	相关农事或手工业	相关章节	资料来源
368		插“茧”收漆液	髹造业—漆农采割	第三章 第三节	孙曼亭.福州脱胎漆器与漆画［M］.福州：海峡文艺出版社，2012：25.
369		刮漆入筒	髹造业—漆农采割	第三章 第三节	张湘辉.湘西北生漆采割调查　寻找湖南最后的漆农［N］.潇湘晨报，2009-09-13.
370		绞漆架	髹造业—漆农熬制	第三章 第三节	王世襄.髹饰录解说：中国传统漆工艺研究（第2版）［M］.北京：文物出版社，1998：50.
371		高旋床	髹造业—漆农坯制	第三章 第三节	王世襄.髹饰录解说：中国传统漆工艺研究（第2版）［M］.北京：文物出版社，1998：26.

（续表）

编号	农器图像	名称	相关农事或手工业	相关章节	资料来源
372		三脚马	木作业—大木作	第三章 第四节	李浈.中国传统建筑木作工具［M］.上海：同济大学出版社，2004：160.
373		明《三才图绘》规	木作业—大木作	第三章 第四节	李浈.中国传统建筑木作工具［M］.上海：同济大学出版社，2004：213.
374		明《三才图绘》矩尺	木作业—大木作	第三章 第四节	李浈.中国传统建筑木作工具［M］.上海：同济大学出版社，2004：213.
375		明《三才图绘》准	木作业—大木作	第三章 第四节	李浈.中国传统建筑木作工具［M］.上海：同济大学出版社，2004：213.
376		明《三才图绘》绳	木作业—大木作	第三章 第四节	李浈.中国传统建筑木作工具［M］.上海：同济大学出版社，2004：213.

（续表）

编号	农器图像	名称	相关农事或手工业	相关章节	资料来源
377		规和矩	木作业—大木作	第三章 第四节	闻人军.考工记译注.上海：上海古籍出版社，2008（2013重印）：24.
378		宋代曾公亮《武经总要》插图：准的使用	木作业—大木作	第三章 第四节	李浈.中国传统建筑木作工具［M］.上海：同济大学出版社，2004：224.
379		安义墨斗	木作业—大木作	第三章 第四节	陈见东.中国设计全集：卷13 工具类编·计量篇［M］.北京：商务印书馆，2012：48.
380		钢丝锯	木作业—细木作	第三章 第四节	田家青.明清家具鉴赏与研究［M］.北京：文物出版社，2003.
381		小锯	木作业—细木作	第三章 第四节	王琥；何晓佑，李立新，夏燕靖.中国传统器具设计研究：首卷［M］.南京：江苏美术出版社，2004：191—201.

（续表）

编号	农器图像	名称	相关农事或手工业	相关章节	资料来源
382		大锯	木作业—细木作	第三章 第四节	田家青.明清家具鉴赏与研究［M］.北京：文物出版社，2003.
383		框锯	木作业—细木作	第三章 第四节	徐艺乙.中国民间美术全集：器用编·工具卷［M］.济南：山东教育出版社，济南：山东友谊出版社，1994：133.
384		明代天启版《碧纱笼》载大锯使用方式图	木作业—细木作	第三章 第四节	李浈.中国传统建筑木作工具［M］.上海：同济大学出版社，2004：112.
385		苏州刨	木作业—细木作	第三章 第四节	王琥；何晓佑，李立新，夏燕靖.中国传统器具设计研究：首卷［M］.南京：江苏美术出版社，2004：182—191.
386		凹刨	木作业—细木作	第三章 第四节	王琥；何晓佑，李立新，夏燕靖.中国传统器具设计研究：首卷［M］.南京：江苏美术出版社，2004：182—191.

（续表）

编号	农器图像	名称	相关农事或手工业	相关章节	资料来源
387		线刨	木作业—细木作	第三章 第四节	王琥；何晓佑，李立新，夏燕靖.中国传统器具设计研究：首卷［M］.南京：江苏美术出版社，2004：182—191.
388		刨的使用方式图	木作业—细木作	第三章 第四节	明万历本《鲁班经》.
389		刨的使用方式图	木作业—细木作	第三章 第四节	王琥；何晓佑，李立新，夏燕靖.中国传统器具设计研究：首卷［M］.南京：江苏美术出版社，2004：182—191.
390		木凿	木作业—细木作	第三章 第四节	杨明朗；张明山，邱珂.中国设计全集：卷12 工具类编·生产篇［M］.北京：商务印书馆，2012.

（续表）

编号	农器图像	名称	相关农事或手工业	相关章节	资料来源
391	凿囿 凿柄 凿裤 凿头	木凿名称图	木作业—细木作	第三章 第四节	杨明朗；张明山，邱珂.中国设计全集：卷12 工具类编·生产篇［M］.北京：商务印书馆，2012.
392	40 270 130 单位：mm	木凿尺寸图	木作业—细木作	第三章 第四节	杨明朗；张明山，邱珂.中国设计全集：卷12 工具类编·生产篇［M］.北京：商务印书馆，2012.
393		木凿使用方式图	木作业—细木作	第三章 第四节	杨明朗；张明山，邱珂.中国设计全集：卷12 工具类编·生产篇［M］.北京：商务印书馆，2012.
394		驼钻使用方式示意图	木作业—细木作	第三章 第四节	［明］宋应星.天工开物译注［M］.潘吉星，译注.上海：上海古籍出版社，2008（2012重印）：182.

（续表）

编号	农器图像	名称	相关农事或手工业	相关章节	资料来源
395		驼钻使用方式示意图	木作业—细木作	第三章 第四节	明版《鲁班经》插图.
396		牵拉钻	木作业—细木作	第三章 第四节	拍摄于江西安义民间.
397		牵拉钻名称指示图	木作业—细木作	第三章 第四节	杨明朗；张明山，邱珂.中国设计全集：卷12 工具类编·生产篇［M］.北京：商务印书馆，2012.
398		牵拉钻尺寸图	木作业—细木作	第三章 第四节	杨明朗；张明山，邱珂.中国设计全集：卷12 工具类编·生产篇［M］.北京：商务印书馆，2012.
399		牵拉钻使用方式示意图	木作业—细木作	第三章 第四节	杨明朗；张明山，邱珂.中国设计全集：卷12 工具类编·生产篇［M］.北京：商务印书馆，2012.

（续表）

编号	农器图像	名称	相关农事或手工业	相关章节	资料来源
400		刮刀	木作业—竹、林编结	第三章 第四节	拍摄于中国刀剪剑博物馆.
401	590 370 9 145 100 单位:mm $\phi30$	刮刀尺寸图	木作业—竹、林编结	第三章 第四节	杨明朗；张明山，邱珂.中国设计全集：卷12 工具类编·生产篇［M］.北京：商务印书馆，2012.
402	两端受两手的推力 刮物体时受到的阻力	刮刀受力分析图	木作业—竹、林编结	第三章 第四节	杨明朗；张明山，邱珂.中国设计全集：卷12 工具类编·生产篇［M］.北京：商务印书馆，2012.
403		刮刀使用方式示意图	木作业—竹、林编结	第三章 第四节	杨明朗；张明山，邱珂.中国设计全集：卷12 工具类编·生产篇［M］.北京：商务印书馆，2012.
404		篾刀	木作业—竹、林编结	第三章 第四节	拍摄于中国刀剪剑博物馆.

（续表）

编号	农器图像	名称	相关农事或手工业	相关章节	资料来源
405	120 10 86 φ30 φ41 340 单位：mm	篾刀尺寸图	木作业—竹、林编结	第三章 第四节	杨明朗；张明山，邱珂.中国设计全集：卷12 工具类编·生产篇［M］.北京：商务印书馆，2012.
406	30度左右 右手握牢篾刀 左手顺时针旋转竹竿	篾刀卷节示意图	木作业—竹、林编结	第三章 第四节	杨明朗；张明山，邱珂.中国设计全集：卷12 工具类编·生产篇［M］.北京：商务印书馆，2012.
407	向后用力 用刀尖起间	篾刀起间示意图	木作业—竹、林编结	第三章 第四节	杨明朗；张明山，邱珂.中国设计全集：卷12 工具类编·生产篇［M］.北京：商务印书馆，2012.
408	向身后用力	篾刀剖竹示意图	木作业—竹、林编结	第三章 第四节	杨明朗；张明山，邱珂.中国设计全集：卷12 工具类编·生产篇［M］.北京：商务印书馆，2012.
409	两手用力要均匀	篾刀剖竹示意图	木作业—竹、林编结	第三章 第四节	杨明朗；张明山，邱珂.中国设计全集：卷12 工具类编·生产篇［M］.北京：商务印书馆，2012.

（续表）

编号	农器图像	名称	相关农事或手工业	相关章节	资料来源
410	向后轻轻施力	篾刀劈篾示意图	木作业—竹、林编结	第三章 第四节	杨明朗；张明山，邱珂．中国设计全集：卷12 工具类编·生产篇［M］．北京：商务印书馆，2012.
411		竹篾拉丝刀	木作业—竹、林编结	第三章 第四节	拍摄于中国刀剪剑博物馆.
412	150 30 65 单位：mm	竹篾拉丝刀	木作业—竹、林编结	第三章 第四节	杨明朗；张明山，邱珂．中国设计全集：卷12 工具类编·生产篇［M］．北京：商务印书馆，2012.
413		竹篾拉丝刀	木作业—竹、林编结	第三章 第四节	杨明朗；张明山，邱珂．中国设计全集：卷12 工具类编·生产篇［M］．北京：商务印书馆，2012.
414		破篾器	木作业—竹、林编结	第三章 第四节	雷于新，肖克之．中国农业博物馆馆藏中国传统农具［M］．北京：中国农业出版社，2002.

（续表）

编号	农器图像	名称	相关农事或手工业	相关章节	资料来源
415		破篾器复原图	木作业—竹、林编结	第三章 第四节	杨明朗；张明山，邱珂．中国设计全集：卷12 工具类编·生产篇［M］．北京：商务印书馆，2012.
416		破篾器尺寸图	木作业—竹、林编结	第三章 第四节	杨明朗；张明山，邱珂．中国设计全集：卷12 工具类编·生产篇［M］．北京：商务印书馆，2012.
417		破篾器使用方式图	木作业—竹、林编结	第三章 第四节	杨明朗；张明山，邱珂．中国设计全集：卷12 工具类编·生产篇［M］．北京：商务印书馆，2012.
418		挖刀	木作业—竹、林编结	第三章 第四节	杨明朗；张明山，邱珂．中国设计全集：卷12 工具类编·生产篇［M］．北京：商务印书馆，2012.

（续表）

编号	农器图像	名称	相关农事或手工业	相关章节	资料来源
419		挖刀尺寸图	木作业—竹、林编结	第三章 第四节	杨明朗；张明山，邱珂.中国设计全集：卷12 工具类编·生产篇［M］.北京：商务印书馆，2012.
420		挖刀使用方式示意图	木作业—竹、林编结	第三章 第四节	杨明朗；张明山，邱珂.中国设计全集：卷12 工具类编·生产篇［M］.北京：商务印书馆，2012.
421		独木槽	畜牧业—牧场类农器	第三章 第五节	沈继光，高萍.老物件：复活平民的历史［M］.天津：百花文艺出版社，2004.
422		石槽	畜牧业—牧场类农器	第三章 第五节	沈继光，高萍.老物件：复活平民的历史［M］.天津：百花文艺出版社，2004.

（续表）

编号	农器图像	名称	相关农事或手工业	相关章节	资料来源
423		石质马槽	畜牧业—牧场类农器	第三章 第五节	拍摄于南京总统府．
424		马槽	畜牧业—牧场类农器	第三章 第五节	农业生产工具参考资料［M］．上海：上海人民美术出版社，1965：40．
425		猪食槽	畜牧业—牧场类农器	第三章 第五节	徐艺乙．中国民间美术全集：器用编·工具卷［M］．济南：山东教育出版社，济南：山东友谊出版社，1994：119．
426		灌角	畜牧业—牧场类农器	第三章 第五节	沈继光，高萍．老物件：复活平民的历史［M］．天津：百花文艺出版社，2004：107．
427		铡刀	畜牧业—牧场类农器	第三章 第五节	拍摄于马步芳公馆．

（续表）

编号	农器图像	名称	相关农事或手工业	相关章节	资料来源
428		铡刀	畜牧业—牧场类农器	第三章 第五节	〔明〕徐光启.农政全书［M］.石声汉，点校.上海：上海古籍出版社，2011：458.
429		铡刀线描图	畜牧业—牧场类农器	第三章 第五节	杨明朗；张明山，邱珂.中国设计全集：卷12 工具类编·生产篇［M］.北京：商务印书馆，2012.
430		铡刀受力分析图	畜牧业—牧场类	第三章 第五节	杨明朗；张明山，邱珂.中国设计全集：卷12 工具类编·生产篇［M］.北京：商务印书馆，2012.
431		羊圈	畜牧业—畜棚类	第三章 第五节	拍摄于甘肃兰州民间.

（续表）

编号	农器图像	名称	相关农事或手工业	相关章节	资料来源
432		羊栅栏	畜牧业—围栏	第三章 第五节	拍摄于山西省太原市.
433		猪圈手绘示意图	畜牧业—畜棚类	第三章 第五节	中国少数民族设计全集编纂委员会.中国少数民族设计全集：佤族［M］.太原：山西人民出版社，北京：人民美术出版社，2019.
434		马厩内景	畜牧业—畜棚类农器	第三章 第五节	拍摄于南京总统府.
435		马厩内景	畜牧业—畜棚类农器	第三章 第五节	拍摄于南京总统府.

（续表）

编号	农器图像	名称	相关农事或手工业	相关章节	资料来源
436		牛舍	畜牧业—畜棚类农器	第三章 第五节	〔元〕王祯.东鲁王氏农书译注［M］.缪启愉，缪桂龙，译注.上海：上海古籍出版社，2008：562.
437		牛舍	畜牧业—畜棚类农器	第三章 第五节	中国少数民族设计全集编纂委员会.中国少数民族设计全集：佤族［M］.太原：山西人民出版社，北京：人民美术出版社，2019.
438		牛舍近景图	畜牧业—畜棚类农器	第三章 第五节	中国少数民族设计全集编纂委员会.中国少数民族设计全集：佤族［M］.太原：山西人民出版社，北京：人民美术出版社，2019.
439		干栏式畜棚	畜牧业—畜棚类农器	第三章 第五节	拍摄于云南西双版纳.

（续表）

编号	农器图像	名称	相关农事或手工业	相关章节	资料来源
440		黔西南布依族“干栏”楼居	畜牧业—畜棚类农器	第三章 第五节	中国少数民族设计全集编纂委员会.中国少数民族设计全集（布依族）[M].太原：山西人民出版社，北京：人民美术出版社，2019.
441		鸡笼	畜牧业—禽舍类	第三章 第五节	徐艺乙.中国民间美术全集：器用编·工具卷[M].济南：山东教育出版社，济南：山东友谊出版社，1994：116.
442		鸡笼	畜牧业—禽舍类农器	第三章 第五节	徐艺乙.中国民间美术全集：器用编·工具卷[M].济南：山东教育出版社，济南：山东友谊出版社，1994：117.
443		鸡笼	畜牧业—禽舍类农器	第三章 第五节	徐艺乙.中国民间美术全集：器用编·工具卷[M].济南：山东教育出版社，济南：山东友谊出版社，1994：114.

（续表）

编号	农器图像	名称	相关农事或手工业	相关章节	资料来源
444		大足石刻之“农妇饲鸡”	畜牧业—禽舍类农器	第三章 第五节	王琥.设计史鉴：中国传统设计思想研究（思想篇）[M].南京：江苏美术出版社，2010：168.
445		铁爪	皮作业—皮革硝制类用具	第三章 第五节	沈继光，高萍.老物件：复活平民的历史[M].天津：百花文艺出版社，2004.
446		牛皮船	皮作业—乡村出行类用具	第三章 第五节	车昕，樊进.中国设计全集：卷15 用具类编·舟舆篇[M].北京：商务印书馆，2012.
447		牛皮船局部结构图	皮作业—乡村出行类用具	第三章 第五节	车昕，樊进.中国设计全集：卷15 用具类编·舟舆篇[M].北京：商务印书馆，2012.
448		牛皮船操作示意图	皮作业—乡村出行类用具	第三章 第五节	车昕，樊进.中国设计全集：卷15 用具类编·舟舆篇[M].北京：商务印书馆，2012.

（续表）

编号	农器图像	名称	相关农事或手工业	相关章节	资料来源
449		羊皮筏	皮作业—乡村出行类用具	第三章 第五节	车昕，樊进．中国设计全集：卷15 用具类编·舟舆篇［M］．北京：商务印书馆，2012.
450	充气皮囊区 木框架捆绑区 木桨	羊皮筏功能分区示意图	皮作业—乡村出行类用具	第三章 第五节	车昕，樊进．中国设计全集：卷15 用具类编·舟舆篇［M］．北京：商务印书馆，2012.
451		羊皮筏操作示意图	皮作业—乡村出行用具	第三章 第五节	车昕，樊进．中国设计全集：卷15 用具类编·舟舆篇［M］．北京：商务印书馆，2012.
452		柴刀	纸作业—原料种植类农器	第三章 第六节	拍摄于皖南民间.

（续表）

编号	农器图像	名称	相关农事或手工业	相关章节	资料来源
453		编帘	纸作业—浸泡类用具	第三章 第六节	卢嘉锡总主编，潘吉星著.中国科学技术史：造纸与印刷卷［M］.科学出版社，1998：125.
454		甑	纸作业—浸泡类用具	第三章 第六节	路甬祥；张秉伦，方晓阳，樊嘉禄.中国传统工艺全集：造纸与印刷［M］.郑州：大象出版社，2005：73.
455		竹围栏	纸作业—浸泡类用具	第三章 第六节	卢嘉锡总主编，潘吉星著.中国科学技术史：造纸与印刷卷［M］.科学出版社，1998：244.
456		晒滩	纸作业—浸泡类用具	第三章 第六节	赵代胜，童海行.浅述传统宣纸原料生产过程和发展［J］，中华纸业，2011，32(13)：86—88.

（续表）

编号	农器图像	名称	相关农事或手工业	相关章节	资料来源
457		抄纸槽和抄纸工具	纸作业—浸泡类用具	第三章　第六节	卢嘉锡总主编，潘吉星著．中国科学技术史：造纸与印刷卷［M］．科学出版社，1998：93.
458		抄纸帘复原图	纸作业—抄纸类用具	第三章　第六节	杨明朗；张明山，邱珂．中国设计全集：卷12　工具类编·生产篇［M］．北京：商务印书馆，2012.
459		活动竹帘使用示意图	纸作业—抄纸类用具	第三章　第六节	杨明朗；张明山，邱珂．中国设计全集：卷12　工具类编·生产篇［M］．北京：商务印书馆，2012.
460		抄纸工艺示意图	纸作业—抄纸类用具	第三章　第六节	杨明朗；张明山，邱珂．中国设计全集：卷12　工具类编·生产篇［M］．北京：商务印书馆，2012.

（续表）

编号	农器图像	名称	相关农事或手工业	相关章节	资料来源
461		揭纸工艺示意图	纸作业—抄纸类用具	第三章　第六节	杨明朗；张明山，邱珂．中国设计全集：卷12　工具类编·生产篇［M］．北京：商务印书馆，2012．
462		纸榨	纸作业—抄纸类用具	第三章　第六节	路甬祥；张秉伦，方晓阳，樊嘉禄．中国传统工艺全集：造纸与印刷［M］．郑州：大象出版社，2005：73．
463		焙墙	纸作业—抄纸类用具	第三章　第六节	路甬祥；张秉伦，方晓阳，樊嘉禄．中国传统工艺全集：造纸与印刷［M］．郑州：大象出版社，2005：119．
464		焙纸示意图	纸作业—抄纸类用具	第三章　第六节	［明］宋应星．天工开物译注［M］．潘吉星，译注．上海：上海古籍出版社，2008（2012重印）：228．

参考文献

一、古籍类

经：

[1]〔明〕丘浚．大学衍义补[M]．林冠群，周济夫，校点．北京：京华出版社，1999.

[2] 考工记译注[M]．闻人军，译注．上海：上海古籍出版社，2008.

史：

[3] 左传[M]．刘利，纪凌云，译注．北京：中华书局，2011.

[4] 明太祖实录[M]．台湾"中研院"历史语言研究所校勘本，1962.

[5]〔明〕吕毖．明朝小史[M]．北京：北京出版社，1998.

[6]〔清〕张廷玉，等．明史[M]．北京：中华书局，1974.

[7] 明史食货志校注[M]．李洵，校注．北京：中华书局，1982.

[8]〔明〕申时行，等．大明会典[G]//续修四库全书．上海：上海古籍出版社，1995.

[9]〔明〕顾清，等．松江府志[G]//中国方志丛书．台北：成文出版社，1970.

[10]〔明〕莫旦．吴江志[G]//中国方志丛书．台北：成文出版社，1983.

[11]〔清〕屠秉懿，等．延庆州志[G]//中国方志丛书．台北：成文出版社，1968.

[12] 王祖畬，等．太仓州志[G]//中国方志丛书．台北：成文出版社，1975.

[13] 嘉庆重修一统志[G]//四部丛刊续编．上海：上海书店，1984.

子：

[14]〔北朝〕贾思勰．齐民要术译注[M]．缪启愉，缪桂龙，译注．上海：上海古籍出版社，2006.

[15]〔唐〕陆龟蒙．耒耜经[M]//笠泽丛书：第8卷．许氏古韵阁刻本，1819（清嘉庆二十四年）.

[16]〔宋〕沈括．梦溪笔谈[M]．上海：上海书店，2009.

[17]〔元〕王祯．东鲁王氏农书译注[M]．缪启愉，缪桂龙，译注．上海：上海古籍出版社，2008.

[18]〔元〕司农司. 农桑辑要译注[M]. 马宗申,译注. 上海:上海古籍出版社,2008(2011重印).
[19]〔明〕王征. 新制诸器图说[M]. 来鹿堂藏版,道光年间.
[20]〔明〕方以智. 物理小识[M]. 上海:商务印书馆,1937.
[21]〔明〕陈懋仁. 泉南杂志:卷上[G]//丛书集成初编:第3161册. 上海:商务印书馆,1937.
[22]〔明〕朱国祯. 涌幢小品(全二册)[M]. 北京:中华书局,1959.
[23]〔明〕杨士聪. 玉堂荟记[M]. 北京:北京燕山出版社,2013.
[24]〔明〕顾炎武. 日知录集释[M]. 黄汝成,集释;栾保群,吕宗力,校点. 上海:上海古籍出版社,2006.
[25]〔明〕宋应星. 天工开物译注[M]. 潘吉星,译注. 上海:上海古籍出版社,2008(2012重印).
[26]〔明〕邝璠. 便民图纂[M]. 扬州:广陵书社,2009.
[27]〔明〕徐光启. 农政全书[M]. 石声汉,点校. 上海:上海古籍出版社,2011.
[28]〔清〕鄂尔泰,等纂. 钦定授时通考[M]. 四川藩署刻本,1876(清道光六年).
[29]〔清〕屈大均. 广东新语[M]. 北京:中华书局,1985.

集:

[30]〔明〕张居正. 张文忠公全集[M]. 上海:商务印书馆,1935.
[31]〔明〕海瑞. 海瑞集[M]. 陈义钟,编校. 北京:中华书局,1962.
[32]〔明〕徐光启. 徐光启集[M]. 王重民,辑校. 北京:中华书局,1963.
[33]〔明〕茅坤. 茅鹿门先生文集[M]. 上海:上海古籍出版社,1995.
[34]〔明〕林希元. 同安林次崖先生文集[G]//四库全书存目丛书. 济南:齐鲁书社,1997.
[35]〔明〕顾炎武. 顾亭林诗文集[M]. 北京:中华书局,2008.

二、著作类

文明史:

[1] 荆三林. 中国生产工具发达简史[M]. 济南:山东人民出版社,1955.
[2] 刘仙洲. 中国机械工程发明史[M]. 北京:科学出版社.1962.
[3] 刘仙洲. 中国古代农业机械发明史[M]. 北京:科学出版社.1963.
[4] 范文澜. 中国通史简编(修订本第二编)[M]. 北京:人民出版社,1964.
[5] 朝鲜民主主义人民共和国科学院历史研究所. 朝鲜通史:上卷 第二分册

[M]. 长春:吉林大学出版社,1973.
[6] 苏振申;梁嘉彬. 中国历史图说(十):明代[M]. 台北:世新出版社,1979.
[7] 清华大学图书馆科技史研究组. 中国科学技术史资料选编[M]. 北京:清华大学出版社 1981.
[8] 犁播. 中国古农具发展史简编[M]. 北京:农业出版社,1981.
[9] 翦伯赞. 中国史纲要[M]. 北京:人民出版社,1983.
[10] 潘吉祥. 自然科学发展简史[M]. 北京:北京大学出版社,1984.
[11] 陈维稷. 中国纺织科学技术史[M]. 北京:科学出版社,1984.
[12] 中国农业科学院,南京农学院,中国农业遗产研究室. 中国农学史[M]. 北京:科学出版社,1984.
[13] 李国豪,等. 中国科技史探索[M]. 北京:中华书局,1986.
[14] 清华大学图书馆科技史研究组. 中国科技史资料选编:农业机械[G]. 北京:清华大学出版社,1987.
[15] 陈文华. 中国古代农业科技史图谱[M].北京:农业出版社,1991.
[16] 闵宗殿,纪曙春. 中国农业文明史话[M]. 北京:中国广播电视出版社,1991.
[17] 叶依能. 中国历代盛世农政史[M]. 南京:东南大学出版社,1991.
[18] 沈福文. 中国漆艺美术史[M]. 北京:人民美术出版社,1992.
[19] [英]李约瑟;[英]柯林·罗南. 中华科学文明史[M]. 上海交通大学科学史系,译. 上海:上海人民出版社,1996.
[20] 钟祥财. 中国农业思想史[M]. 上海:上海社会科学院出版社,1997.
[21] 赵承泽. 中国科学技术史[M]. 北京:科学出版社,1997.
[22] 金秋鹏. 中国古代科技史话[M]. 北京:商务印书馆,1997.
[23] 赵靖. 中国经济思想通史:第4卷[M]. 北京:北京大学出版社,1998.
[24] 周昕. 中国农具史纲及图谱[M]. 北京:中国建材工业出版社,1998.
[25] [英]皮特·J·鲍勒. 进化思想史[M]. 田洺,译. 南昌:江西教育出版社,1999.
[26] 卢嘉锡总主编,陆敬严,华觉明分卷主编. 中国科学技术史:机械卷[M]. 科学出版社,2000.
[27] 王毓铨主编. 中国经济通史:明代经济卷[M]. 北京:经济日报出版社,2000.
[28] [美]菲利普·李·拉尔夫,等. 世界文明史[M]. 赵丰,等译. 北京:商务印书馆,2001.

[29] 陈尚胜. 五千年中外文化交流史:第 1 卷[M]. 北京:世界知识出版社,2002.
[30] 谢国桢;牛建强. 明代社会经济史料选编(校勘本)[G]. 福州:福建人民出版社,2004.
[31] 杨宽. 中国古代冶铁技术发展史[M]. 上海:上海人民出版社,2004.
[32] 李立新. 中国设计艺术史论[M]. 天津:天津人民出版社,2004.
[33] 沈继光,高萍 . 老物件:复活平民的历史[M]. 天津:百花文艺出版社,2005.
[34] 周昕. 中国农具发展史[M]. 济南:山东科学技术出版社,2005.
[35] 项怀诚. 中国财政通史[M]. 北京:中国财政经济出版社,2006.
[36] 陈梧桐,彭勇. 明史十讲[M]. 上海:上海古籍出版社,2007.
[37] 夏燕靖. 中国设计史[M]. 上海:上海人民美术出版社,2009.
[38] 夏燕靖. 中国艺术设计史[M]. 南京:南京师范大学出版社,2010.
[39] 张芳,王思明 . 中国农业科技史[M]. 北京:中国农业科学技术出版社,2011.
[40] 赵农. 含道映物——中国设计艺术史十讲[M]. 济南:山东美术出版社,2012.

设计理论:

[41] 杨维增. 天工开物新注研究[M]. 南昌:江西科学技术出版社,1987.
[42] 闻人军. 考工记导读[M]. 巴蜀出版社,1987.
[43] 李砚祖. 造物之美——产品设计的历史与文化[M]. 北京:中国人民大学出版社,2000.
[44] 杭间. 手艺的思想[M]. 济南:山东画报出版社,2001.
[45] 李乐山. 工业设计思想基础[M]. 北京:中国建筑工业出版社,2001.
[46] 尹定邦. 设计学概论[M]. 长沙:湖南科学技术出版社,2002.
[47] 奚传绩. 设计艺术经典论著选读[M]. 南京:东南大学出版社,2002.
[48] 诸葛铠. 设计艺术学十讲[M]. 济南:山东画报出版社,2006.
[49] 张道一. 设计在谋[M]. 重庆:重庆大学出版社,2007.
[50] 李砚祖. 设计之维[M]. 重庆:重庆大学出版社,2007.
[51] 李砚祖. 艺术设计概论[M]. 武汉:湖北美术出版社,2009.
[52] 李立新. 探寻设计艺术的真相[M]. 北京:中国电力出版社,2008.
[53] 李立新. 设计艺术学研究方法[M]. 南京:江苏美术出版社,2009.
[54] 李立新. 造物[M]. 南京:江苏美术出版社,2012.

[55] 袁熙旸.设计学论坛:第1卷[M].南京:南京大学出版社,2009.
[56] 袁熙旸.设计学论坛:第2卷[M].南京:南京大学出版社,2010.
[57] 袁熙旸.设计学论坛:第3卷[M].南京:南京大学出版社,2012.
[58] 王琥.设计史鉴:中国传统设计思想研究(思想篇)[M].南京:江苏美术出版社.2010.
[59] 王浩滢,王琥.设计史鉴:中国传统设计技术研究(技术篇)[M].南京:江苏美术出版社,2010.
[60] 王琥.设计史鉴:中国传统设计文化研究(文化篇)[M].南京:江苏美术出版社,2010.
[61] 王琥.设计史鉴:中国传统设计审美研究(审美篇)[M].南京:江苏美术出版社,2010.
[62] 丁玉兰.人机工程学(第四版)[M].北京:北京理工大学出版社,2011(2013重印).

工艺设计研究：

[63] 徐艺乙.中国民间美术全集:器用编·工具卷[M].济南:山东教育出版社,济南:山东友谊出版社,1994.
[64] 王琥;何晓佑,李立新,夏燕靖.中国传统器具设计研究:卷首[M].南京:江苏美术出版社,2004.
[65] 王琥;何晓佑,李立新,夏燕靖.中国传统器具设计研究:卷二[M].南京:江苏美术出版社,2006.
[66] 王琥;何晓佑,李立新,夏燕靖.中国传统器具设计研究:卷三[M].南京:江苏美术出版社,2010.
[67] 王琥;何晓佑,李立新,夏燕靖.中国传统器具设计研究:卷四)[M].南京:江苏美术出版社,2010.
[68] 路甬祥;杨永善.中国传统工艺全集:陶瓷[M].郑州:大象出版社,2004.
[69] 路甬祥;乔十光.中国传统工艺全集:漆艺[M].郑州:大象出版社,2005.
[70] 路甬祥;张秉伦,方晓阳,樊嘉禄.中国传统工艺全集:造纸与印刷[M].郑州:大象出版社,2005.
[71] 路甬祥;钱小萍.中国传统工艺全集:丝绸织染[M].郑州:大象出版社,2005.
[72] 路甬祥;张柏春.中国传统工艺全集:传统机械调查研究[M].郑州:大象出版社,2006.
[73] 路甬祥;包启安,周嘉华.中国传统工艺全集:酿造[M].郑州:大象出版

社,2007.
[74] 路甬祥;谭德睿,孙淑云.中国传统工艺全集:金属工艺[M].郑州:大象出版社,2007.
[75] 王强.流光溢彩:中国古代灯具设计研究[M].镇江:江苏大学出版社,2009.
[76] 杨明朗;张明山,邱珂.中国设计全集:卷12 工具类编·生产篇[M].北京:商务印书馆,2012
[77] 陈见东.中国设计全集:卷13 工具类编·计量篇[M].北京:商务印书馆,2012.
[78] 车昕,樊进.中国设计全集:卷15 用具类编·舟舆篇[M].北京:商务印书馆,2012.
[79] 中国少数民族设计全集编纂委员会.中国少数民族设计全集:佤族[M].太原:山西人民出版社,北京:人民美术出版社,2019.

农器具研究:

[80] 杨宽.中国古代冶铁技术的发明和发展[M].上海:上海人民出版社,1956.
[81] 中华人民共和国农业部.农具图谱(共四卷)[G].北京:通俗读物出版社,1958.
[82] 福建省工业厅手工业管理局:先进的竹器生产工具[G].福建人民出版社,1958.
[83] 章楷编.中国古代农机具[M].北京:人民出版社,1985.
[84] 徐文生.中国古代生产工具图集[G].西安:西北大学出版社,1986.
[85] 金煦,陆志明.吴地农具[M].南京:河海大学出版社,1999.
[86] 华觉明.中国古代金属技术——铜和铁造就的文明[M].郑州:大象出版社,1999.
[87] 雷于新,肖克之.中国农业博物馆馆藏中国传统农具[M].北京:中国农业出版社,2002.
[88] 张力军,胡泽学.图说中国传统农具[M].北京:学苑出版社,2009.
[89] 王世襄.髹饰录解说:中国传统漆工艺研究(第2版)[M].北京:文物出版社,1998.
[90] 乔十光.漆艺[M].杭州:中国美术学院出版社,2004.
[91] 孙曼亭.福州脱胎漆器与漆画[M].福州:海峡文艺出版社,2012.
[92] 左汉中.湖南民间美术全集:民间印染花布[M].长沙:湖南美术出版社,

1994.
[93] 鲍小龙，刘月蕊．手工印染：扎染与蜡染的艺术[M]．上海：东华大学出版社，2006.
[94] 张毅，王旭娟．手工染艺技法[M]．上海：东华大学出版社，2009.
[95] 赵翰生．中国古代纺织与印染[M]．北京：中国国际广播出版社，2010.
[96] 常沙娜．中国织绣服饰全集(2)：刺绣卷[M]．天津：天津人民美术出版社，2004.
[97] 林锡旦．中国传统刺绣[M]//潘嘉来．中国传统手工艺文化书系．北京：人民美术出版社，2005.
[98] 林锡旦．苏州刺绣[M]．南京：江苏人民出版社，2009.
[99] 李浈．中国传统建筑木作工具[M]．上海：同济大学出版社，2004.
[100] 但卫华，王坤余．生态制革原理与技术[M]．北京：中国环境科学出版社，2010.

其他：

[101] 赵松乔，等．菲律宾地理[M]．北京：科学出版社，1964.
[102] [美]西蒙·库兹涅茨．各国的经济增长：总产值和生产结构[M]．常勋，等译．北京：商务印书馆，1985 .
[103] 夏鼐．中国文明的起源[M]．北京：文物出版社，1985.
[104] 苏秉琦．中国文明起源新探[M]．北京：三联书店，1999.
[105] 张道一．张道一文集[M]．合肥：安徽教育出版社，1999.
[106] 郭松义．明清时期的粮食生产与农民生活水平[M]//中国社会科学院历史研究所学刊编委会．中国社会科学院历史研究所学刊：第一集．北京：社会科学文献出版社，2001.
[107] 虎有泽．张家川回族的社会变迁研究[M]．北京：民族出版社，2005.
[108] 高寿仙．明代农业经济与农村社会[M]．合肥：黄山书社，2006.
[109] 张朋川．黄土上下[M]．济南：山东画报出版社，2006.

三、期刊类

(注：1—8为博士学位论文，9—19为硕士学位论文。)

[1] 樊嘉禄．中国传统造纸技术工艺研究[D]．合肥：中国科学技术大学，2001.
[2] 吴小巧．江苏省木本珍稀濒危植物保护及其保障机制研究[D]．南京：南京林业大学，2004.
[3] 邹怡．明清以来徽州茶业及相关问题研究[D]．上海：复旦大学历史地理研

究中心,2006.
[4] 吕九芳.明清古旧家具及其修复与保护的探究[D].南京:南京林业大学,2006.
[5] 章传政.明代茶叶科技、贸易、文化研究[D].南京:南京农业大学,2007.
[6] 方立松.中国传统水车研究[D].南京:南京农业大学,2010.
[7] 李强.中国古代美术作品中的纺织技术研究[D].上海:东华大学,2011.
[8] 曾令香.元代农书农业词汇研究[D].济南:山东师范大学,2012.
[9] 李煊星.湖南主要竹资源纤维形态的比较研究[D].长沙:湖南农业大学,2006.
[10] 葛芳.中国民间传统手工抄纸研究[D].南京:南京艺术学院,2007.
[11] 陈学献.中国传统粮食加工器具设计研析[D].南京:南京艺术学院,2007.
[12] 刘明玉.《考工记》服饰工艺理论研究[D].武汉:武汉理工大学,2007.
[13] 杨玄.春秋战国时期黄河流域的金属农具研究[D].开封:河南大学,2008.
[14] 胡宝华.侗族传统建筑技术文化解读[D].南宁:广西民族大学,2008.
[15] 潘景果.论中原农具造型演变的研究[D].无锡:江南大学设计学院,2009.
[16] 陈艳静.《王祯农书·农器图谱》古农具词研究[D].西宁:青海师范大学,2011.
[17] 冯茂辉.温州漆器装饰艺术研究[D].乌鲁木齐:新疆师范大学,2011.
[18] 杨丽.近代中原地区手工棉纺织工具与技术考察研究[D].郑州:郑州大学,2012.
[19] 叶瑞宾.龙骨车与中国古代农耕实践[D].苏州:苏州大学,2012.
[20] 杨宽.我国历史上铁农具的改革及其作用[J].历史研究,1980(5).
[21] 桑润生.马一龙与《农说》[J].农业考古,1981(2).
[22] 陈梧桐.朱元璋恢复发展农业生产的措施[J].农业考古,1982(1).
[23] 刘瑞中.十八世纪中国人均国民收入估计及其与英国的比较[J].中国经济史研究,1987(3).
[24] 游修龄.《天工开物》的农学体系和技术特色[J].农业考古,1987(1).
[25] 吴绪银.山东人力农具四大件:锄镰锨镢(一)[J].民俗研究,1991(1).
[26] 赵敏.中国古代农时观初探[J].中国农史,1993,12(2).
[27] 李趁有.泰国旧式农具简介[J].农业考古,1993(1).

[28] 疏兆华.漆树栽培与割漆[J].安徽林业,1998(5).
[29] 吕景琳.明代北方经济述论——兼与江南经济比较[J].明史研究,1999年第6辑.
[30] 魏朔南.生漆采割技术讲座(Ⅱ)[J].中国生漆,2001(2).
[31] 李浈.大木作与小木作工具的比较[J].古建园林技术,2002.
[32] 虎有泽.张家川回族的传统文化研究[J].回族研究,2004(3).
[33] 赵屹.传统农具考察——平原地区锄的构造与使用[J].艺术设计,2004(2).
[34] 王永厚.传统农具洋洋大观——评《中国农具发展史》[J].中国农史,2005(2).
[35] 彭明启.古代天锅甑的启迪[J].酿酒,2005,32(4).
[36] 王福谆.古代大铁锅和大铁缸[J].铸造设备研究,2007,10(5).
[37] 冯立昇.清华大学的技术史研究与学科建设[J].中国科技史杂志,2007(4).
[38] 王彦智.近代烟台漕运的特点及现实意义[J].中国市场,2008(19).
[39] 刘仁庆.关于宣纸发展史中的一个重要问题[J].纸和造纸,2008,27(1).
[40] 李未醉,张香风.古代中国农业技术在朝鲜的传播[J] 农业考古,2008
[41] 管汉晖,李稻葵.明代GDP及结构试探[J].经济学,2010,9(3).
[42] 刘纯彬,李顺毅.明代华北农业发展的推动因素分析——生产要素角度的描述与估计[J].农村经济,2010(10).
[43] 熊伟.浅析辘轳的设计及传承[J].陶瓷科学与艺术,2010(2).
[44] 赵代胜,童海行.浅述传统宣纸原料生产过程和发展[J].中华纸业,2011,32(13).
[45] 何露,陈武勇.中国古代皮革及制品历史沿革[J].西部皮革,2011(16).
[46] 张飞龙,张华.中国古代生漆采割与治漆技术[J].中国生漆,2011,30(2).
[47] 宋健华.百味之将——食盐[J].食品与生活,2013(2).
[48] 李友东.时间秩序与大规模协作式农业文明的起源[J].社会科学,2013(1).
[49] 张明山.明代汲水器具设计审美研究[J].包装工程,2014(6).
[50] 王淼.明代的传统历法研究及其社会背景[R].浙江大学博士后研究工作报告,2005.
[51] 张湘辉.湘西北生漆采割调查 寻找湖南最后的漆农[N].潇湘晨报,2009-09-13.

后 记

我对于传统造物的研究，源于2007年参与南京艺术学院王琥教授主编的《中国传统器具设计研究》卷三中“提梁壶”案例的撰写。后有幸拜入王琥老师门下攻读博士学位，在读博士的几年中，先后参与负责了王老师主编的《中国设计全集》《中国当代设计全集》和《中国少数民族设计全集》三套书的分卷《工具类编·生产篇》《工业类编·机具篇》及《保安族》的撰写工作。在三种分卷的撰写中，农器都是十分重要的章节，我积累了大量的有关农器方面的资料。由此，我萌发了将农器作为自己未来聚焦研究方向的想法。在本书的撰写过程中，王琥老师给予了悉心指导，使我受益良多！

本书引用了《中国设计全集》分卷《工具类编·生产篇》（我为副主编）一书中的一些图片，这些图片是在该书主编同时也是我的硕导杨明朗老师指导之下拍摄与绘制，当时参与的相关老师、同门、同学有邱珂、胡江华、黄筱、詹伟国、张建昌、毕重丹、李燕、杨忠强、郭曼曼、黄露、孟永刚、曹学舰等，现如今他们早已是各单位的中坚力量，对他们的辛苦付出表示感谢！

感谢江南大学设计学院的各位领导和同事在本书撰写中，给予的支持和帮助。

以上所举，难免挂一漏万，对本书撰写中提供过直接或间接帮助的各位专家、学者、同学等，一并感谢！

本书获江南大学学术专著出版基金资助，对此也表示感谢！

张明山